普通高等教育机械类专业"十三五"规划教材

工程制图及计算机绘图技术

（Inventor版）

主编 邱志惠

西安交通大学出版社
XI'AN JIAOTONG UNIVERSITY PRESS

内容摘要

本书是一本讲授机械制图、计算机绘图、Inventor 三维建模软件的教材,同时将习题汇编在书中,并在附录中介绍了 AutoCAD 绘图软件和英文的制图主要内容。本书学习美国密歇根大学的机械基础教学方式,将制图相关的内容融为一书。

本教材分四部分:第一部分第 1 章~第 8 章是传统的机械制图内容。第二部分第 9 章~第 16 章是 Inventor 软件教学部分,内容的介绍以实例为主,详细的操作步骤及配图一目了然。第三部分是习题内容,学习者既可手绘也可以计算机制图;同时推荐了大量的建模、投影成为平面工程图练习。第四部分是附录。

本书是针对西安交通大学制图教学习惯和改革编写的,适合现在学时少、内容多的情况下使用。本书适合机类、电类专业的学生使用,还可以作为工程技术人员学习 CAD 的教材和参考书。附录里放置了英文机械制图,方便国际学生和双语教学的学生学习。

图书在版编目(CIP)数据

工程制图及计算机绘图技术/邱志惠主编. —西安:
西安交通大学出版社,2018.9
ISBN 978 - 7 - 5693 - 0877 - 8

Ⅰ. ①工… Ⅱ. ①邱… Ⅲ. ①工程制图-高等学校-
教材 ②计算机制图-高等学校-教材 Ⅳ. ①TB23
②TP391.72

中国版本图书馆 CIP 数据核字(2018)第 212169 号

书　　名	工程制图及计算机绘图技术	
主　　编	邱志惠	
责任编辑	杨　璠　毛　帆	
出版发行	西安交通大学出版社	
	(西安市兴庆南路 1 号　邮政编码 710048)	
网　　址	http://www.xjtupress.com	
电　　话	(029)82668357　82667874(发行中心)	
	(029)82668315(总编办)	
传　　真	(029)82668280	
印　　刷	陕西龙山海天艺术印务有限公司	
开　　本	787mm×1092mm　1/16　　印张　25　　字数　600 千字	
版次印次	2019 年 4 月第 1 版　　2019 年 4 月第 1 次印刷	
书　　号	ISBN 978 - 7 - 5693 - 0877 - 8	
定　　价	68.00 元	

读者购书、书店添货,如发现印装质量问题,请与本社发行中心联系、调换。
订购热线:(029)82665248　(029)82665249
投稿热线:(029)82668818
读者信箱:lg_book@163.com

主 编 简 介

  邱志惠,女,副教授,九三学社社员,中国发明协会会员,先进制造技术及 CAD 应用研究生导师,陕西省高校跨校选课任课教员,美国 Autodesk 公司中国区域 AutoCAD 认证教员。

  1982 年 1 月毕业于西安交通大学,1988 年被电子部二十所聘为工程师,1993 年 5 月至今在西安交通大学任教。1994 年转为讲师,1995 年 12 月被聘为陕西省图学会标准化委员会委员。1998 年 7 月被聘为副教授,主要为本科生讲授画法几何及工程制图、工程制图基础、机械工程制图、计算机绘图、产品快速开发课程,并为研究生讲授计算机图形学、CAD 原理及软件应用等选修课程。主要研究方向为三维快速成型制造技术、微纳制造、计算机图形学的应用技术、计算机三维造型及工业造型设计、机床模块化设计、数字化制造。荣获"2010 年度王宽诚教书育才奖""2011 年度西安交通大学教书育人优秀教师奖"。

  2007 年 7 月—2008 年 7 月在美国密歇根大学做访问学者,2009 年 7—9 月在香港科技大学做访问学者。2012—2016 年多次赴美国大学合作交流。

  2005 年主持国家自然科学基金项目"快速成型(3D 打印)新技术的普及与推广",与中央电视台联合拍摄的 3D 打印科教片,在中央电视台播放多次。至今一直在高校、企业做 3D 打印的科普讲座,仅 2018 年就受邀举办讲座 20 场以上,并义务为中小学生举办多场讲座。参加"高档数控机床模块化配置设计平台及其应用"等多项国家重大科技专项课题,并荣获多项省、厅级科技成果奖。发表教育研究论文多篇,出版计算机绘图教材多本。主编的《AutoCAD 实用教程》教材累计发行 5 万多册,荣获 2015 年度西安交通大学优秀教材二等奖。

E-mail:qzh@mail.xjtu.edu.cn

交大个人主页:

http://gr.xjtu.edu.cn/web/qzh

序

工程制图是一门研究绘制和阅读机械图样的理论与方法的技术基础课,主要内容是正投影理论、机械图样的表达理论和方法以及国家标准技术制图、机械制图的有关规定等。在机械制造业中,人们通过图样来表达设计思想。图样不但是指导生产的重要技术文件,而且是进行技术交流的重要工具。机械图样的内容,包括表达机器(或零、部件)的结构形状、尺寸、材料和各种技术要求,这几项内容的确定,就要依靠机械设计、制造工艺和有关专业知识。因此,图样是每一个工程技术人员必须掌握的"工程界的语言"。

随着科学技术的发展,计算机绘图三维建模技术成为每个学习工程制图的工科学生的重要工具。目前在国内、国际举办了许多计算机建模、绘图、设计大赛。创建三维零件模型,轻松完成三维设计;快速、精确地从三维模型中生成二维工程图;绘制符合工业标准的图形,方便地进行二维和三维的图形输出;进行刀具轨迹的演示及生成数控机床可用的数据文件和输出适合3D打印的数字模型;等等。这些都是目前工程技术人员急需的能力。

本书力求使学生掌握正投影法的基本理论、图样表达的基本要求和国家标准有关制图的规定;能够绘制和看懂简单的零件图和装配图,所绘制的图样达到投影正确,视图选择和配置恰当,尺寸齐全,字体工整,图面整洁,且符合标准规定;培养学生空间想象和空间分析的初步能力;能够正确使用绘图仪器和工具,掌握用仪器和徒手作图的技能;学会用计算机绘图软件绘制二维、三维图形;培养学生认真细致的工作作风和严格遵守国家标准规定的品质。

该书不仅包含了工程制图标准、传统的制图教学内容方法,而且将现代的新的三维造型理念和传统教学融会贯通，并以学生操作方法和绘图技巧为主线，循序渐进、深入浅出地介绍了二维、三维软件，因此无论对本科生、技校学生还是工程技术人员以及自学者，都是一本非常有价值的教材和参考书。

中国工程院　院士

中国机械工程学会　副理事长

中国图学学会　副理事长

浙江大学　教授

2018 年 7 月 1 日

前　言

　　"工程制图"是一门研究绘制和阅读机械图样技术的基础课程,其主要内容是投影理论、机械图样的表达方式以及国家的"机械制图"相关的常用标准。在制造业中,人们通过图样来表达设计思想。图样不仅是指导生产的重要技术文件,而且也是进行技术交流的重要工具,被称为"工程界的语言"。

　　机械图样的要求,不仅要表达清楚机器或零、部件的结构形状、尺寸,还要表达材料等各种技术要求,将来还要表示机械设计、加工工艺等相关的专业内容,才能是实际加工需要的图纸。本教材机械制图部分的基础内容仅为本科生低年级的教材,主要是学习图样中如何使用图示方法,表达好这些内容。

　　本书的特点是不仅让学生掌握国家标准,能够绘制和看懂零件图和装配图,更重要的是培养学生空间想象和空间分析的初步能力;能够掌握仪器和徒手作图的技能。随着科学技术的发展,计算机绘图三维建模技术,是每个学习工程制图的工科学生必须掌握的重要工具。创建三维零件模型,轻松完成三维设计;快速、精确地从三维模型中生成二维工程图;绘制符合工业标准的图形,方便地进行二维和三维的图形输出。

　　本书分为四大部分:第一部分为机械制图,希望学生掌握传统的制图学习。第二部分为计算机绘图,以 Inventor 软件为例,教授 3D 建模绘图方法,书中除了基本软件教学外,大量的实例教程,具体操作均有章可循,详细的操作步骤及配图一目了然,使得学生可以依据这些常见的实例的操作练习来学习和掌握软件的基本命令和绘图建模技巧。第三部分为习题,本习题内容打破传统的一条线、一条线地绘制工程图的方法,推荐了大量的建模、投影成为平面工程图。习题既可以绘制草图,也可以计算机绘图,还可以另外使用正规图纸绘图,部分习题将以电子文档提供,更方便学生计算机绘图。第四部分为附录,附录中包括了计算机绘图国家标准和目前仍然广泛应用的 AutoCAD 二维绘图简易教程,另外还包括了第三角英文制图(选自密西根大学教材),以方便目前越来越多的国际留学生学习。

　　本书第一部分由西安交通大学邱志惠副教授、安徽理工大学副教授谢晓燕和西安交通大学张群明老师合作编写;第二部分 Inventor 软件部分内容由邱志惠和西安交通大学科技与发展研究院机械工程师南凯刚合作编写;第三部分习题部分由邱志惠、谢晓燕、张群明及北京联合大学王慧副教授合作编写；其中部分习题选用了西安交通大学教材及杨裕根的习题册。感谢西安交通大学本科生张宇辰、贾丁、洪祥宝、李刘卓铮同学参与 Inventor 教材实例试做，朱汝凯同学编写了个例，李子昂、洪嘉成同学帮忙绘制少量图形，感谢西安建筑科技大学太良平副教授审核。

邱志惠

2019 年 3 月

目　　录

第一部分　机械制图 ·· 1

第1章　机械制图基础 ······································· 2

　　1.1　机械制图国家标准 ································· 2

　　　　1.1.1　图纸幅面和图框格式(GB/T 14689—2008) ····· 2

　　　　1.1.2　比例(GB/T 14690—1993) ················· 4

　　　　1.1.3　字体(GB/T 14691—1993) ················· 4

　　　　1.1.4　图线(GB/T 17450—1998) ················· 6

　　　　1.1.5　尺寸注法(GB/T 4458.4—2003) ············· 8

　　　　1.1.6　平面图形的画法及尺寸标注 ··············· 12

　　1.2　工程图的投影 ································· 16

　　　　1.2.1　投影的基本知识 ······················· 16

　　　　1.2.2　空间八角体系投影 ····················· 17

　　1.3　基本几何体的三视图 ··························· 20

　　　　1.3.1　平面立体的三视图 ····················· 20

　　　　1.3.2　回转体形成及其三视图的投影 ············· 21

第2章　立体表面的交线 ···································· 23

　　2.1　平面立体表面上点、直线、平面的投影 ··········· 23

　　　　2.1.1　立体表面上点的投影 ··················· 23

　　　　2.1.2　立体表面上直线的投影 ················· 25

　　　　2.1.3　平面立体上面的投影 ··················· 28

　　2.2　回转体表面取点的投影 ························· 32

　　　　2.2.1　圆柱体表面取点 ······················· 32

　　　　2.2.2　圆锥体表面取点 ······················· 32

　　　　2.2.3　球体表面取点 ························· 34

　　2.3　回转体的截交线 ······························· 34

　　　　2.3.1　截交线的概念 ························· 34

　　　　2.3.2　圆柱的截交线 ························· 35

　　　　2.3.3　圆锥的截交线 ························· 37

　　　　2.3.4　球的截交线 ··························· 39

2.4 回转体的相贯线 ··· 39
　2.4.1 相贯线的性质 ·· 40
　2.4.2 圆柱与圆柱相贯 ·· 40
　2.4.3 两圆柱正交相贯的基本形式及其投影特点 ··················· 41
　2.4.4 辅助平面法作相贯线 ·· 41
　2.4.5 特殊的相贯线 ·· 43
　2.4.6 相贯线的简化画法 ·· 44

第3章 组合体 ·· 45
3.1 组合体的形体分析及画图方法 ·· 45
　3.1.1 组合体的组合形式 ·· 45
　3.1.2 组合体的连接关系 ·· 45
　3.1.3 组合体三视图的画法 ·· 46
3.2 组合体的尺寸标注 ··· 49
3.3 组合体的读图 ··· 52
　3.3.1 读图必备的知识 ·· 52
　3.3.2 读图的几个注意点 ·· 53
　3.3.3 读图的基本方法 ·· 54
3.4 轴测图 ··· 58
　3.4.1 轴测图的形成 ·· 58
　3.4.2 轴测图的轴间角和轴向伸缩系数 ···································· 58
　3.4.3 轴测图的分类 ·· 58
　3.4.4 轴测图的投影规律 ·· 58
　3.4.5 正等轴测图的画法 ·· 59
　3.4.6 立体正等轴测图的画法 ··· 59
　3.4.7 曲面立体正等轴测图的画法 ·· 61
　3.4.8 组合体正等轴测图的画法举例 ·· 63

第4章 机件常用的表达方法 ·· 65
4.1 视图 ··· 65
　4.1.1 六个基本视图 ·· 65
　4.1.2 其他辅助视图 ·· 66
4.2 剖视图 ··· 69
　4.2.1 剖视图的基本概念 ·· 69
　4.2.2 剖视图的分类 ·· 72
　4.2.3 剖视图的剖切方法 ·· 75
4.3 断面图 ··· 78
　4.3.1 断面图的概念和分类 ·· 78
　4.3.2 断面图的分类和画法 ·· 79
4.4 局部放大图、简化画法和其他表达方法 ································· 81

  4.4.1 局部放大图 ································· 81

  4.4.2 简化画法和其他表达方法 ··················· 81

 4.5 表达方法综合应用举例 ························ 86

第5章 标准件及常用件 ························ 89

 5.1 螺纹 ··································· 89

  5.1.1 螺纹的形成及结构要素 ··················· 89

  5.1.2 螺纹的规定画法 ······················ 91

  5.1.3 常用螺纹种类及标注 ··················· 92

 5.2 螺纹连接件 ······························ 93

  5.2.1 螺纹连接件的种类 ····················· 93

  5.2.2 螺纹连接件的规定标记和画法 ·············· 94

  5.2.3 螺纹连接件的连接画法 ·················· 96

 5.3 键和销 ································· 99

  5.3.1 键连接 ··························· 99

  5.3.2 销连接 ··························· 100

 5.4 滚动轴承 ······························· 101

 5.5 齿轮 ·································· 102

  5.5.1 直齿圆柱齿轮的基本参数和基本尺寸计算 ········ 103

  5.5.2 圆柱齿轮的规定画法 ··················· 104

 5.6 弹簧 ·································· 106

  5.6.1 圆柱螺旋压缩弹簧的规定画法 ·············· 106

  5.6.2 圆柱螺旋压缩弹簧的参数 ················· 107

第6章 零件图 ····························· 109

 6.1 零件图的作用与内容 ······················· 109

  6.1.1 零件图的作用 ······················ 109

  6.1.2 零件图的内容 ······················ 109

  6.1.3 零件结构形状的表达 ··················· 110

  6.1.4 零件上常见结构的尺寸标注 ··············· 111

 6.2 典型零件的视图表达和尺寸标注 ················ 112

  6.2.1 轴套类零件 ······················· 112

  6.2.2 轮盘类零件 ······················· 113

  6.2.3 叉架类零件 ······················· 114

  6.2.4 箱(壳)体类零件 ···················· 116

 6.3 零件图的技术要求 ························· 117

  6.3.1 表面粗糙度 ······················· 117

  6.3.2 极限与配合 ······················· 122

 6.4 零件上常见的工艺结构 ····················· 128

  6.4.1 铸造工艺结构 ······················ 128

　　　6.4.2　机械加工工艺结构 …………………………………………………… 129

　6.5　读零件图 ……………………………………………………………………… 131

　　　6.5.1　读零件图的方法和步骤 ……………………………………………… 131

　　　6.5.2　读零件图示例 ………………………………………………………… 132

第7章　装配图 ……………………………………………………………………… 135

　7.1　概述 …………………………………………………………………………… 135

　　　7.1.1　装配图的作用 ………………………………………………………… 135

　　　7.1.2　装配图的内容 ………………………………………………………… 135

　7.2　装配图的表达方法 …………………………………………………………… 137

　　　7.2.1　装配图的规定画法 …………………………………………………… 137

　　　7.2.2　特殊表达方法 ………………………………………………………… 137

　7.3　装配图的尺寸标注、零件编号及技术要求 ………………………………… 139

　　　7.3.1　装配图的尺寸标注 …………………………………………………… 139

　　　7.3.2　装配图的零件编号 …………………………………………………… 140

　　　7.3.3　装配合理结构简介 …………………………………………………… 141

　7.4　装配体的测绘 ………………………………………………………………… 144

　　　7.4.1　部件测绘 ……………………………………………………………… 144

　　　7.4.2　装配图的绘制 ………………………………………………………… 145

　7.5　读装配图和拆画零件图 ……………………………………………………… 149

第8章　展开图 ……………………………………………………………………… 153

　8.1　平面立体表面的展开 ………………………………………………………… 153

　　　8.1.1　棱柱管的展开 ………………………………………………………… 153

　　　8.1.2　棱锥管的展开 ………………………………………………………… 154

　8.2　可展曲面立体表面的展开 …………………………………………………… 155

　　　8.2.1　圆管制件的展开 ……………………………………………………… 155

　　　8.2.2　斜口锥管制件的展开 ………………………………………………… 157

　　　8.2.3　天圆地方变形接头的展开 …………………………………………… 158

第二部分　计算机绘图 …………………………………………………………… 160

第9章　Inventor 绪论 …………………………………………………………… 161

　9.1　概述 …………………………………………………………………………… 161

　9.2　Inventor 的窗口界面与基本操作 …………………………………………… 162

　　　9.2.1　菜单栏的基本操作 …………………………………………………… 163

　　　9.2.2　视图(View)功能的基本操作 ………………………………………… 165

　　　9.2.3　其他功能选项的基本介绍 …………………………………………… 167

　　　9.2.4　状态栏的基本操作 …………………………………………………… 167

　　　9.2.5　浏览器的基本操作 …………………………………………………… 167

　　　9.2.6　导航栏的基本操作 …………………………………………………… 168

　　　9.2.7　ViewCube 的基本操作 ……………………………………………… 168

9.3　应用程序设计 ··· 168

第 10 章　平面草图的绘制 ·· 170

10.1　草图菜单简介 ··· 170

10.2　绘制平面图几何图素的基本命令 ··· 171

10.2.1　线（Line） ··· 171

10.2.2　矩形、槽和多边形 ·· 171

10.2.3　圆（Circle） ··· 172

10.2.4　圆弧（Arc） ·· 173

10.2.5　圆角（Fillet）和倒角（Chamfer） ····································· 173

10.2.6　文本（Text） ··· 174

10.2.7　投影几何图元 ·· 175

10.2.8　约束（Constraint） ··· 175

10.2.9　镜像（Mirror） ·· 179

10.3　草图绘制实例 ··· 180

10.3.1　底板的草图 ·· 180

10.3.2　吊钩的草图 ·· 182

第 11 章　创建基准 ·· 184

11.1　简介 ··· 184

11.2　基准创建 ··· 184

11.2.1　工作平面的创建 ·· 184

11.2.2　轴的创建 ·· 187

11.2.3　点的创建 ·· 188

11.2.4　用户坐标系（USC）的创建 ··· 189

第 12 章　简单零件的造型 ·· 190

12.1　零件造型菜单简介 ··· 190

12.2　基础特征常用的造型方法简介 ··· 191

12.2.1　拉伸（Extrude） ·· 191

12.2.2　旋转（Revolve） ·· 192

12.2.3　孔（Hole） ··· 193

12.2.4　其他特征简介 ·· 194

12.3　零件特征修改方法简介 ··· 194

12.4　零件绘制实例 ··· 195

12.4.1　轴承座 ·· 195

12.4.2　齿轮减速器上箱盖 ·· 198

第 13 章　复杂实体建模 ·· 204

13.1　常用的特征造型命令简介 ··· 204

13.1.1　扫掠（Sweep） ·· 204

13.1.2　放样 ·· 205

13.1.3　螺旋扫掠 ………………………………………………………………… 206

13.1.4　抽壳(Shell)命令 ………………………………………………………… 207

13.2　零件造型实例 ……………………………………………………………………… 208

13.2.1　矩形断面锥弹簧 …………………………………………………………… 208

13.2.2　托杯 ………………………………………………………………………… 209

第14章　曲面建模 ………………………………………………………………………… 212

14.1　曲面建模简介 ……………………………………………………………………… 212

14.2　曲面基础特征常用的造型方法简介 ……………………………………………… 212

14.2.1　拉伸(Extrude) ……………………………………………………………… 212

14.2.2　旋转(Revolve) ……………………………………………………………… 213

14.2.3　扫掠(Sweep) ………………………………………………………………… 213

14.2.4　放样 …………………………………………………………………………… 214

14.2.5　边界嵌片 …………………………………………………………………… 215

14.2.6　偏移(Offset) ………………………………………………………………… 216

14.2.7　衍生 …………………………………………………………………………… 217

14.2.8　圆角(Fillet) ………………………………………………………………… 218

14.3　曲面建模实例 ……………………………………………………………………… 218

14.3.1　灯罩 …………………………………………………………………………… 218

14.3.2　简易风扇叶片 ……………………………………………………………… 220

14.3.3　车轮骨架 ……………………………………………………………………… 224

第15章　投影平面工程图 ………………………………………………………………… 228

15.1　创建平面工程图 …………………………………………………………………… 228

15.1.1　调整格式 …………………………………………………………………… 229

15.1.2　管理图纸 …………………………………………………………………… 232

15.1.3　创建工程图 ………………………………………………………………… 233

15.2　工程图实例 ………………………………………………………………………… 233

15.2.1　轴承座的工程图 …………………………………………………………… 234

15.2.2　支座的工程图 ……………………………………………………………… 238

15.3　尺寸标注 …………………………………………………………………………… 241

15.3.1　尺寸标注功能简介 ………………………………………………………… 241

15.3.2　尺寸标注实例 ……………………………………………………………… 242

第16章　零件装配 ………………………………………………………………………… 245

16.1　装配模块简介 ……………………………………………………………………… 245

16.1.1　装配菜单简介 ……………………………………………………………… 245

16.1.2　放置约束 …………………………………………………………………… 246

16.1.3　约束类型简介 ……………………………………………………………… 246

16.2　利用零件装配关系组装装配体 …………………………………………………… 248

16.2.1　装配千斤顶 ………………………………………………………………… 248

16.2.2 装配阀门 ·· 252

16.2.3 装配球阀 ·· 253

16.3 设计加速器 ·· 256

第三部分 习题 ·· 259

习题一 制图基础题 ·· 260

习题二 建模题 ·· 289

习题三 手工绘图或建模题 ···································· 302

第四部分 附录 ·· 311

附录 A 计算机绘图国家标准 ·································· 312

附录 B 机械设计手册节选 ···································· 314

附录 C AutoCAD 简介 ·· 342

C.1 概述 ·· 342

C.1.1 AutoCAD 绘图系统的主界面 ························· 342

C.1.2 AutoCAD 绘图系统的命令输入方式 ··················· 345

C.1.3 AutoCAD 绘图系统中的坐标输入方式 ················· 345

C.1.4 AutoCAD 绘图系统中选取图素的方式 ················· 346

C.1.5 AutoCAD 绘图系统中功能键的作用 ··················· 347

C.1.6 AutoCAD 绘图系统中的部分常用设置功能 ············· 347

C.2 命令 ·· 348

C.2.1 设置命令 ·· 348

C.2.2 绘图命令 ·· 352

C.2.3 编辑修改命令 ······································ 354

C.3 尺寸标注 ·· 355

C.4 状态行 ·· 359

C.5 自制机械样/模板图 ···································· 361

C.6 三维模型投影成平面三视图的方法 ······················ 363

附录 D ENGINEERING GRAPHICS ······························ 368

第一部分　机械制图

第1章　机械制图基础

机械图样是机械行业设计和制造过程中使用的工程图样,是交流技术思想的语言,被称为"工程界的语言",其规范性要求很高。为此,对于图纸、图线、字体、比例及尺寸标注等,均由国家标准作出严格规定,每个制图者都必须严格遵守。

1.1　机械制图国家标准

中华人民共和国的国家标准《机械制图》是 1959 年首次颁布的,以后又作了多次修改。本章将根据最新国家标准《技术制图与机械制图》摘要介绍其中有关图纸幅面、比例、字体、图线、尺寸标注等内容的基本规定。

1.1.1　图纸幅面和图框格式(GB/T 14689-2008)[①]

1. 图纸幅面

绘制技术图样时,应优先采用表 1-1 中规定的基本幅面,必要时允许加长幅面,加长部分的尺寸,具体请查阅 GB/T 14689-2008。

表 1-1　图纸幅面　　　　　　　　　　　　　　　　　单位:mm

幅面代号	A0	A1	A2	A3	A4
$B \times L$	841×1189	594×841	420×594	297×420	210×297
a	25				
c	10			5	
e	20		10		

2. 图框格式

在图纸上必须用粗实线画出图框,其格式分为不留装订边和留有装订边两种,如图 1-1

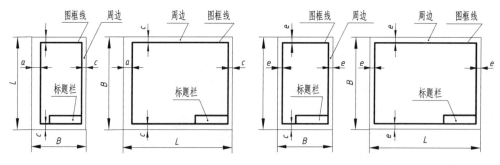

（a）留有装订边图纸的图框格式　　　　　（b）不留装订边图纸的图框格式

图 1-1　图框格式

---

①"GB"是国家标准的缩写,"T"是推荐的缩写,"14689"是该标准的编号,"2008"表示该标准是 2008 年发布实施的。

所示,它们各自的周边尺寸见表 1-1。但应注意的是,同一产品的图样只能采用一种格式。

3. 标题栏

每张图纸上都必须画出标题栏。标题栏的格式和尺寸按 GB/T 10609.1—2008 的规定绘制,一般由更改区、签字区、其他区、名称及代号区组成,如图 1-2 所示。在学习期间,建议采用图 1-3 所示的简化标题栏格式。标题栏的位置一般应位于图纸的右下角,其看图的方向与看标题栏的方向一致,如图 1-1 所示。为了利用预先印制好的图纸,也允许将标题栏置于图纸的右上角。在此情况下,若看图的方向与看标题栏的方向不一致,应采用方向符号。

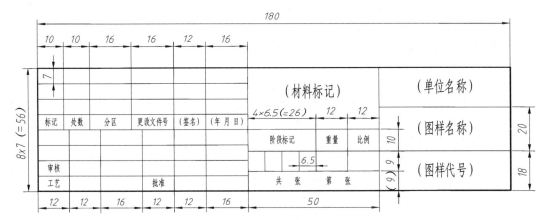

图 1-2　标题栏的尺寸与格式

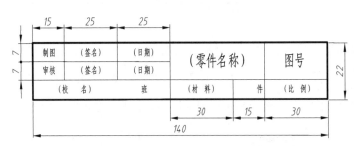

图 1-3　学习期间简化的标题栏格式

4. 附加符号

(1)对中符号。为了在图样复制和微缩摄影时定位方便,应在图纸各边长的中点处分别画出对中符号。对中符号用短粗实线绘制,线宽不小于 0.5 mm,长度从纸边界开始伸入图框内约 5 mm。当对中符号处在标题栏范围内时,伸入标题栏部分省略不画,如图 1-4 所示。

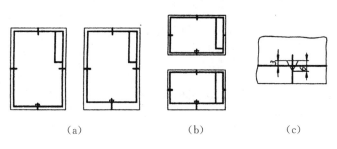

(a)　　　　　　　　(b)　　　　　　　　(c)

图 1-4　对中符号与方向符号

（2）方向符号。当标题栏位于图纸右上角时，为了明确绘图与看图的方向，应在图纸的下边对中符号处画出一个方向符号，其所处位置如图1-4(a)、(b)所示。方向符号是用细实线绘制的等边三角形，其大小如图1-4(c)所示。

在图样中绘制方向符号时，其方向符号的尖角应对着读图者，即尖角为看图的方向，但标题栏中的内容及书写方向仍按常规处理。

1.1.2　比例（GB/T 14690—1993）

比例是指图中图形与其实物相应要素的线性尺寸之比。

绘制图样时，应尽可能按物体的实际大小采用1∶1的原值比例画图，但由于物体的大小及结构的复杂程度不同，有时还需要放大或缩小。当需要按比例绘制图样时，应选择表1-2中规定的比例。

表1-2　国家标准规定的比例系列

种　类	比　例
原值比例	1∶1
放大比例	5∶1,2∶1,5×10^n∶1,2×10^n∶1,1×10^n∶1; 必要时,也允许选用:4∶1,2.5∶1,4×10^n∶1,2.5×10^n∶1
缩小比例	1∶2,1∶5,1∶10,1∶(2×10^n),1∶(1.5×10^n),1∶(1×10^n); 必要时,也允许选用:1∶1.5,1∶2.5,1∶3,1∶4,1∶6, 1∶(1.5×10^n),1∶(2.5×10^n),1∶(3×10^n),1∶(4×10^n),1∶(6×10^n)

注：n为正整数。

比例一般应标注在标题栏中的比例栏内。必要时，可在视图名称的下方或右侧标注比例，如$\dfrac{\text{I}}{2∶1}$、$\dfrac{A}{1∶100}$、$\dfrac{B-B}{2.5∶1}$、平面图1∶100等。图1-5表示同一物体采用不同比例画出的图形。注意，无论使用什么比例绘制图样，标注的尺寸都是物体的实际大小尺寸。

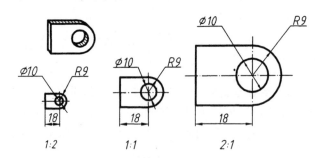

图1-5　用不同比例画出的图形

1.1.3　字体（GB/T 14691—1993）

字体是图样中的一个重要部分。国家标准规定图样中书写的字体必须做到字体工整，笔画清楚，间隔均匀，排列整齐。

1. 字高

字体高度（用h表示）的公称尺寸系列为1.8 mm、2.5 mm、3.5 mm、5 mm、7 mm、

10 mm、14 mm、20 mm。当需要书写更大的字时,其字体高度应按 $\sqrt{2}$ 的比率递增。字体高度代表字体的号数。例如,10 号字即表示字高为 10 mm。

2. 汉字

汉字应写成长仿宋体字,并应采用中华人民共和国国务院正式公布推行的《汉字简化方案》中规定的简化字。汉字的高度 h 不应小于 3.5 mm,其字宽一般为 $h/\sqrt{2}$。例如,10 号字的字宽约为 7.1 mm。书写长仿宋体汉字的要领是:横平竖直,起落分明,结构均匀,粗细一致,呈长方形。长仿宋体汉字的示例如图 1-6 所示。

10号字

字体工整　笔画清楚　间隔均匀

7号字

线平竖直　注意起落　结构均匀　填满方格

5号字

技术要求　机械制图　电子工程　汽车制造　土木建筑

图 1-6　长仿宋体汉字的示例

3. 字母和数字

字母和数字分为 A 型和 B 型两类。其中,A 型字体的笔画宽度 d 为字高的 1/14,B 型字体的笔画宽度 d 为字高的 1/10。在同一张图样上,只允许选用一种类型的字体。

字母和数字可写成斜体或直体,一般采用斜体。斜体字的字头向右倾斜,与水平基准线成 75°。

技术图样中常用的字母有拉丁字母和希腊字母两种,常用的数字有阿拉伯数字和罗马数字两种。字母和数字的示例如图 1-7 所示。

图 1-7　字母和数字的示例

1.1.4 图线(GB/T 17450—1998)

图线是指起点和终点间以任何方式连接的一种几何图形,形状可以是直线或曲线、连续线或不连续线。图线的起点和终点可以重合,例如一条图线形成圆时的情况。当图线长度小于或等于图线宽度的一半时,称为点。

1. 线型

GB/T 17450—1998 中规定了 15 种基本线型的代号、型式及其名称,见表 1-3。

表 1-3 15 种基本线型的代号、型式及其名称

代号 No.	基本线型	名　称
01		实线
02		虚线
03		间隔画线
04		点画线
05		双点画线
06		三点画线
07		点线
08		长画短画线
09		长画双短画线
10		画点线
11		双画单点线
12		画双点线
13		双画双点线
14		画三点线
15		双画三点线

表 1-4 中列出了绘制工程图样时常用的图线名称、图线型式、图线宽度及其主要用途。图 1-8 所示为图线的应用举例。

表 1-4 常用的工程图线名称及主要用途

图线名称	图线型式	代号	图线宽度	主要用途
粗实线		A	d	可见轮廓线
细实线		B	约 $d/2$	尺寸线、尺寸界线、剖面线、辅助线重合断面的轮廓线、引出线、可见过渡线; 螺纹的牙底线及齿轮的齿根线
波浪线		C	约 $d/2$	断裂处的边界线; 视图和剖视图的分界线
双折线		D	约 $d/2$	断裂处的边界线

续表

图线名称	图线型式	代号	图线宽度	主要用途
虚线		F	约 $d/2$	不可见的轮廓线； 不可见的过渡线
细点画线		G	$d/2$	轴线、对称中心线、轨迹线； 齿轮的分度圆及分度线
粗点画线		J	d	有特殊要求的线或表面的表示线
双点画线		K	$d/2$	相邻辅助零件的轮廓线、中断线； 极限位置的轮廓线、假想轮廓线

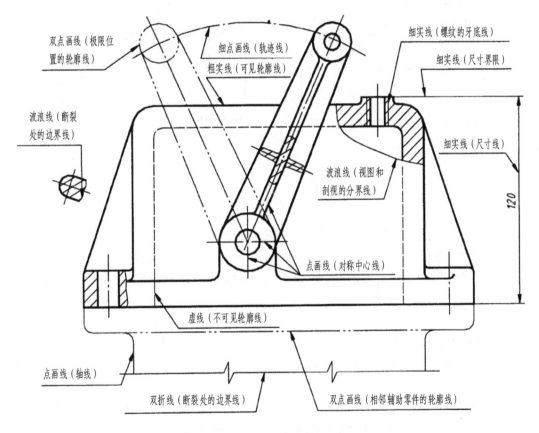

图 1-8　图线的应用举例

2. 线宽

所有线型的图线宽度应按图样的类型和尺寸大小在下列数系中选择：

0.3 mm，0.18 mm，0.25 mm，0.35 mm，0.5 mm，0.7 mm，1 mm，1.4 mm，2 mm

该数系的公比为 $1:\sqrt{2}(\approx 1:1.4)$。

机械图样中的图线分为粗线型和细线型两种。粗线型宽度 d 应根据图形大小和复杂程

度在 $0.5\sim2$ mm 选取,细线型的宽度约为 $d/2$。

3. 图线的画法和注意事项

图线画法示例如图 1-9 所示。

(1)同一张图样中,同类图线的宽度应一致。虚线、点画线和双点画线的线段长短和间隔应各自大致相等。

(2)虚线、点画线或双点画线和粗实线或它们自己相交时应线段相交,而不应空隙相交。

(3)绘制圆的对称中心线时,圆心应为线段的交点,首尾两端应是线段,而不是短画或点,且应超出图形轮廓线 $2\sim3$ mm。

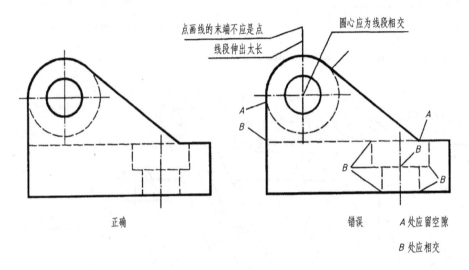

图 1-9　图线画法示例

(4)当在较小的图形上绘制点画线或双点画线有困难时,可用细实线代替。

(5)当虚线、点画线或双点画线是粗实线的延长线时,连接处应空开。

(6)当各种线条重合时,应按粗实线、虚线、点画线的优先顺序画出。

1.1.5　尺寸注法(GB/T 4458.4—2003)

1. 尺寸标注的基本规则

(1)物体的真实大小应以图样上所标注的尺寸数值为依据,与图形的大小及绘图的准确度无关。

(2)图样中(包括技术要求和其他说明)的尺寸以 mm 为单位时,不需标注计量单位的代号或名称。如采用其他单位,则必须注明相应计量单位的代号或名称。

(3)图样中所标注的尺寸为该图样所示物体的最后完工尺寸,否则应另加说明。

(4)零件上各结构的每一尺寸一般只标注一次,并应标注在反映该结构最清晰的图形上。

2. 尺寸的组成形式

图样上标注的每一个尺寸,一般都由尺寸界线、尺寸线和尺寸数字三部分组成,其相互关系如图 1-10 所示。

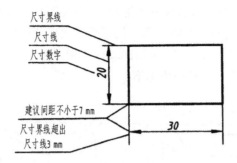

图 1 - 10　尺寸的组成形式

1) 尺寸界线

尺寸界线用细实线绘制,并应从图形的轮廓线、轴线或对称中心线处引出。也可利用轮廓线、轴线或对称中心线作尺寸界线,如图 1 - 11 所示。

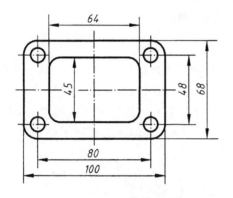

图 1 - 11　尺寸界线的正确使用

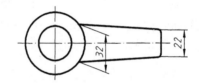

图 1 - 12　尺寸界线的正确使用

尺寸界线一般应与尺寸线垂直,当尺寸界线贴近轮廓线时,允许尺寸界线与尺寸线倾斜。在光滑过渡处标注尺寸时,必须用细实线将轮廓线延长,从它们的交点处引出尺寸界线,如图 1 - 12 所示。

2) 尺寸线

尺寸线用细实线绘制,其终端可以有箭头和斜线两种形式。一般机械图样的尺寸线终端采用箭头形式(小尺寸标注除外),土建图样的尺寸线终端采用斜线的形式,如图 1 - 13 所示。当尺寸线与尺寸界线相互垂直时,同一张图样中只能采用一种尺寸终端的形式。

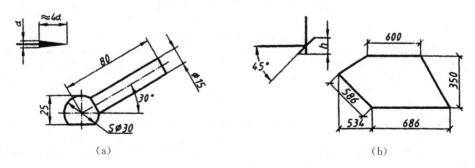

(a)　　　　　　　　　　　　　　　　(b)

图 1 - 13　尺寸线终端采用的两种形式

注意:在同一图样中箭头与短斜线不能混用,箭头尖端必须与尺寸界线接触,不得超出,也不得分开。箭头尾部宽度和粗实线一样。尺寸线必须单独画出,不能用其他图线代替,也不能与其他图线重合或画在其延长线上,如图1-14中尺寸30、10。尺寸引出标注时,不能直接从轮廓线上转折,如图1-14(b)中的 R15 所示。

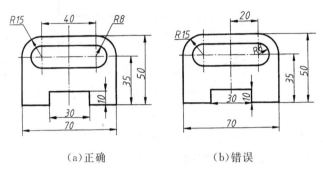

　　　　　　(a)正确　　　　　　　　　　(b)错误

图1-14　尺寸线的正确使用

3)尺寸数字

　　线性尺寸的数字一般应注写在尺寸线的上方,竖直方向的尺寸应注写在尺寸线的左侧,字头朝左。也允许注写在尺寸线的中断处,但是同一张图纸只能采用一种形式。当位置不够时,也可以引出标注,如图1-15中的 SR5。尺寸数字不可被任何图线所通过,当无法避免时,必须将该图线断开,如图1-15中的$\phi20$、$\phi28$ 和$\phi16$。国标还规定了一些特定的尺寸符号如表1-5所示。

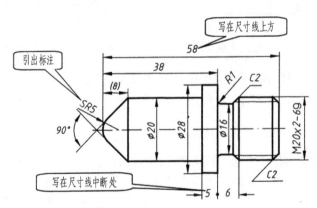

图1-15　轴类零件尺寸标注示例

表1-5　尺寸标注常用符号及缩写词

名词	直径	半径	球直径	球半径	厚度	正方形	45°倒角	深度	沉孔或锪平	埋头孔	均布
符号或缩写词	ϕ	R	$S\phi$	SR	t	□	C	↧	⊔	∨	EQS

　　尺寸数字的方向一般应采用图1-16(a)所示的方法注写,尽可能避免在图示30°范围内标注尺寸,当无法避免时可按图1-16(b)所示的形式标注。

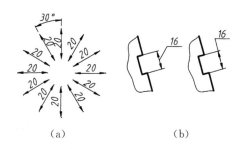

图 1-16 线性尺寸数字标注方法

3)各类尺寸注法

表 1-5 列出了一些常用的尺寸注法。

表 1-6 各类尺寸的基本注法

项目	说 明	图 例
线性尺寸	(1)尺寸线必须与所标注的线段平行。 (2)两平行的尺寸线之间应留有充分的空隙,以便填写尺寸数字。 (3)标注两平行的尺寸应遵循"小尺寸在里,大尺寸在外"的原则	
直径与半径尺寸	(1)标注整圆或大于半圆的圆弧时,尺寸线要通过圆心,以圆周轮廓线为尺寸界线,尺寸数字前加注直径符号"∅"。 (2)标注小于或等于半圆的尺寸时,应在尺寸数字前加注半径符号"R"。 (3)当圆弧的半径过大或在图纸范围内无法标注其圆心位置时,可采用折线形式;若圆心位置不需注明,则尺寸线可只画靠近箭头的一段	
球面尺寸	(1)标注球面的直径尺寸或半径尺寸时,应在符号"∅"或"R"前加注符号"S",如图(a)所示。 (2)对于螺钉、铆钉的头部、轴和手柄的端部等,在不致引起误解的情况下,可省略符号"S",如图(b)所示	
角度尺寸	角度的数字一律写成水平方向,并注写在尺寸线中断处,必要时可注写在尺寸线上方或外侧,也可以引出标注	

项 目	说　明	图　例
对称图形	当对称机件的图形只画出一半或略大于一半时,尺寸线应略超过对称中心线或断裂处的边界线,并在尺寸线一端画出箭头	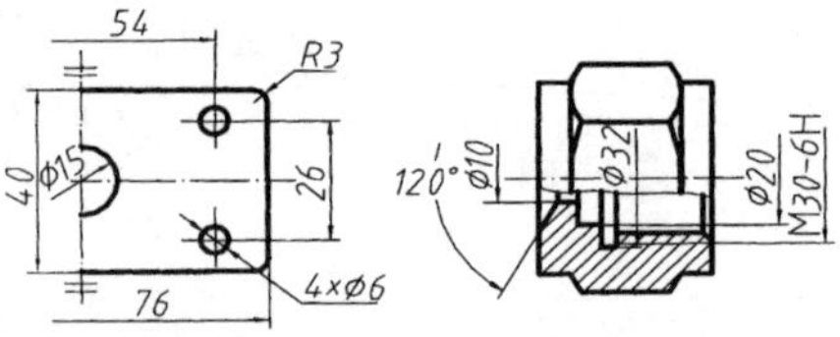
方头结构	表示断面为正方形结构尺寸时,可在正方形尺寸数字前加注符号"□",如□14,或用14×14代替□14	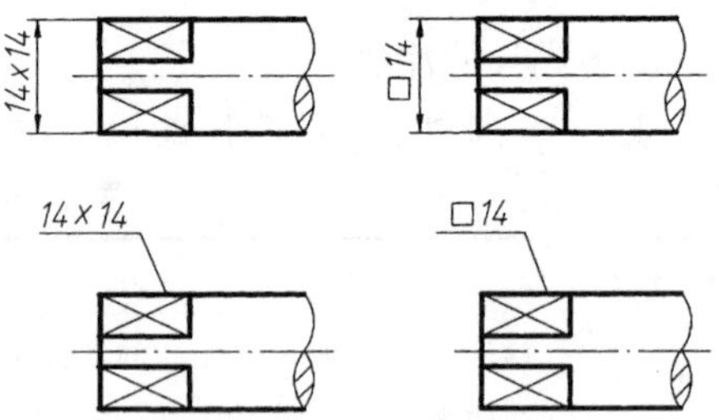
小尺寸	(1)在没有足够位置画箭头或注写尺寸数字时,可将箭头或数字布置在外面,也可将箭头和数字都布置在外面。 (2)几个小尺寸连续标注时,中间的箭头可用斜线或圆点代替	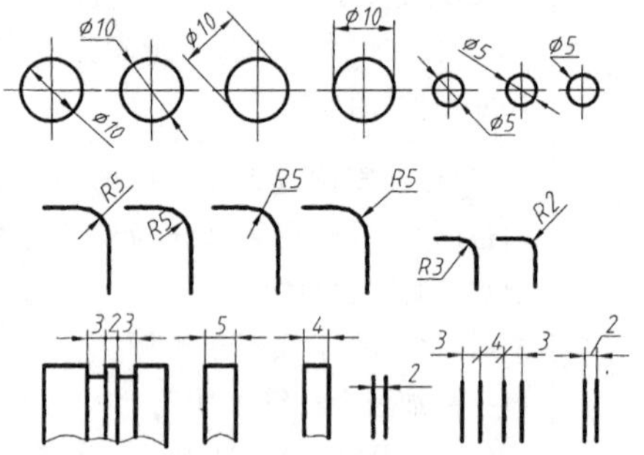

1.1.6　平面图形的画法及尺寸标注

平面图形一般由若干线段(直线或圆弧)所组成,而线段的性质由尺寸的作用来确定。因此,为了正确绘制平面图形,必须首先要对平面图形进行尺寸分析和线段分析。

1.平面图形的尺寸分析

平面图形中的尺寸按其作用,可分为定形尺寸和定位尺寸。

1)定形尺寸

确定几何元素形状及大小的尺寸称为定形尺寸。如图 1-17(a)所示的平面图形,是由两个封闭图框组成,一个是内部小圆,一个是外面带圆角的矩形。图中的尺寸 $\phi 20$ 确定小圆的形状和大小,尺寸 100、70、R18 确定带圆角矩形的形状和大小,因此,$\phi 20$、100、70、R18 都是定形尺寸。

2)定位尺寸

确定各几何元素之间相对位置的尺寸称为定位尺寸。如图 1-17(a)中的尺寸 25 和 40,是用来确定小圆与带圆角矩形之间相对位置的,因此该两个尺寸是定位尺寸。

3) 尺寸基准

在标注尺寸时,作为尺寸起点的几何元素被称为尺寸基准。对于平面图形,必须要有两个方向的尺寸基准,即 X 方向和 Y 方向应各有一个基准。如图 1-17(a) 中所示,如果以下边线和左边线为基准,则应标注尺寸 25 和 40 来确定小圆的位置;如果选择以上边线和右边线为基准,要确定小圆的位置,则应标注尺寸 45 和 60,如图 1-17(b) 所示。由此可见,选择的尺寸基准不同,所标注出的尺寸也不同。

在平面图形中,通常可选取图形的对称线、图形的较长轮廓线或者圆心等作为尺寸基准。如在图 1-17(c) 中,确定 4 个小圆位置的定位尺寸 $\phi 80$,就是以圆心作为尺寸基准。

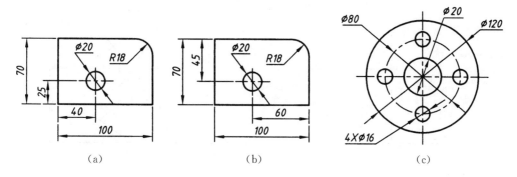

(a)　　　　　　　　(b)　　　　　　　　(c)

图 1-17　平面图形的尺寸分析

2. 平面图形的线段分析

平面图形中的线段按所注尺寸情况可分为三类。

1) 已知线段

定形尺寸和定位尺寸全部给出的线段称为已知线段(根据图形所注的尺寸,可以直接画出的圆、圆弧或直线)。如图 1-18 所示的平面图形中,圆 $\phi 8$、圆弧 $R9$ 和 $R12$,直线 L_1 和 L_2 都是已知线段。

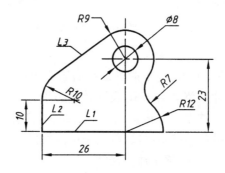

图 1-18　平面图形的线段分析

2) 中间线段

定形尺寸和一个方向定位尺寸给出的线段称为中间线段(除图形中所注的尺寸外,还需根据一个连接关系才能画出的圆弧或直线)。如图 1-18 中的圆弧 $R10$ 是中间线段。

3)连接线段

只给出定形尺寸,而两个方向定位尺寸均未给出的线段称为连接线段(需要根据两个连接关系才能画出的圆弧或直线)。如图 1-18 所示的平面图形中,圆弧 R7 和直线 L_3 是连接线段。

3. 平面图形的画图步骤

在画平面图形时,首先应对平面图形进行尺寸分析和线段分析,在此基础上,再按以下画图步骤画图:先画出作图基准线,确定图形的位置;再画已知线段;其次画中间线段;最后画连接线段。图1-19所示为图 1-18 所示平面图形的具体画图步骤。

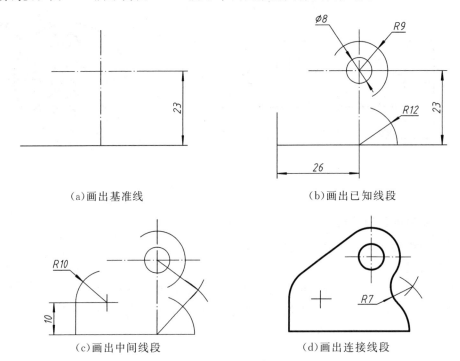

(a)画出基准线　　　　　　　　　　　(b)画出已知线段

(c)画出中间线段　　　　　　　　　　(d)画出连接线段

图 1-19　平面图形的画图步骤

4. 平面图形的尺寸注法

平面图形尺寸标注的基本要求,是要能根据平面图形中所注尺寸完整无误地确定出图形的形状和大小。为此,尺寸数值必须正确,尺寸数量必须完整(不遗漏,不多余)。

在标注平面图形尺寸时,首先应分析平面图形的结构,选择好合适的尺寸基准,然后确定图形中各线段的性质,即哪些是已知线段,哪些是中间线段,哪些是连接线段,最后按已知线段、中间线段和连接线段的顺序,逐个注出尺寸。

我们在确定图形中各线段的性质时,必须遵循这条规律,即:在两已知线段之间若只有一条线段与其连接时,此线段必为连接线段;若有两条以上线段与其连接时,只能有一条线段为连接线段,其余为中间线段。因此,标注尺寸时必须注意每个线段的尺寸数量,否则必然产生矛盾。

下面以图 1-20 为例,说明平面图形的尺寸注法和步骤。

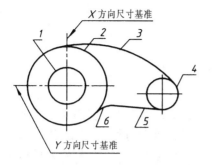

（a）选择尺寸基准并进行线段分析

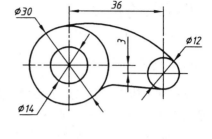

（b）确定已知线段并标注

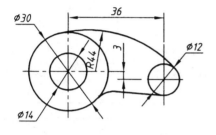

（c）确定中间线段并标注（1）

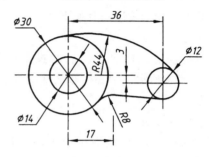

（d）确定连接线段并标注（1）

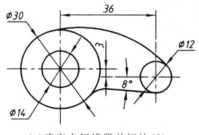

（e）确定中间线段并标注（2）

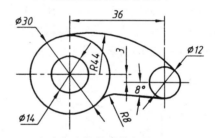

（f）确定连接线段并标注（2）

图 1-20　平面图形的尺寸注法

　　（1）分析图形结构，确定尺寸基准。该图由 6 条线段构成，上下左右均不对称，应选较大圆心的中心线作为 X 方向尺寸基准和 Y 方向尺寸基准，如图 1-20（a）所示。

　　（2）分析线段性质，确定已知线段并标注相应尺寸。由于ϕ14 和ϕ30 圆的中心线在基准线上，因此ϕ14 和ϕ30 圆为已知线段，而且该圆心到两个方向尺寸基准的定位尺寸均为零。再选ϕ12 圆为另一已知线段，则须标注其定形尺寸（ϕ12）和定位尺寸（36 和 3），如图 1-20（b）所示。

　　（3）确定中间线段和连接线段并标注相应尺寸。图形上部的 $R44$ 圆弧是两已知线段之间的唯一圆弧，必是连接线段，因此只需标注其定形尺寸（$R44$），不能标注定位尺寸，如图 1-20（c）所示。

　　在图形下部ϕ30 和ϕ12 两已知线段之间有两条线段：$R8$ 圆弧和一直线。若选直线为连接线段，则 $R8$ 必为中间线段，这时除标注定形尺寸（$R8$）外，还需标注其定位尺寸（17），如图 1-20（d）所示。若选 $R8$ 为连接线段，则直线必为中间线段，这时需标注直线的一个定位尺寸（8°）；而 $R8$ 不能标注定位尺寸，如图 1-20（e）和图 1-20（f）所示。

1.2 工程图的投影

1.2.1 投影的基本知识

将空间三维形体表达为二维平面图形的基本方法是投影法。如图 1-21 所示，假设空间有一平面 P，以及平面外的一点 S 和 A。将 S、A 两点连为直线，并作出 SA 与 P 平面的交点 a。点 a 就称为 A 点在 P 平面上的投影；平面 P 称为投影面；点 S 称为投射中心；直线 SA 称为投射线。这种产生图形的方法称为投影法。

工程上常用的投影法有如下两类：

1）中心投影法

所有的投射线相交于一点的投影法称为中心投影法，如图 1-21 所示。中心投影法常用来绘制具有立体感的透视图。

2）平行投影法

投射线相互平行，投射中心远离投影面的投影法称为平行投影法。其中投射线与投影面垂直的平行投影法称为正投影法，如图 1-22(a)所示。工程图样主要用正投影法绘制。投射线与投影面倾斜的平行投影称为斜投影法，如图 1-22(b)所示。

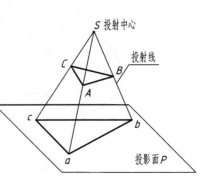

图 1-21 投影的形成

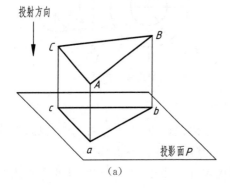

(a)

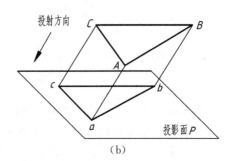

(b)

图 1-22 平行投影法

在机械制图中使用的主要是正投影法，故下面只列出正投影法的投影特性。

①实形性。物体上平行于投影面的直线，其投影反映直线的实长；平行于投影面的平面，其投影反映平面的实形。

②积聚性。物体上垂直于投影面的直线，其投影积聚成为一个点；垂直于投影面的平面，其投影积聚成一条直线。

③缩变性。物体上倾斜于投影面的直线，其投影为小于直线实长的线段；倾斜于投影面的平面，其投影形状小于平面的实际形状，且缩变为该平面的类似形。

1.2.2　空间八角体系投影

1. 三投影面体系的建立

设立互相垂直的三个投影面如图 1-23 所示,组成一个三面投影体系,其中处于正面直立位置的平面称为正立投影面,用大写字母 V 表示,简称正面或 V 面;处于水平位置的平面称为水平投影面,用大写字母 H 表示,简称水平面或 H 面;与 V、H 面都垂直的投影面,称为侧立投影面,简称侧面,用 W 表示。V 和 H 面、W 和 H 面、W 和 V 面的交线都称为投影轴,分别记为 OX、OY 和 OZ。三投影面的交点记为原点 O,此三投影面体系将空间分为八分角。

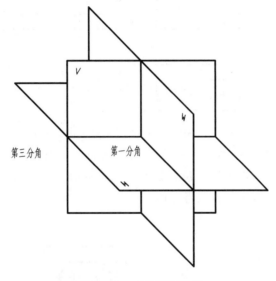

图 1-23　三投影面体系

2. 图的摆放位置

将物体放在如图 1-24 所示的三面体系中第一分角内投影,并使其处于观察者与投影面之间而得到正投影的方法,称第一角画法,用正投影法绘制出物体的图形称为视图。中国、

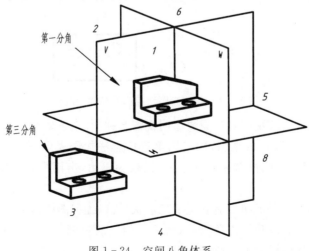

图 1-24　空间八角体系

德国、法国、俄罗斯、波兰和捷克等国采用第一角画法,其默认的六个基本投影视图摆放位置如图 1-25 所示。

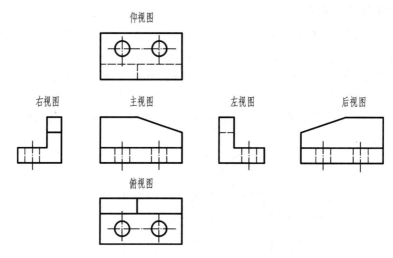

图 1-25　第一角画法视图的标准摆放位置

　　第三角画法就是将物体放在第三分角内,使投影面处于观察者与物体之间得到正投影的方法,其默认的六个基本视图摆放位置如图 1-26 所示。美国、加拿大、澳大利亚等国采用第三角画法,有些国家这两种方法可并用。

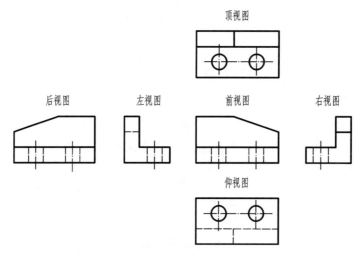

图 1-26　第三角画法视图的标准摆放位置

　　当按标准的位置摆放视图时不需要注明视图名称,否则需要注明。一般国外的软件,如 CATIA、UG、Pro/E 等默认的视图,均采用第三角画法投影视图,而 AutoCAD 没有自动投影视图,并且每个视图之间没有相互关系,所以较为自由,由用户自己定义各个视图的投影方向,更方便使用。

　　因为一般物体由三个视图就能表达清楚形状,所以工程图中常采用三视图。

　　为了识别第一角画法和第三角画法,规定了相应的识别符号,如图 1-27 所示,该符号一般标在所画图纸标题栏的上方或左方。

（a）第一角画法　　　　　（b）第三角画法

图 1-27　第一角和第三角画法识别符号

3. 三视图的形成及其投影规律

将物体放在第一分角内,从前向后投射得到的图形称为主视图;从上向下投射,得到的图形称为俯视图;从左向右投影,得到的图形称为左视图,如图 1-28 所示。因为三面投影体系是空间的,在图纸上不好表达,所以将水平投影面与侧立投影面之间沿 Y 轴剪开,水平投影面绕 X 轴向下旋转 90°,侧立投影面绕 Z 轴向后旋转 90°,如图 1-29 所示。这样三视图就可以画在一张纸上了,通常我们去掉表示投影面的边框线绘制三视图,如图 1-30 所示。

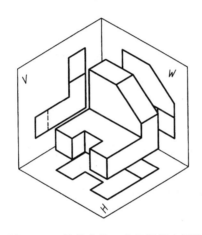

图 1-28　物体在第一分角投影中投影

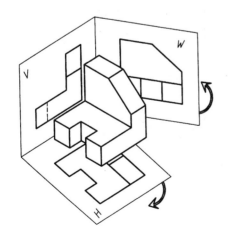

图 1-29　水平投影面与侧面投影面的展开方向

图 1-30　三视图在一张纸上的标准位置

从图 1-30 中可以看出:

①主视图反映机件的上下、左右位置关系,即反映机件的高度和长度;

②俯视图反映机件的前后、左右位置关系,即反映机件的宽度和长度;

③左视图反映机件的前后、上下位置关系,即反映机件的宽度和高度。

由此,三视图的投影规律可以概括为:主、俯视图长对正;主、左视图高平齐;俯、左视图宽相等(简称三等规律)。

需要特别注意,在俯视图和左视图中,确定"宽相等"时,要区别机件的前后位置关系,以远离主视图的一侧为前,反之为后。

1.3　基本几何体的三视图

在设计和图示机器零件时,通常把单一几何体称为基本几何体,如棱柱、棱锥、圆柱、圆锥、球和圆环等。

一般的基本几何体可分为平面立体和曲面立体。曲面立体即围成立体的表面部分或全部是曲面,本书主要学习常见的回转体:圆柱、圆锥、球、环。

1.3.1　平面立体的三视图

平面立体是指围成立体的所有表面都是平面。画平面立体的三视图主要是画立体表面上面与面交线的投影,当交线的投影可见时,画成粗实线,不可见时画成虚线;当粗实线与虚线重合时画成粗实线。

1. 棱柱（以五棱柱为例）

棱柱有两个平行的多边形底面,所有棱面都垂直于底面,称之为直棱柱;若棱柱底面为正多边形,则称之为正棱柱;侧面倾斜于底面的棱柱称之为斜棱柱。通常为画图方便,应使棱柱的底面平行于某个投影面,如图1-31(a)为直观投影图,(b)为投影后的三视图。

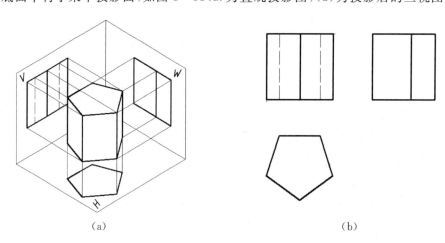

(a)　　　　　　　　　　　　　　　　　　　　(b)

图1-31　棱柱的三视图

2. 棱锥（以三棱锥为例）

棱锥有一个多边形的底面,所有的棱线都交于一点(顶点)。用底面多边形的边数来区别不同的棱锥,如底面为三角形,称为三棱锥。若棱锥的底面为正多边形,每条侧棱长度相等,称为正棱锥。如图1-32(a)为棱锥的直观投影图,(b)为投影后的三视图。

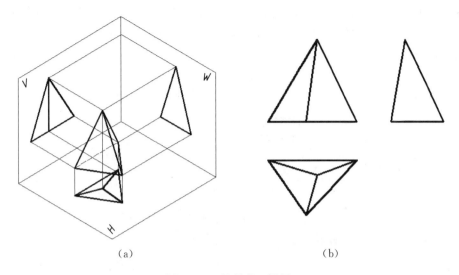

（a）　　　　　　　　　　　　　　　　（b）

图 1 - 32　棱锥的三视图

1.3.2　回转体形成及其三视图的投影

1. 回转体的形成

回转体是由回转面或回转面与平面共同围成的立体,回转面是由一条母线绕着一条轴线旋转而形成的,如图 1 - 33 所示。母线可以是直线,也可以是曲线。其运动的轨迹构成为回转面。母线位于回转面上任一位置时的线称为素线。母线上任一点的轨迹均为圆,称为纬圆,如图 1 - 34 所示。所以当用一垂直于轴线的平面截切回转面时,切口的形状为圆。

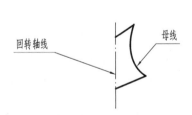

图 1 - 33　形成回转体的母线和轴线

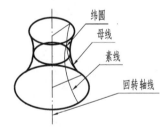

图 1 - 34　回转体的形成

构成曲面立体的曲面为回转面,则该立体称为回转体。常见的回转体有圆柱、圆锥、球体以及环等,如图 1 - 35 所示。

图 1 - 35　常见的回转体

2. 回转体投影的共同特点

（1）一个重要的概念:回转体上的转向轮廓线。

　　回转体上的转向轮廓线是对某一面投影而言的(在光滑曲面上并不真正存在),因而只需画出投射成为曲面轮廓线的那个投影,其余投影均不应画出。转向轮廓线也是曲面可见部分与不可见部分的分界线,如图1-36所示。

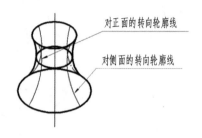

图 1-36　转向轮廓线

　　(2)回转体的轴线是回转体的构成要素,使用点画线绘出。

　　(3)在轴线垂直的投影面上的投影是圆,而另外两个投影的形状相同。

表 1-7　常见的回转体的三视图及其投影特性

回转体	直观图	三视图	投影特性
圆柱			(1)轴线垂直于 H 面,俯视图为圆,圆柱面积聚在圆周上; (2)主视图、左视图是两个全等的矩形; (3)圆的直径就是圆柱的直径
圆锥			(1)轴线垂直于 H 面,俯视图为圆,圆锥面投影在圆内,无积聚性; (2)主视图、左视图是两个全等的三角形; (3)圆的直径就是圆锥底圆的直径
球			(1)球的三个视图都是圆,圆球面投影在圆周内,无积聚性; (2)圆的直径就是球的直径

第2章 立体表面的交线

平面立体是由顶点、棱线及平面组成的。平面立体的三视图就是点、直线和平面投影的集合。因此,为了准确画出立体的三视图及其表面的交线的投影,要先研究立体表面点、线、面的投影规律。同时,本章简单讲述回转体表面的截交线、相贯线的绘制,期待这部分内容可以使用计算机建模投影制作。

2.1 平面立体表面上点、直线、平面的投影

2.1.1 立体表面上点的投影

1. 点在三投影面体系第一分角的投影规律

在三投影面体系的第一角中,空间点 A(空间点使用大写字母)分别向 H、V、W 面投影,得到三个投影点 a、a'、a'',如图 2-1(a)所示。其中 a 称为点 A 的水平投影,a' 称为点 A 的正面投影,a'' 称为点 A 的侧面投影(国标规定的表示方法)。规定保持 V 面正立不变,使 H 面绕 OX 轴、W 面绕 OZ 轴分别向下、向右旋转 $90°$,使三个投影面处在同一平面内,因投影面可根据需要扩大或缩小,故在实际画图时不必画出投影面的边框,如图 2-1(c)所示,只绘制出坐标轴,称点 A 的投影图,也可无轴投影。其间 OY 轴随 H 面旋转后以 OY_H 表示,随 W 面旋转后的位置以 OY_W 表示。

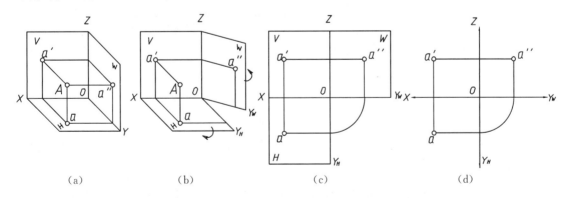

(a)　　　　　　(b)　　　　　　(c)　　　　　　(d)

图 2-1 点在三投影面体系中的投影

由此可以概括出点在三投影面体系第一角的投影规律:
(1)点的投影连线垂直于相应的投影轴,即 $a'a \perp OX$、$a'a'' \perp OZ$。
(2)点的投影到投影轴的距离,等于该点与相邻投影面的距离。

【例 2-1】如图 2-2 (a)所示,已知点 A 的正面投影 a' 和侧面投影 a'',试求其水平投影 a。

解　根据点的投影规律 $aa' \perp OX$,所以水平投影 a 在过正面投影 a' 而垂直于 OX 轴的

直线上；又水平投影 a 到 OX 轴距离等于侧面投影 a'' 到 OZ 轴的距离，所以可以直接量取 $a\,a_X = a''a_Z$；或利用 $45°$ 线定出水平投影 a 的位置，如图 $2-2$(b)所示。

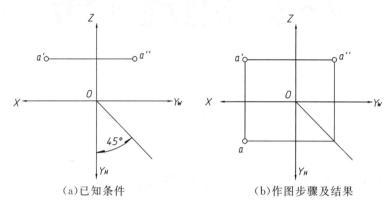

(a)已知条件　　　　　　　　　　(b)作图步骤及结果

图 $2-2$　求点的第三面投影

2. 两点的相对位置

两个点的投影沿上下、左右、前后三个方向所反映的坐标差，即两点对 H、W、V 投影面的距离差，能够确定该两点的相对位置。如图 $2-3$ 所示，点 A 的 X 坐标小于 B 点的 X 坐标，说明点 A 在点 B 的右侧；点 A 的 Y 坐标大于点 B 的 Y 坐标，说明点 A 位于点 B 的前方；点 A 的 Z 坐标大于点 B 的 Z 坐标，说明点 A 在点 B 的上方。即点 A 位于点 B 的右、前、上方。

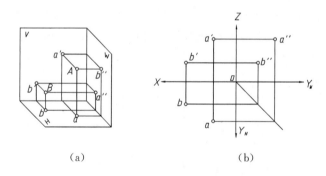

(a)　　　　　　　　　　(b)

图 $2-3$　两点的相对位置

如图 $2-3$ 所示，X 坐标值大的点在左方；Y 坐标值大的点在前方；Z 坐标值大的点在上方。

3. 重影点

当空间两个点处于同一投射线上时，它们在与该投射线垂直的投影面上的投影必重合，此两点称为该投影面的重影点。显然重影点有两个坐标相同，如图 $2-4$(a)所示，A、B 两点处于同一条铅垂投射线上，故它们的水平投影重合。此时该两点的 X 坐标和 Y 坐标相等，而点 A 的 Z 坐标大于点 B 的 Z 坐标，说明点 A 在点 B 的正上方。

当两点的投影重影时，必然是一点的投影可见，另一点的投影不可见。如上述的 A、B 两点的水平投影重影，因 $Z_B < Z_A$，所以从上向下看时，点 B 不可见，在水平投影图中 b 不可见。在投影图上常把不可见的投影点加上括号，如图 $2-4$(b)所示。

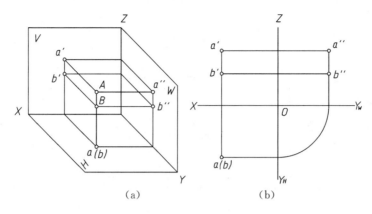

图 2 - 4　重影点的投影

2.1.2　立体表面上直线的投影

直线在三投影面体系中的位置,可分为三类:投影面的平行线,投影面的垂直线及一般位置直线。投影面的垂直线和投影面的平行线又称特殊位置直线。

直线与投影面的倾角,就是直线与其在投影面上的正投影的夹角。直线与 H 面、V 面和 W 面的夹角分别用 α、β、γ 表示。当直线平行于投影面时倾角为 $0°$;当直线垂直于投影面时倾角为 $90°$;当直线倾斜于投影面时倾角在 $0° \sim 90°$。

1. 投影面的平行线

投影面平行线的投影特性可概括为:

①在其平行的那个投影面上,投影反映实长,投影与坐标轴的夹角反映直线与另两个相邻投影面倾角的真实大小。

②另两个投影面的投影小于实长,与坐标轴成平行的关系。

如图 2-5 所示,长方体上的 AB、AC、BC 分别是正平线、水平线、侧平线。

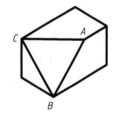

图 2 - 5　立体上的直线

投影面的平行线平行于一个投影面,且与另外两个投影面倾斜。投影面的平行线可分为正平线、水平线和侧平线三种(见表 2 - 1)。

表 2 - 1　投影面平行线的投影特性

名称	正平线(//V)	水平线(//H)	侧平线(//W)
立体图	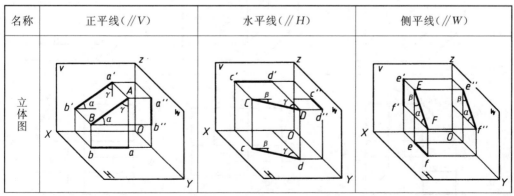		

名称	正平线（∥V）	水平线（∥H）	侧平线（∥W）
投影图			
投影分析	（1）正面投影 $a'b'$ 反映实长。 （2）正面投影 $a'b'$ 与 OX 轴和 OZ 轴的夹角 α、γ 分别为 AB 对 H 面和 W 面的夹角。 （3）水平投影 ab∥OX 轴，侧面投影 $a''b''$∥OZ 轴，且都小于实长	（1）水平投影 cd 反映实长。 （2）水平投影 cd 与 OX 轴和 OY_H 轴的夹角 β、γ 分别为 CD 对 V 面和 W 面的夹角。 （3）正面投影 $c'd'$∥OX 轴，侧面投影 $c''d''$∥OY_W 轴，且都小于实长	（1）侧面投影 $e''f''$ 反映实长。 （2）侧面投影 $e''f''$ 与 OZ 轴和 OY_W 轴的夹角 β、α 分别为 EF 对 V 面和 H 面的夹角。 （3）正面投影 $e'f'$∥OZ 轴，水平投影 ef∥OY_H 轴，且都小于实长
投影特性	（1）在直线所平行的投影面上的投影反映直线的实长，反映实长的投影与相应投影轴的夹角，反映直线与相应投影面的夹角。 （2）在其他两个投影面上的投影，分别平行于相应的投影轴，且小于直线的实长		

2.投影面的垂直线

投影面的垂直线垂直于一个投影面，必定与另外两个投影面平行。投影面的垂直线可分为正垂线、铅垂线和侧垂线三种（见表 2-2）。

表 2-2　投影面垂直线的投影特性

名称	正垂线（⊥V）	铅垂线（⊥H）	侧垂线（⊥W）
立体图			
投影图			

名称	正垂线($\perp V$)	铅垂线($\perp H$)	侧垂线($\perp W$)
投影分析	（1）正面投影 $b'c'$ 积聚成一点。 （2）水平投影 bc,侧面投影 $b''c''$ 都反映实长,且 $bc\perp OX$, $b''c''\perp OZ$。	（1）水平投影 bg 积聚成一点。 （2）正面投影 $b'g'$,侧面投影 $b''g''$ 都反映实长,且 $b'g'\perp OX$,$b''g''\perp OY_W$	（1）侧面投影 $e''k''$ 积聚成一点。 （2）正面投影 $e'k'$,水平投影 ek 都反映实长,且 $e'k'\perp OZ$, $ek\perp OY_H$
投影特性	（1）在直线所垂直的投影面上的投影,积聚为一点。 （2）在其他两个投影面上的投影,均反映直线的实长,且垂直于相应的投影轴		

投影面的垂直线的投影特性可概括为：

在其垂直的投影面上的投影积聚成一点,另外两个投影面上的投影反映实长,并垂直于相应的坐标轴。

长方体上的 AB、AC、AD 分别是铅垂线、侧垂线、正垂线如图 2-6 所示。

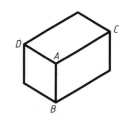

图 2-6　立体上的直线

3. 一般位置直线

一般位置直线与三个投影面都倾斜。

如图 2-7 所示,图 2-7(a)立体上的直线 AB,图 2-7(b)是 AB 在三个投影面上的投影的直观图,图 2-7(c)是 AB 的投影图三视图。

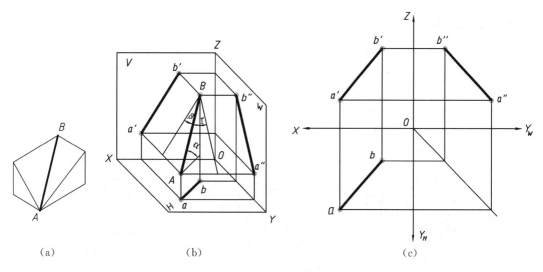

（a）	（b）	（c）

图 2-7　一般位置直线

（1）一般位置直线的投影特性：三个投影面上的投影都小于实长,具有缩变性。三个投影都倾斜于坐标轴,与坐标轴的夹角不反映 α、β、γ 的真实大小。

（2）直线上点的投影特性。

①从属性：点在直线上,点的投影必在直线的同面投影上。

②定比性：不垂直于投影面的直线上的点,分割直线段的长度比,在投影后保持不变。如图 2-8 所示 ,C 点在直线 AB 上,那么 $AC:CB=ac:cb=a'c':c'b'=a''c'':c''b''$。

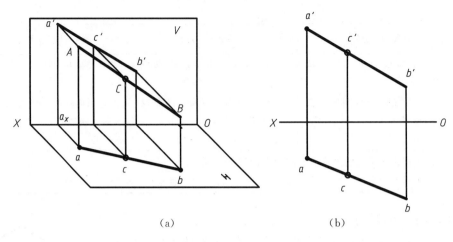

(a)　　　　　　　　　　　　　　(b)

图 2-8　直线上的点

2.1.3　平面立体上面的投影

在三面投影体系中,平面对投影面的相对位置可以分为:投影面垂直面,投影面平行面和一般位置平面三类。平面与投影面的倾角,就是平面与投影面所成的二面角,平面与 H 面、V 面和 W 面的倾角分别用 α、β、γ 表示。

投影面的垂直面和投影面的平行面,习惯称为特殊位置平面。下面讨论三种位置平面的投影特性。

1. 投影面的垂直面

垂直于一个投影面与另两个投影面倾斜的平面称为投影面的垂直面,如表 2-3 所示。垂直于 H 面的平面称铅垂面;垂直于 V 面的平面称正垂面;垂直于 W 面的平面称侧垂面。

表 2-3　投影面垂直面的投影特性

名称	正垂面(⊥V)	铅垂面(⊥H)	侧垂面(⊥W)
立体图			
投影图			

续表

名称	正垂面($\perp V$)	铅垂面($\perp H$)	侧垂面($\perp W$)
投影分析	（1）正面投影积聚成一直线；它与 OX 轴和 OZ 轴的夹角分别为平面与 H 面和 W 面的真实倾角 α 及 γ。 （2）水平投影和侧面投影都是类似形	（1）水平投影积聚成一直线；它与 OX 轴和 OY_H 轴的夹角分别为平面与 V 面和 W 面的真实倾角 β 及 γ。 （2）正面投影和侧面投影都是类似形	（1）侧面投影积聚成一直线；它与 OZ 轴和 OY_W 轴的夹角分别为平面与 V 面和 H 面的真实倾角 β 及 α。 （2）正面投影和水平面投影都是类似形
投影特性	（1）在平面所垂直的投影面上的投影积聚为一倾斜直线，该斜线与相应投影轴的夹角，反映平面与相应投影面的夹角。 （2）在其他两个投影面上的投影，都是空间平面的类似形		

由表 2 - 3 可以概括出投影面垂直面的投影特性：

①在所垂直的投影面上的投影积聚为直线，此直线与投影轴的夹角，分别反映平面与其相邻两投影面的倾角。

②在另外两投影面上的投影具有缩变性，是缩小的类似形。

如图 2 - 9 所示为立体上的三种位置的垂直面。

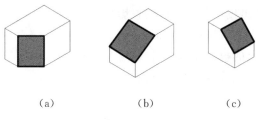

（a）　　　　　　（b）　　　　　　（c）

图 2 - 9　立体上的垂直面

2. 投影面平行面

平行于一个投影面的平面称为投影面的平行面，如表 2 - 4 所示。平行于 V 面的平面称为正平面，平行于 H 面的平面称为水平面，平行于 W 面的平面称为侧平面。平面平行一个投影面，一定垂直于另外两个投影面。

表 2 - 4　投影面平行面的投影特性

名称	正平面($/\!/V$)	水平面($/\!/H$)	侧平面($/\!/W$)
立体图			

续表

名称	正平面(∥V)	水平面(∥H)	侧平面(∥W)
投影图	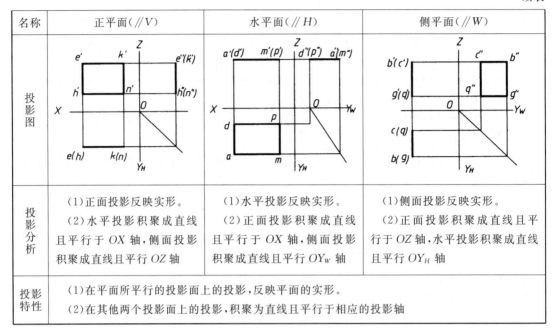		
投影分析	(1)正面投影反映实形。 (2)水平投影积聚成直线且平行于 OX 轴,侧面投影积聚成直线且平行 OZ 轴	(1)水平投影反映实形。 (2)正面投影积聚成直线且平行于 OX 轴,侧面投影积聚成直线且平行 OY_W 轴	(1)侧面投影反映实形。 (2)正面投影积聚成直线且平行于 OZ 轴,水平投影积聚成直线且平行 OY_H 轴
投影特性	(1)在平面所平行的投影面上的投影,反映平面的实形。 (2)在其他两个投影面上的投影,积聚为直线且平行于相应的投影轴		

由表 2-4 可以概括出投影面平行面的投影特性:

①在平行的投影面上的投影反映实形;

②在另外两投影面上的投影积聚为直线,且分别平行于相应的投影轴。

图 2-10 为立体上的三种位置的平行面。

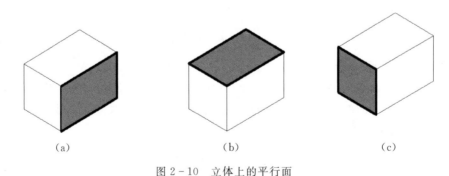

（a）　　　　　　　　　　　（b）　　　　　　　　　　　（c）

图 2-10　立体上的平行面

3. 一般位置平面

对三个投影面都倾斜的平面称为一般位置平面。显然一般位置平面的三面投影均有缩变性,是缩小的类似形,如图 2-11 所示。

4. 平面上的点、直线

根据几何原理:如果一个点在平面内的一条直线上,则该点位于此平面上;如果直线通过平面内的两点,或者通过平面内的一点且平行于平面内的一条直线,则该直线在此平面上。按此原理可进行有关平面上的点、直线的投影作图。

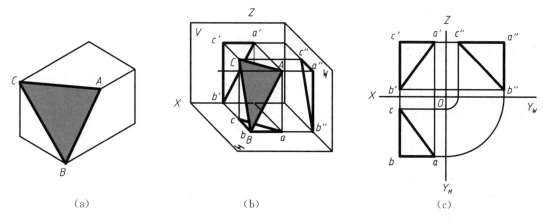

图 2-11 一般位置平面

【例 2-2】如图 2-12(a)所示,已知点 M 在 $\triangle ABC$ 平面上,现知点 M 的正面投影 m', 试作出其水平投影。

作图 如图 2-12(b)所示:

(1)连接 $b'm'$,并延长交 $a'c'$ 于 d',并作出水平投影 d;

(2)连接 bd,过 m' 作投影连线,交 bd 于 m。

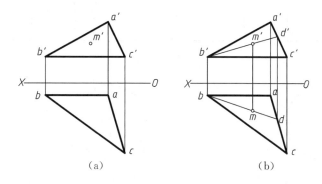

图 2-12 取平面上的点

【例 2-3】如图 2-13(a)所示,完成平面 $ABCDEF$ 的水平投影。

分析 已知 A、B、C 三点的两面投影,则平面 $ABCDE$ 位置确定;D、E 两点在该平面上,且知其正面投影,用平面上取点法可作出它们的水平投影,连接即为要求的水平投影。

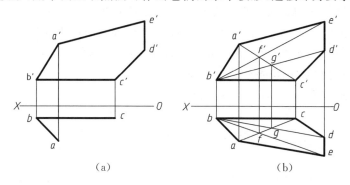

图 2-13 完成平面的投影

作图　作图过程如图 2-13(b)所示,读者看图自明。

2.2　回转体表面取点的投影

常见的回转体包括圆柱体、圆锥体、球体和圆环(本文不介绍)等。回转体表面取点,是后面学习绘制回转体相贯线和截交线的基础,所以必须掌握。

2.2.1　圆柱体表面取点

圆柱体是由圆柱面和上下平面围成。圆柱面可以看成由直线绕与它平行的轴旋转而成。圆柱面在轴线垂直的投影面上的投影具有积聚性,所有的点、线都积聚在圆上。所以我们在圆柱面上取点的时候,首先利用其积聚性。

如图 2-14(a)所示,首先作转向轮廓线上的点 A,已知点 A 主视图,可以直接作出另外两个投影。

如图 2-14(b)所示,已知圆柱面上点 M 的正面投影 m' 及点 N 的侧面投影 n″,可先作出俯视图有积聚性的水平投影,再利用高平齐、宽相等,作出另一投影即可。

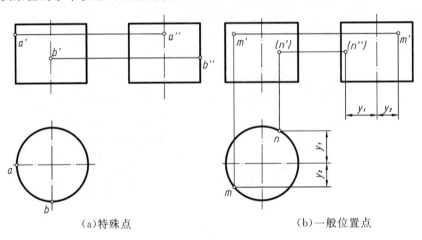

(a)特殊点　　　　　　　　　　　　(b)一般位置点

图 2-14　圆柱表面取点的三视图

2.2.2　圆锥体表面取点

圆锥体是由圆锥面和底面组成。圆锥面可以看成由直线 SA 绕与它相交的轴线 OS 旋转一周而成,如图 2-15(a)所示。因此,圆锥面的素线都是通过锥顶的直线。为方便作图,把圆锥轴线放置成投影面垂直线,底面成为投影面平行面。投影后,如图 2-15(b)所示,水平投影是圆,它既是圆锥底面的投影,又是圆锥面的投影。

在圆锥表面取点时,一般有以下 3 种情况。

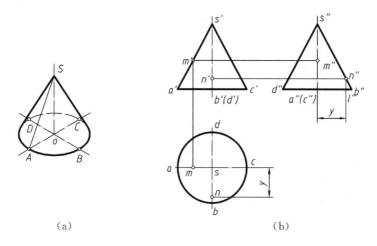

（a）　　　　　　　　　　　（b）

图 2-15　圆锥及点的投影

1. 特殊点作图

在圆锥的转向轮廓线上的点,可以直接在转向轮廓线的各个投影上作出来,如图 2-15（b）所示。

2. 辅助素线法

如图 2-16（a）所示,求圆锥表面点 K 的投影。过锥顶 S 和点 K 作辅助素线 SL,即连接 $s'k'$ 并延长,与底面相交于点 l',对照投影关系,作出 L 点的水平和侧面投影,连线找到 SL 的水平投影 sl 和侧面投影 $s''l''$,再将 k' 根据点的投影特性作出点 k 和 k''。由于点 K 位于前、左圆锥面上,因此点 K 的三面投影均可见。

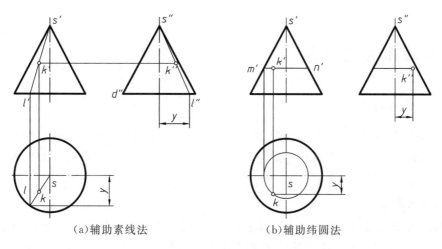

（a）辅助素线法　　　　　　　　（b）辅助纬圆法

图 2-16　辅助线法

3. 辅助纬圆法

如图 2-16（b）所示,过点 K 在圆锥面上作一纬圆（水平圆）,即过 k' 作一水平线（纬圆的正面投影）,与转向轮廓线相交于 m'、n' 两点,以 $m'n'$ 为直径作出纬圆的水平投影,k 一定在圆周上,再由 k' 和 k 求出 k''。该纬圆作点方法,适合一般的回转体表面取点。

2.2.3　球体表面取点

圆球由球面围成,球面可看作是由半圆作母线绕其过圆心的轴线旋转一圈而成。

圆球的三面投影都是与球的直径相等的圆,如图 2 - 17(a)所示。三个圆分别是球面对 V 面、H 面和 W 面的转向轮廓线,用点画线画它们的对称中心线。

球面上取点,转向轮廓线上的点,可以直接作出,如图 2 - 17(a)所示。球面上取点常用纬圆法。如图2 - 25(b)所示,已知球面上的点 M 的正面投影(m'),求其他两面投影。根据 m' 的位置及可见性,可判断点 M 在上半个球的右、后部,因此点 m 可见,m'' 不可见。作图可采用辅助水平纬圆,即过 m' 作一直线,与转向轮廓线圆交于 k'、l'。以 $k'l'$ 为直径在水平投影上作出纬圆的水平投影,点 m 应在圆周上,再根据 m' 和 m 求出 m''。亦可采用辅助正平圆或侧平圆的方法,读者可自行分析。

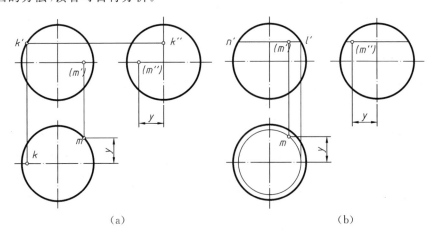

（a）　　　　　　　　　　　　　（b）

图 2 - 17　圆球的三视图

2.3　回转体的截交线

2.3.1　截交线的概念

两立体相交,立体与立体的表面所产生的交线称为相贯线。业内习惯上将平面立体与曲面立体的表面所产生的交线称为截交线,如图 2 - 18 所示;曲面立体与曲面立体的表面所产生的交线称为相贯线。

1.截交线的性质

(1)截交线既在截平面上,又在立体表面上,截交线上的每一点都是截平面和立体表面的共有点,这些共有点的连线就是截交线,是共有点的集合。

(2)截交线一般是封闭的平面曲线。

2.决定截交线形状的因素

(1)立体的形状。形状不同的立体,截交线的形状不同。

(2)截平面与立体的相对位置。同一立体,截平面不同的相对位置,产生的截交线的形状也不同。

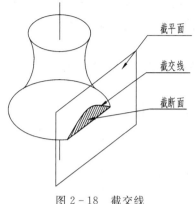

图 2 - 18　截交线

3. 求截交线的方法

求截交线就是求截平面与立体表面一系列共有点的集合,然后将其光滑地连接起来。

4. 平面截切平面立体

棱锥被平面截切,产生的截交线为多段直线,如图 2 - 19 所示,截交线为三角形,其三个顶点分别是三条侧棱与截平面的交点。因此,只要求出三个顶点在各投影面上的投影,然后依次连接各点的同面投影,即得到截交线的投影。所以平面立体的截交线就是找点连线作图(本节省略不讲述)。

图 2 - 19　平面截切三棱锥

2.3.2　圆柱的截交线

圆柱截交线的三种基本形状如图 2 - 20 所示:

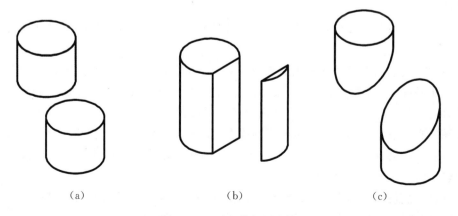

(a)　　　　　　　　　　　(b)　　　　　　　　　　　(c)

图 2 - 20　平面截切圆柱体

　　(1)截平面垂直于圆柱的轴线,截交线是圆(见图 2-20(a));

　　(2)截平面平行于圆柱的轴线,截交线是矩形(见图 2-20(b));

　　(3)截平面倾斜于圆柱的轴线,截交线是椭圆(见图 2-20(c))。

　　【例 2-9】已知开槽圆柱的主视图和俯视图,请作出左视图并说明作图方法,如图 2-21所示。

　　分析　圆柱开槽实际上是由两个平行于轴线的侧平面和一个垂直于轴线的水平面截切形成。

　　作图

　　(1)侧平面截切圆柱面的截交线是铅垂线,正面投影为 1、2 两点的连线,根据点的投影规律求出其积聚成点的水平投影和侧面投影直线。四条截交线对称,方法相同。

　　(2)水平面截切圆柱为 2、3 两点之间一段圆弧。水平投影是圆柱面积聚的一段圆弧,侧面投影为一水平圆弧。

　　(3)两个截平面之间还有一条交线,为正垂线,正面投影积聚在点 2 上,侧面投影为虚线。

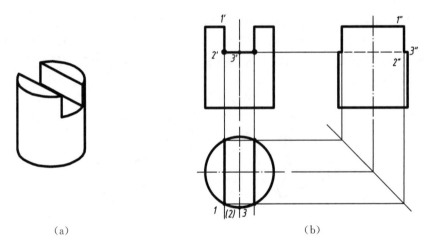

　　　　　　(a)　　　　　　　　　　　　　　　　(b)

图 2-21　圆柱体开槽

　　【例 2-10】已知圆柱体,如图 2-22 所示。现用一正垂面截切,试作出其投影。

　　分析

　　(1)空间分析:圆柱被正垂面 P 截切,由于截平面 P 与圆柱轴线倾斜,故其截交线是一个椭圆。

　　(2)投影分析:由于正垂面的正面投影有积聚性,故截交线的正面投影为一倾斜直线全部重合在正垂面上,而圆柱面的水平投影具有积聚性,故截交线的水平投影与圆柱面的水平投影重合,所以只须求出截交线的侧面椭圆投影即可。

　　作图　根据点的投影规律求出各点的投影,光滑地按顺序连接成椭圆。

　　(1)特殊点:转向轮廓线上的点:圆柱对正面的转向轮廓线上的 Ⅰ、Ⅱ 两点;圆柱对侧面的转向轮廓线上的点 Ⅲ、Ⅳ 两点。

　　(2)极限位置点:最高点 Ⅱ、最低点 Ⅰ、最前点 Ⅲ、最后点 Ⅳ、最左点 Ⅰ、最右点 Ⅱ。

　　(3)曲线特征点:椭圆曲线的长轴的端点 Ⅰ、Ⅱ,短轴两端点 Ⅲ、Ⅳ。

（由于圆柱的特殊对称性,部分特殊点重合。）

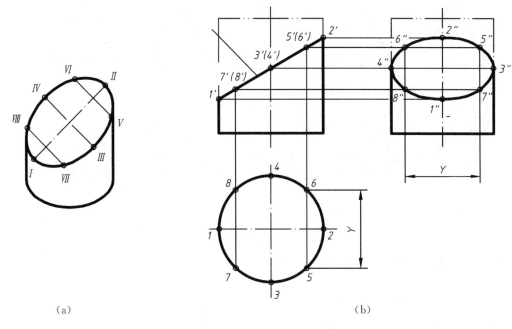

（a）　　　　　　　　　　　　　　（b）

图 2 - 22　正垂面倾斜圆柱轴线的截交线作图

（4）一般位置点:为了准确作出椭圆线,在特殊点之间还需作出适当数量的一般点。 如图 2 - 22(b)所示,Ⅴ、Ⅵ、Ⅶ、Ⅷ四个对称点,作图方法一样。为了光滑地连接曲线,还可以作出更多的一般位置点。

（5）依次光滑连接,判断可见性,即得截交线的侧面投影。

（6）擦去截切的部分轮廓线,加深所有轮廓线及椭圆,完成作图。

讨论　正垂面斜切圆柱体在空间截交线为椭圆,椭圆的短轴是圆柱的直径,而与其垂直的Ⅰ、Ⅱ两点是长轴。但是投影随着正垂面与圆柱轴线的夹角不同而变化,如果夹角小于 $45°$,长轴的投影仍然为长轴;如果夹角等于 $45°$,则投影长短轴相等,变成圆;如果夹角大于 $45°$,长轴的投影变成短轴。

2.3.3　圆锥的截交线

圆锥的截交线有五种基本形状,如图 2 - 23 所示。

（1）截平面垂直于圆锥的轴线时,截交线是圆,距离锥顶的距离越远,圆的直径越大,如图 2 - 23 (a)所示。

（2）截平面过圆锥的锥顶时,截交线是直线,如图 2 - 23(b)所示。

（3）截平面倾斜于圆锥的轴线时,根据角度不同,截交线的形状也不同:截平面与轴线的夹角大于圆锥半角时是椭圆,如图 2 - 23(c)所示;截平面与轴线的夹角等于圆锥半锥顶角时是抛物线,如图 2 - 23(d)所示;截平面与轴线的夹角小于圆锥半锥顶角或者小到平行于轴线时是双曲线,如图 2 - 23(e)所示。

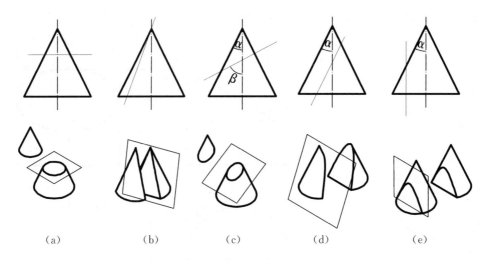

图 2 - 23　圆锥的截交线

【例 2 - 11】圆锥被平行于其轴线的侧平面截切,如图 2 - 24(a)所示,试作截交线的投影。

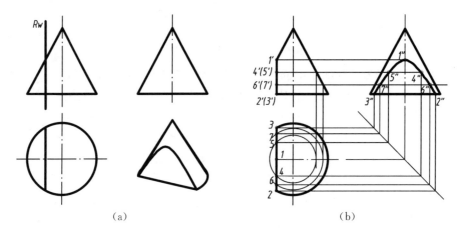

图 2 - 24　平行于圆锥轴线的截交线

分析　侧平面与圆锥的轴线平行,截交线是双曲线。双曲线的正面、水平投影积聚在 R 面上已知,求画双曲线的侧面投影。

作图　(1)特殊点:

①转向轮廓线上的点:对正面转向轮廓线上的点 1;

②特征点:双曲线的顶点 1;

③极限位置点:最高点 1,最低点 2、3,最前点 2,最后点 3(部分特殊点重合)。

根据点的投影规律,作出 1、2、3 点的侧面投影。

(2)一般位置点:一般点 4、5、6、7 的投影用辅助纬圆法求得。

(3)判断可见性并依次光滑连接各点,即得截交线的侧面投影。

2.3.4 球的截交线

圆球,无论怎么截切,截交线的形状都是圆,如图 2-25(a)所示。但是截平面相对投影面的位置不同,截交线的投影一般有三种形状:椭圆、直线、圆,如图 2-25(b)所示。

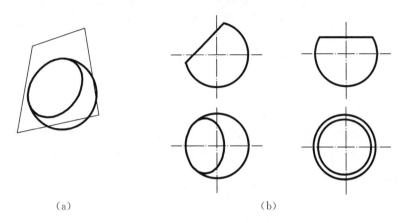

（a） （b）

图 2-25 球的截交线及投影

【例 2-12】求作半圆球开槽后的投影。

分析 半球开通槽实际上是由两个侧平面和一个水平面截切形成的,如图 2-26(a)所示。它们和半圆球表面的交线都是圆弧,这些圆弧的正面投影具有积聚性为已知,只需求作它们的水平投影和侧面投影。其作图的关键在于正确选取截交线圆弧的半径。

作图 侧平面截切球的截交线是圆弧,其水平投影积聚成直线,侧面投影为圆弧,注意半径。水平面截切球的水平投影是圆弧,利用纬圆可以作出其侧面投影,如图 2-26(b)所示。

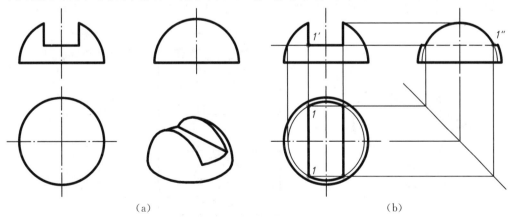

（a） （b）

图 2-26 半球开槽的截交线

2.4 回转体的相贯线

相贯:两立体相交称为相贯。

相贯线:相交两曲面立体表面的交线叫作相贯线,如图 2-27 所示。

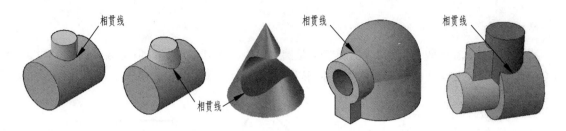

图 2-27　相贯线

2.4.1　相贯线的性质

(1)相贯线是两相交回转体表面的共有线,线上所有点都是两相交回转体表面的共有点。这是求相贯线投影的作图依据和方法。求相贯线投影即求立体表面的共有点的投影;相贯线一般是封闭的空间曲线。

(2)相贯线的形状决定于回转体的形状、大小以及两回转体的相对位置(一般情况下相贯线是空间曲线,特殊情况下为平面曲线或直线)。

常用的相贯线上点的投影的作图方法有:利用圆柱的积聚性和利用辅助平面。

相贯线的作图过程:

先找特殊点的投影,相贯线的特殊点为转向轮廓线上的点和极限位置点;然后求一般位置点的投影,具体做法是回转体表面取点;最后判断可见性,将曲线光滑地按顺序连接起来并加深。

2.4.2　圆柱与圆柱相贯

【例 2-13】两圆柱正交相贯如图 2-28 所示,已知水平投影和侧面投影,求正面投影。

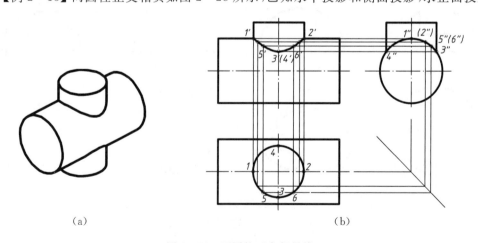

　　　　　(a)　　　　　　　　　　　　　　　　　　　(b)

图 2-28　两圆柱正交相贯线

分析

(1)特殊点:利用圆柱的积聚性特点,作出小圆柱和大圆柱的对正面转向轮廓线上的点1、2,小圆柱对侧面转向轮廓线上的点 3、4。极限位置点和转向轮廓线上的点重合。

(2)一般点:5、6 两点为一般位置点,利用水平投影和侧面投影的积聚性求出。可以类似地多取几个点,以便光滑连接。

(3)判别可见性,光滑连接。因为圆柱正交,所以后面的虚线和前面的实线完全重合。

(4)整理相贯立体在各投影中的投影轮廓线,擦去不要的线(特别注意 1、2 两点之间大圆柱的轮廓线)。

2.4.3 两圆柱正交相贯的基本形式及其投影特点

圆柱与圆柱的相贯线的形状,取决于立体的大小和相对位置,与两柱是叠加还是挖切没有关系,如图 2-29 所示,当两圆柱的直径和相对位置一样时,相贯线形状完全一样。

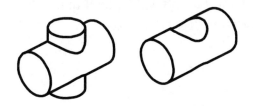

图 2-29 两圆柱的相贯线

当圆柱直径相对大小发生变化时,相贯线的变化趋势如图 2-30 所示。

水平圆柱的直径大于垂直圆柱的直径,相贯线弯向小圆柱,凸向大圆柱,如图 2-30(a)所示,直径差越小,最低点越接近两圆柱轴线的交点投影位置;当两圆柱直径相等时,相贯线的最低点为切点,投影与两轴线的交点重合,如图 2-30(b)所示,此时相贯线变成特殊的平面曲线——椭圆;当垂直的圆柱直径继续变大,相贯线变成如图 2-30(c)所示。

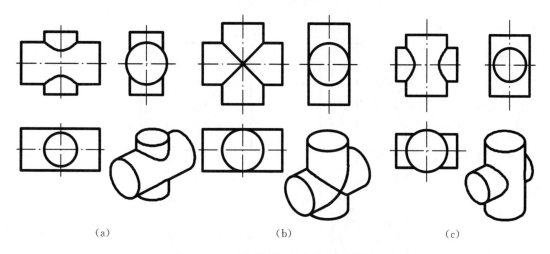

(a) (b) (c)

图 2-30 正交圆柱直径变化的相贯线

2.4.4 辅助平面法作相贯线

当不能使用积聚性求得相贯线投影的时候,就需要利用辅助平面来绘制相贯线。这也是求两回转体相贯线的一般方法:利用辅助平面上及相交两立体表面三面共点的原理,求相贯线投影。举例说明如下。

【例 2-14】求圆柱和圆锥台相交的相贯线。

作图　一轴线垂直于正平面的四分之一圆柱与一轴线垂直于水平面的圆台相贯如图2-31所示。其中1、2两个转向轮廓线上的点很容易作出。求圆锥对侧面转向轮廓线上的点,过圆台轴线作一辅助侧平面与圆锥的交线为两直线,与圆柱相交一条直线,如图2-32(a)所示,找到圆锥对侧面转向轮廓线上的3、4两点,作出其另外两投影;作一辅助水平面与圆锥截交一个圆、与圆柱截交一条直线如图2-32(b)所示。这两条截交线的交点必为两立体表面的共有点,即为相贯线上的点,它既在辅助平面上的同时又在圆柱和圆锥表面上,所以是三面共点。同理作出若干个点,依次连接可得到所求的相贯线如图2-33所示。

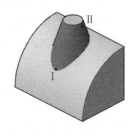

图 2-31　圆柱与圆台相贯

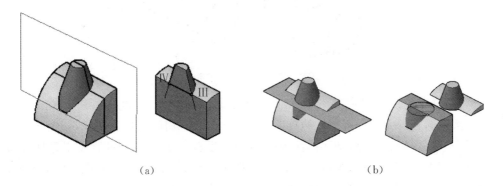

　　　　　　　　　(a)　　　　　　　　　　　　　　　　　　　　(b)

图 2-32　辅助平面法求相贯线的点

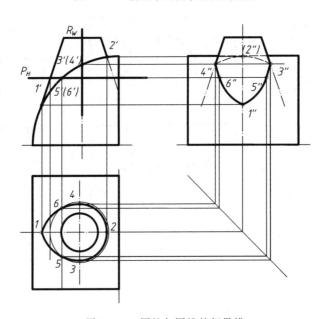

图 2-33　圆柱与圆锥的相贯线

选择辅助平面的原则:使辅助平面与两回转面的交线为能够准确画出的圆或直线。

【例2-15】求圆台和半球的相贯线。

作图　作图方法与上例一样,如图2-34所示。

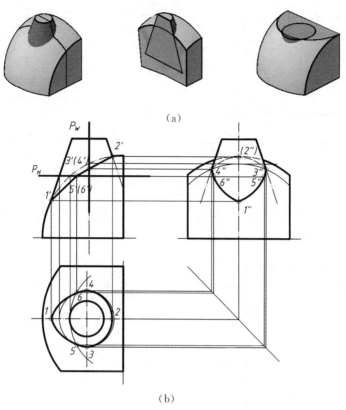

(a)

(b)

图 2-34　圆台和球的相贯线

2.4.5　特殊的相贯线

两回转体相交,其相贯线一般为空间曲线,但在特殊情况下也可是平面曲线(圆、椭圆)或直线。

(1) 具有公共回转轴的两回转体相贯时,相贯线为垂直于公共回转轴线的圆,如图 2-35 所示。

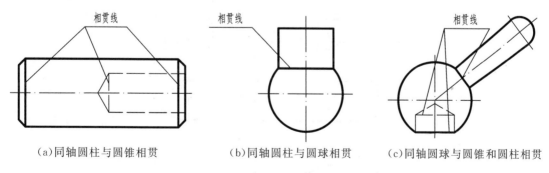

(a)同轴圆柱与圆锥相贯　　　　　(b)同轴圆柱与圆球相贯　　　　(c)同轴圆球与圆锥和圆柱相贯

图 2-35　回转体同轴相交的相贯线

(2)具有公共内切球的两回转体相贯时,相贯线为椭圆。该椭圆在两回转体轴线所公共平行的那个投影面上的投影积聚为直线,如图 2-36 所示。

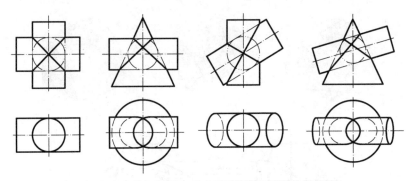

图 2-36　共切于同一个球面的圆柱、圆锥的相贯线

（3）轴线相互平行的两圆柱相贯，如图 2-37 所示。有公共锥顶的两圆锥相贯时，相贯线为直线，如图 2-38 所示。

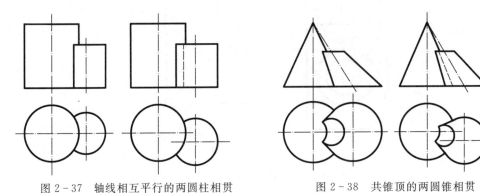

图 2-37　轴线相互平行的两圆柱相贯　　　　　图 2-38　共锥顶的两圆锥相贯

2.4.6　相贯线的简化画法

两圆柱轴线正交相贯且直径不相等时，在不致引起误解的情况下，允许采用简化画法。作图方法是：以相贯两圆柱中较大圆柱的半径为半径，以圆弧代替相贯线的投影，如图 2-39 所示。

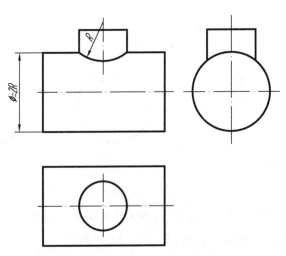

图 2-39　相贯线的近似画法

第3章　组合体

3.1　组合体的形体分析及画图方法

3.1.1　组合体的组合形式

机器零件大多可看成是由棱柱、棱锥、圆柱、圆锥、球等基本几何体组合而成。在本课程中，把由基本几何体按一定形式组合起来的形体统称为组合体。为了便于分析，按形体组合特点，将它们的形成方式分为以"叠加"为主和以"切割"为主的两种基本形式。

3.1.2　组合体的连接关系

无论哪种形式构成的组合体，各基本体之间都有一定的相对位置及表面连接关系，分析表面连接关系的意义在于画图时正确处理组合体各部分结合处的图线。

【例3-1】在如图3-1所示的组合体中，容易出现一些错误，请改正。

作图并分析组合体中形体表面之间的关系，有以下4个要点：

(1)两立体结合时，内部不画线，如图3-1中的1处；

(2)当两形体表面平齐时，结合处不存在分界线，图上就不应有线，如图3-1中的2处；反之，当两形体表面不平齐时，其间必定有分界线，图上必须画出线；

(3)当两形体表面彼此相交，则表面必须画出交线，如图3-1中的3处的主视图；

(4)当两形体表面彼此相切，则表面不能画出切线，如图3-1中的4处的主视图；

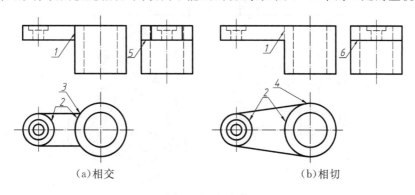

(a)相交　　　　　　　　　　　　(b)相切

图3-1　组合体

另外注意5、6两处没有线，修改错误，正确答案如图3-2所示。

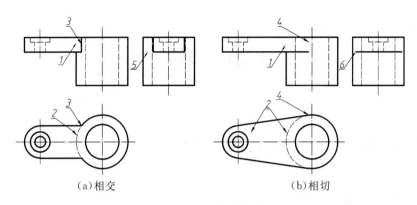

（a）相交　　　　　　　　　　　（b）相切

图 3-2　组合体答案

3.1.3　组合体三视图的画法

1.以叠加为主的组合体视图的画法

形体分析法：假想将复杂的立体分解为若干个简单的形体，并分析各部分的形状、组合形式、相对位置以及表面连接关系，这种方法称为形体分析法，是画图、尺寸标注和读图的基本方法。

【例 3-2】绘制如图 3-3 轴承座合体的三视图。

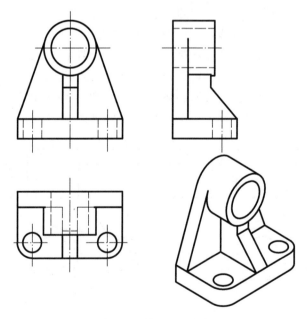

图 3-3　轴承座组合体

作图

（1）形体分析：轴承座是由下部长方体底板（挖了两个孔并圆角）、上部大圆柱（挖去小圆柱）、中间相切连接立板和肋板四部分组成；基本按照以叠加为主的组合体画图。

（2）选择主视图：选择最反映特征的方向并平稳放置，确定画图比例、图幅。

（3）布图：三个视图均匀分布，绘制布图定位线如图 3-4 所示。

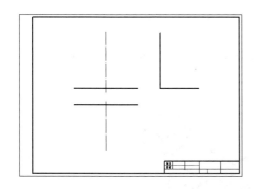

图 3-4　布图

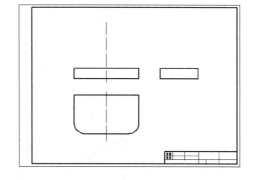

图 3-5　绘制底板

（4）画组合体的三视图，分部分绘制，三个视图一起同时绘制。

① 绘制底板的三视图，长方体、切去两个圆角，如图 3-5 所示；绘制小孔中心线，挖去两个小圆孔，如图 3-6 所示；

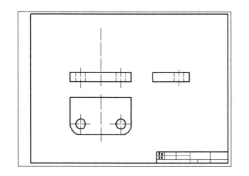

图 3-6　绘制底板小孔

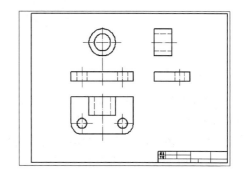

图 3-7　绘制圆柱体及孔

② 绘制上面的大圆柱的三视图，再绘制挖去同心圆孔的三视图（注意虚线），如图 3-7 所示；

③ 绘制立板，与圆柱相切、与底板对齐，如图 3-8 所示；

④ 绘制肋板的三个视图，先绘制最具有特征的左视图，注意与圆柱相交的交线，以及结合部的虚线的画法，如图 3-9 所示，完成三视图；

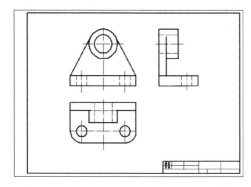

图 3-8　绘制立板

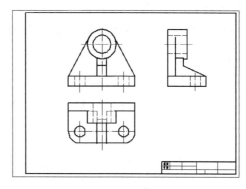

图 3-9　绘制肋板

⑤加深：擦去多余线条，加深所有线，先粗后细、先曲后直、先上后下、先左后右；所有线一样加黑，特别注意细点画线。

2. 以切割为主的组合体视图的画法

对于以切割为主的组合体，可以按切割顺序依次画出切去每一部分后的三视图。

【例 3-3】绘制图 3-10 所示组合体的三视图。

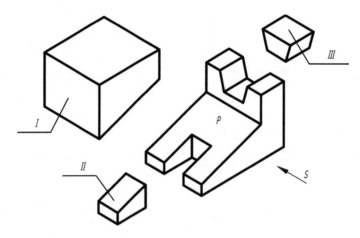

图 3-10　组合体的轴测图及形体分析

步骤

(1)形体分析。该组合体是在四棱柱中，在左上角切去一个形体Ⅰ，在左下角中间挖去一个形体Ⅱ，再在右上方中间挖去一个形体Ⅲ形成的。画图时，注意分析每当切割掉一块形体后，在组合体表面所产生的交线及其投影。

(2)选择主视图。选择图 3-10 中箭头所指的方向为主视图的投射方向。

(3)画图步骤如图 3-11 所示。

(4)选比例定图幅。

(5)布置视图位置。

(6)画底稿。如图 3-11 的(a)～(d)所示，先画四棱柱的三视图，再分别画出切去形体Ⅰ、Ⅱ、Ⅲ后的投影。注意画图时，应从形体特征明显的投影开始画起。

(7)检查、加深。除检查形体的投影外，主要还是检查面形的投影，特别是检查斜面投影的类似形。例如图 3-11 中的平面 P 按图示方向投影为一正垂面，则 P 面的主视图积聚为一直线，俯、左视图为类似形，如图 3-11(e)所示。图 3-11(f)为最后加深的三视图。

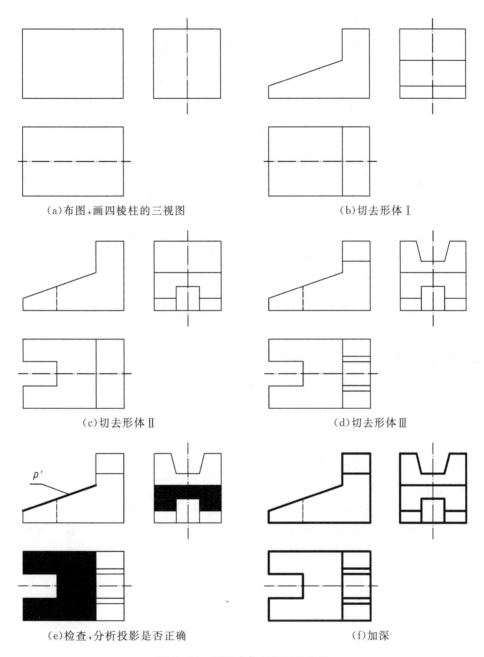

(a)布图,画四棱柱的三视图　　　　　　　　(b)切去形体Ⅰ

(c)切去形体Ⅱ　　　　　　　　　　　　(d)切去形体Ⅲ

(e)检查,分析投影是否正确　　　　　　　　(f)加深

图 3-11　画组合体三视图的步骤

3.2　组合体的尺寸标注

视图只能反映物体的形状,而物体的大小以及物体上各组成部分的相对位置则要由图中的尺寸来确定。尺寸是加工的依据,是装备精度的保障。

组合体是由基本体组成,要掌握组合体的尺寸标注,必须先掌握一些基本形体的尺寸标注。

1. 基本几何体的尺寸标注

标注立体的尺寸,一般要注出长、宽、高三个方向的尺寸。图 3 - 12 是几种常见立体的尺寸标注示例。值得注意的是,当完整地标注了尺寸之后,圆柱、圆台俯视图不用画也能确定它们的形状和大小;正六棱柱的俯视图中的正六边形的对边尺寸和对角尺寸只需标注一个,如有特殊需要都注上,其中一个作为参考尺寸而在尺寸数字上加括号注出。

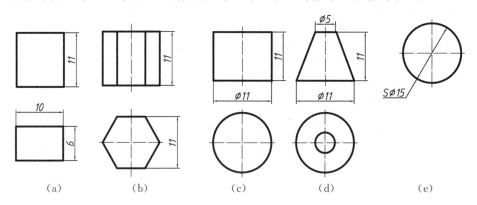

图 3 - 12　基本立体的尺寸标注示例

2. 截切立体和相贯立体的尺寸标注

对具有截面和切口的立体,除了注出立体的定形尺寸外,还应注出截平面的定位尺寸。标注两个相贯立体的尺寸时,则注出两相贯立体的定形尺寸和确定两相贯立体之间相对位置的定位尺寸。

由于截切平面与立体的相对位置确定后,立体表面的截交线也就被唯一确定,因此,对截交线不应再标注尺寸。同样,当两相贯立体的大小和相互间的位置确定后,相贯线也相应地确定了,也不应该再对相贯线标注尺寸。

图 3 - 13 是一些常见的截切和相贯立体的尺寸标注示例。图 3 - 13(a)中所注为定位尺寸;图 3 - 13(b)中所注为键槽的国标标注尺寸;图 3 - 13(c)和图 3 - 13(d)中,注出截交线尺寸 10 和 ϕ 8 是错误的,图 3 - 13(e)中,注出了相贯线尺寸 R6 也是错误的。

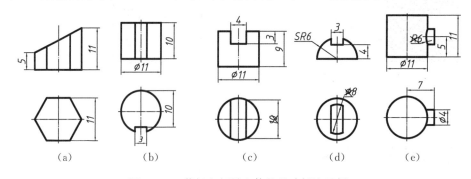

图 3 - 13　截切和相贯立体的尺寸标注示例

3. 常见板状形体的尺寸标注

图 3 - 14 是常见板状形体的尺寸标注示例。

要特别指出,有些尺寸的标注方法属规定标注方法,如图 3 - 14(a)所示底板的 4 个圆角,不管与小孔是否同心,均需注出底板的长度和宽度尺寸,圆角半径以及 4 个小孔的长度和宽度方向的定位尺寸。4 个直径相同的圆孔采用 4×φ 表示,而 4 个半径相同的圆角则不采用 4×R,仅标出一个 R,其余省略,如图 3-14(b)所示。当板状形体的端部是与板上的圆柱孔同轴线的圆柱面时,规定仅注出圆柱孔轴线的定位尺寸和外端圆柱面的半径 R,而不再注出总长尺寸,并且也不再标注总宽尺寸。

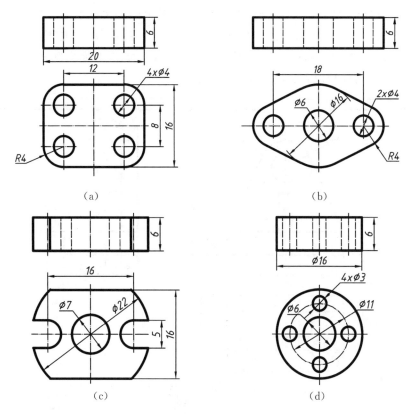

图 3-14　常见板状形体的尺寸标注示例

4. 组合体的尺寸标注

尺寸分为三种:定形尺寸、定位尺寸和总体尺寸。标注组合体尺寸的一般步骤是:先标定形尺寸,再标定位尺寸,最后整理总体尺寸。

组合体尺寸标注的要求:符合国标、正确(数值和标注形式)、完整 、清晰、合理。

标注的尺寸要做到:

(1)尽可能将尺寸注在反映基本形体形状和位置特征最明显的视图上;

(2)为使图面清晰,尺寸尽量注在视图之外;

(3)两视图的相关尺寸应尽量注在两个视图之间;

(4)尽量不要在虚线上标注尺寸。

【例 3-4】以如图 3-15 所示轴承座为例,标注尺寸和绘图的顺序一样,按四个形体进行标注。

步骤

(1)底座长方体的定形尺寸:长、宽、高:115、72、22,加圆角 R20;其中的 2 个圆柱孔定形

尺寸直径 2×ϕ23,定位尺寸 75 和 52;

（2）圆柱的定形尺寸:上部大圆柱直径ϕ50、小圆柱直径ϕ28 和圆柱的长度 40;高度定位尺寸 83(即 22+61);

（3）立板的长由底板决定,上部由相切关系决定,高度取决于大圆柱的定位尺寸,所以只需要标注厚度 15;

（4）肋板的定形尺寸:长度 16、高度 20、宽度 13,其他的取决于连接关系。

最后标注总体尺寸:115(总长)、72(总宽)、83(总高,注意当端部是圆或者圆弧时,总体尺寸标注到圆心),因为已经都有了,就不用重复标注了。如果前面大圆柱的定位尺寸从底板上面标的 57,即需要修改,去掉 57,标注 75 总高。

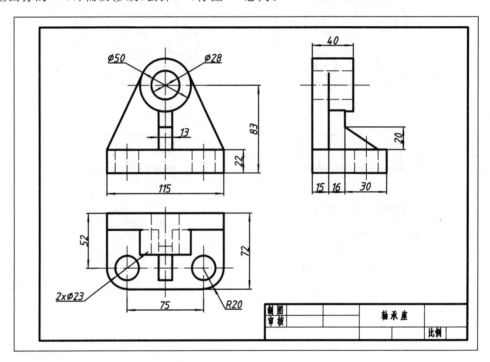

图 3-15　轴承座的尺寸

3.3　组合体的读图

3.3.1　读图必备的知识

（1）三视图的投影规律:几个视图联合分析,抓住形体特征。

（2）基本几何体的投影:熟练掌握棱柱、棱锥、圆柱、圆锥、球等的投影。

（3）线面的投影特性,视图中的线框可能由以下原因产生:

①平面的投影;②曲面的投影;③复合面的投影;④孔洞的投影。

（4）视图上图线的意义,可能由以下原因产生:

①平面的交线;②面的积聚性投影;③回转体的轮廓线。

3.3.2　读图的几个注意点

建立一个"柱"的概念：一个视图是平面图形（底面形状），也就是特征图，另外两个投影是矩形（高度），如图 3 - 16 所示。读图的时候，要先看特征图，由此很容易想出其形状，可以称其为广义的柱（拉伸体）。

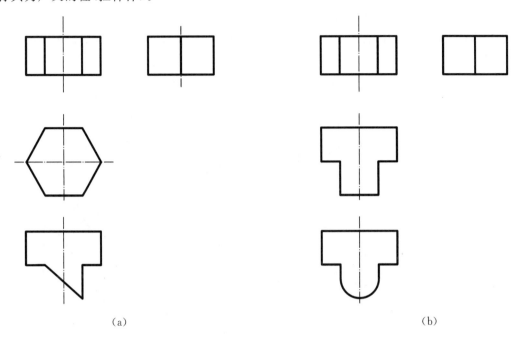

（a）　　　　　　　　　　　　　　　（b）

图 3 - 16　广义的柱平面图

（1）判断叠加还是挖切（只看一个图不行）。如图 3 - 17 所示，不能只看主视图和俯视图，还要看左视图，判断两个圆柱是叠加还是挖切。

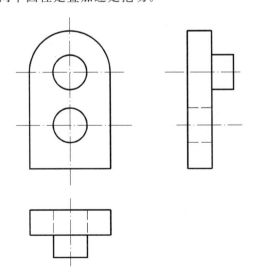

图 3 - 17　叠加挖切圆柱

注意可见性：如图 3-18 所示平面立体，两组视图的俯视图和左视图一样，必须根据主视图实线和虚线，判断挖切位置。

（2）特殊平面的位置。特殊平面特指两种：一是投影面的平行面，在其所平行的平面中，投影是实形，另外两个投影积聚成一条直线；二是投影面的垂直面，在其所垂直的平面中，投影积聚成一条倾斜于投影轴的直线，另外两个投影是类似形。

（3）一般位置直线。一般为两个投影面垂直面的交线，习惯称为双斜线。其在两个投影中都是斜线，在第三个投影中也是斜线，可以找出直线的两个端点分别投影，连接投影点作出直线的投影。

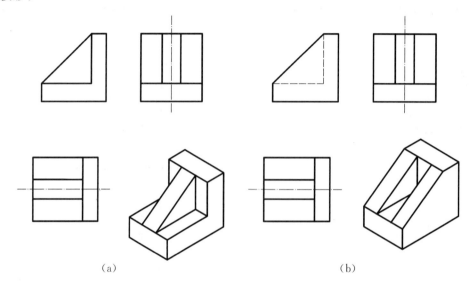

（a）　　　　　　　　　　　　　　　　（b）

图 3-18　平面立体的挖切位置

3.3.3　读图的基本方法

1. 形体分析法

（1）看视图，分线框。根据视图之间的投影关系，可大致看出整个立体的构成情况。然后选取反映立体结构特征最明显的视图（一般选取主视图）分成几个线框。每个线框都是一个基本几何体（或简单立体比如"柱"）的投影。这是分析叠加类组合体的常用方法。

（2）对投影，定形体。根据投影规律（长对正、高平齐、宽相等），逐一找出各线框的其余两投影。将每个线框的各个投影联系起来，按照基本几何体的投影特点，确定出它们的几何形状。

（3）综合起来想整体。确定了各个线框所表示的立体后，再根据视图去分析各基本几何体（或简单立体）的相对位置和表面关系，即可以想象出整个立体的结构形状。

例如，如图 3-19 所示，将主视图分为四个线框，很容易地对应其他投影确定其各个部分的形体，如图 3-20 所示，综合起来想出总体如图 3-21 所示。

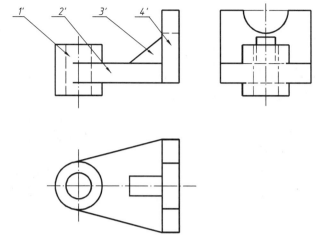

图 3-19 看视图分线框

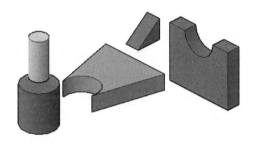

图 3-20 对投影定形体

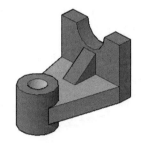

图 3-21 综合起来想整体

例如,如图 3-22 所示,该例子是常见的典型层次题目。已知主俯两个视图,求左视图。先将主视图分为 3 个线框,再对应俯视图 3 个线框,由此很容易对应其他投影确定其各个部分的形体,如图 3-23 所示。考虑孔和前面立体的细节,综合起来想出总体平面图如图 3-24所示,立体图如图 3-25 所示。

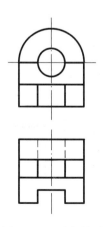

图 3-22 层次例题

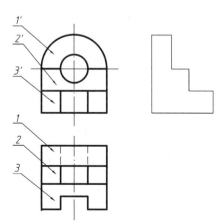

图 3-23 看视图分线框

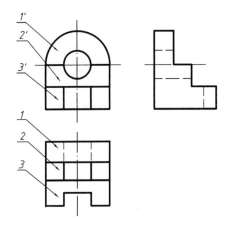
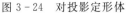

图 3-24 对投影定形体   图 3-25 综合起来想整体

2. 线面分析法

每一个立体都是由面(平面或曲面)围成的,各立体表面相交构成直线。线面分析法是指:分析立体的面、线的形状和相对位置,进而确定立体形状的方法。

对于采用挖切方式形成的组合体,仅用形体分析法往往难以读懂,尚需在形体分析的基础上辅助以线面分析法读图。

(1)看视图,分线框。一个线框表示一个平面或曲面;一条图线表示面与面交线的投影、曲面转向轮廓线或者有积聚表面的投影;视图中两线框如有公共边界则表示两个面是相交的或错开的。

(2)对投影,定形体。投影上每个线框代表立体上的一个表面。通过对应另外两个投影可以看出其面的特性。

(3)分析特殊线段。通过绘制垂直面和找点求一般位置直线。

【例3-5】已知平面立体两个视图,如图3-26所示,求俯视图。

作图 首先将主视图分为两个线框,如图3-27所示;对应左视图投影对应同高的线,如图3-28所示,找出对应的线面;综合起来想出总体如图3-29所示,投影面的平行面和垂直面及一般位置直线,检验是否正确。

编者感觉该线面分析法不是很好理解的方法,本书作者通过多年的教学和设计经验总结一个全新的线面作图方法,可以非常容易并准确地绘制出平面立体的第三个视图,举例说明如下。

图 3-26 平面立体的两个视图   图 3-27 看视图分线框

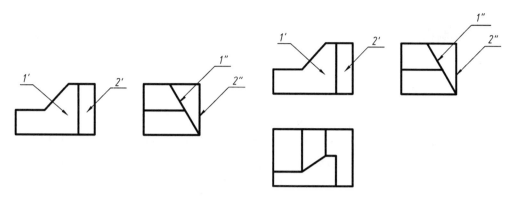

图 3-28　对投影分析对应线面　　　　图 3-29　定形体并分析特殊线面

【例 3-6】已知两个视图求第三视图是检验是否掌握读图的方法，分析如图 3-30 所示的主视图和左视图，并画出其俯视图。

作图　（1）作出所求投影的平行面。如求水平投影，即先作出所有的水平面，其在水平面的投影都是反映真实形状的矩形，如图 3-31 所示：面 1 为底面水平面、面 2 为槽底水平面，面 3 为顶面水平面。

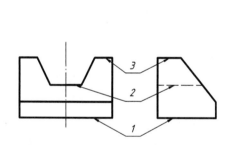

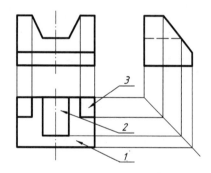

图 3-30　求平面立体的俯视图　　　　图 3-31　作出水平面的投影

（2）作出双斜线。通过找点作出一般位置直线 AB（双斜线：正垂面 Q 和侧垂面 P 的交线），如图 3-32 所示。

（3）判断正确性。在水平投影中找出正垂面 Q 和侧垂面 P 的类似形，确定绘图的正确性，如图 3-33 所示。

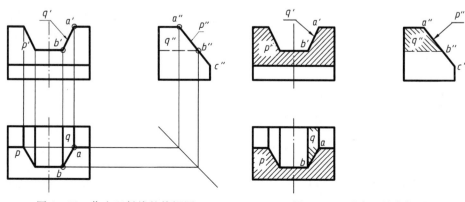

图 3-32　作出双斜线的俯视图　　　　图 3-33　垂直面的类似形

3.4 轴测图

3.4.1 轴测图的形成

　　将物体连同确定该物体的空间直角坐标系一起,用平行投影法沿不平行于任意坐标平面的方向投射在投影面 P(称为轴测投影面)上,所得到的图形称为轴测投影或轴测图。用正投影方法形成的轴测图称为正轴测图,如图 3-34 所示;用斜投影法形成的轴测图称为斜轴测图,如图 3-35 所示。

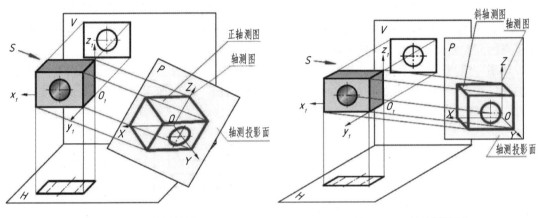

图 3-34　正轴测投影　　　　　　　　　图 3-35　斜轴测投影

3.4.2 轴测图的轴间角和轴向伸缩系数

　　如图 3-34 所示,物体上空间直角坐标系的坐标轴在轴测投影面 P 上的投影 OX、OY、OZ 称为轴测轴,简称 X 轴、Y 轴和 Z 轴。它们之间的夹角 $\angle XOY$、$\angle XOZ$ 和 $\angle YOZ$ 称为轴间角。轴向伸缩系数定义为轴测轴上的线段与空间坐标轴上对应线段的长度之比。X、Y、Z 轴的轴向伸缩系数分别用 p_1、q_1、r_1 表示。

3.4.3 轴测图的分类

　　根据三个轴向伸缩系数是否相等,正轴测图和斜轴测图各自又可分为三种:正等测、正二测、正三测及斜等测、斜二测和斜三测。其中,正等轴测图具有作图相对简单、立体感较强等优点,在工程上得到广泛应用。

3.4.4 轴测图的投影规律

　　轴测图是用平行投影法得到的,因此其具有平行投影的基本规律,即

　　(1)平行性。立体上相互平行的线段,在轴测图上仍互相平行。

　　(2)定比性。立体上平行于坐标轴的线段,在轴测图中也平行于坐标轴,且其轴向伸缩系数与该坐标轴的轴向伸缩系数相同;该线段在轴测图上的长度等于沿该轴的轴向伸缩系数与该线段长度的乘积。

由此可见,在绘制轴测图时,立体上平行于各坐标轴的线段,在轴测图上也平行于相应的轴测轴,且只能沿轴测轴的方向、按相应的轴向伸缩系数来度量,沿轴测轴方向可直接测量作图就是"轴测"二字的含义。

3.4.5　正等轴测图的画法

一般将 Z 轴画成垂直方向。正等轴测图的轴间角 $\angle XOY = \angle YOZ = \angle XOZ = 120°$,轴向伸缩系数 $p_1 = q_1 = r_1 = 0.82$。为简便起见,常采用简化的轴向伸缩系数等于 1 作图(即 $p = q = r = 1$),如图 3-36 所示。这样,物体上平行于坐标轴的线段,在轴测图上均按真实长度绘制。此时,画出的正等轴测图比实际物体放大了约 $1/0.82 \approx 1.22$ 倍,但形状保持不变。

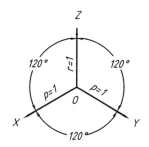

图 3-36　正等测的轴间角及简化轴向伸缩系数

3.4.6　立体正等轴测图的画法

1. 平面立体正等轴测图的画法

绘制平面立体正等轴测图的基本方法是按照"轴测"原理,根据立体表面上各顶点的坐标确定其轴测投影,连接各顶点即完成平面立体轴测图的绘制。对立体表面上平行于坐标轴的轮廓线,可在该线上直接量取尺寸,如图 3-37 所示。实际绘图时还可根据物体的形状、特征采用切割或组合的方法,并且这些方法也适用于其他种类的轴测图。

下面举例题说明平面立体正等轴测图的画法。

【例 3-9】 作出图 3-37(a)所示正六棱柱的正等轴测图。

分析　在绘制轴测图时,确定恰当的坐标原点和坐标轴是很重要的,原则是作图简便,这样可以减少不必要的作图线。针对图 3-37(a)所示的正六棱柱,将坐标原点选在顶面的中心比较方便。

作图　具体绘制步骤如下:

(1)在已知视图上选取坐标原点和坐标轴,如图 3-37(a)所示;

(2)画轴测轴,并根据俯视图定出 A_1、D_1、G_1 和 H_1 点,如图 3-37(b)所示;

(3)过 G_1、H_1 两点作 OX 轴的平行线,按 X 坐标求得 B、C、E、F 点,并依次连接 A、B、C、D、E、F 各点,即得顶面的正等轴测图,如图 3-37(c)所示;

(4)将顶面各点向下平移距离 h,得底面轴测投影,依次连接各点如图 3-37(d)所示;

(5)擦去多余的作图线,加深可见轮廓线,即完成正六棱柱正等轴测图的绘制如图 3-37(e)所示。

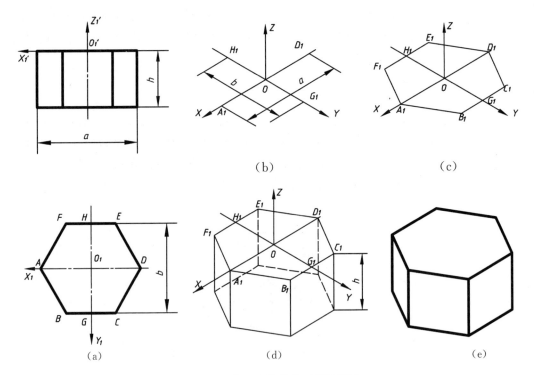

图 3-37　作正六棱柱的正等轴测图

【例 3-10】作出图 3-38(a)所示垫块的正等轴测图。

分析　垫块是比较简单的平面组合体,可将其看成是从长方体上先切去一个三棱柱,再从前上方切去一个四棱柱后形成的。

作图　具体绘制步骤如下:

(1)在已知视图上选取坐标原点和坐标轴,如图 3-38(a)所示。

(2)画轴测轴,根据立体的长、宽、高画出长方体的轴测图如图 3-38(b)所示。

(3)切去位于立体左上方的三棱柱,根据相应尺寸画出其轴测图如图 3-38(c)所示。

(4)再切去前上方的四柱,画出其轴测图如图 3-38(d)所示;

(5)擦去多余的作图线,加深可见的棱边,完成全图如图 3-38(e)所示。

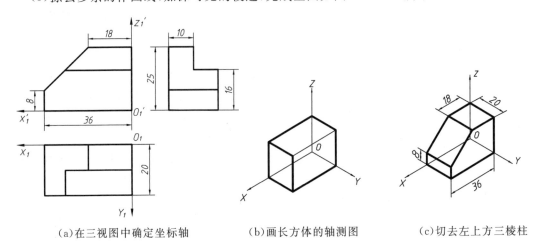

(a)在三视图中确定坐标轴　　　(b)画长方体的轴测图　　　(c)切去左上方三棱柱

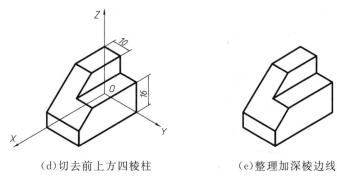

(d)切去前上方四棱柱 　　　　(e)整理加深棱边线

图 3-38 垫块正等轴测图的绘图步骤

3.4.7 曲面立体正等轴测图的画法

1.平行于坐标面的圆的正等轴测图的画法

(1)圆的正等轴测性质。

根据轴测图的形成原理可知,平行于坐标平面的圆的正等轴测图为椭圆,如图 3-39 所示,平行于 XOY 面的圆的正等轴测图(椭圆)的长轴垂直于 Z 轴,短轴则平行于 Z 轴;平行于 YOZ 面的圆的正等轴测图的长轴和短轴分别垂直和平行于 X 轴;而平行于 XOZ 面的圆的正等轴测图的长轴垂直于 Y 轴,短轴则平行于 Y 轴。这三个椭圆的形状和大小完全相同,但方向不同。

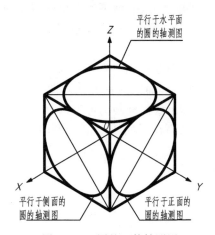

图 3-39 圆的正等轴测图

(2)平行于 XOY 面的圆的正等轴测图的近似画法。

为简便作图,平行于 XOY 面的圆的正等轴测图(椭圆)常采用近似画法,即菱形法。现以图 3-40(a)所示的平行于 $X_1O_1Y_1$ 面的圆的正等轴测投影为例,来说明这种近似画法。

具体的作图过程如下:

①作圆的外切正方形如图 3-40(a)所示;

②作轴测轴和切点 A、B、C、D,通过这些点作外切正方形的轴测菱形,并作对角线,如图 3-40(b)所示;

③过切点 A、B、C、D 作各相应边的垂线,相交得 O_1、O_2、O_3、O_4 点。O_1、O_2 即是短轴对角线上的顶点,O_3、O_4 在长轴对角线上(如图 3-40(c)所示);

④以 O_3、O_4 为圆心，O_3D 为半径作圆弧 $\overset{\frown}{AD}$、$\overset{\frown}{BC}$；以 O_1、O_2 为圆心，O_1A 为半径作圆弧 $\overset{\frown}{AB}$、$\overset{\frown}{CD}$，即完成圆的正等轴测图（如图 3-40(d)所示）。

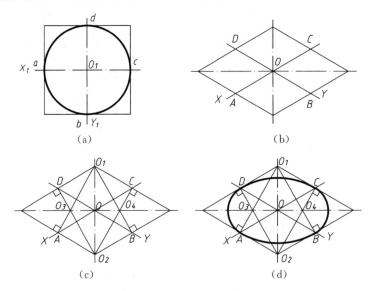

图 3-40　正等轴测圆的近似画法

2. 回转体的正等轴测图的画法

掌握了平行投影面圆的正等轴测画法，就不难画出回转体的正等轴测图。

【例 3-11】作出图 3-41(a)所示圆柱的正等轴测图。

作图　具体绘制步骤如下：

(1)选定坐标原点和坐标轴如图 3-41(a)所示；

(2)画轴测轴，用菱形法先画出顶面圆的正等轴测图——椭圆，将顶面椭圆的各段圆弧的圆心向下平移一个圆柱高度，画出底面椭圆的可见部分，如图 3-41(b)所示；

(3)作上下椭圆的公切线即轴测投影的转向轮廓线，擦去多余的作图线，并加深轮廓线即完成全图，如图 3-41 (c)所示。

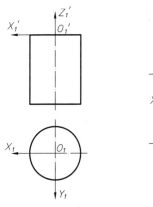 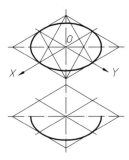 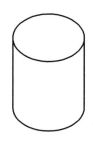

(a)圆柱的两面投影　　　(b)画圆柱上下底圆的轴测图　　　(c)画两椭圆的公切线并
　　　　　　　　　　　　　　　　　　　　　　　　　　　擦去辅助线后加深

图 3-41　圆柱的正等轴测图

3. 圆角的正等轴测图的画法

物体上的圆角是圆周的四分之一。从平行于坐标面的圆的正等轴测图的画法中可以得出圆角的正等轴测投影的画法。

现以图 3-42(a)所示立方体上的两圆角为例,介绍圆角的正等轴测图的画法。具体方法如下:

(1)在立方体顶部平面上,由角顶在两条夹边上量取圆角半径得到切点,过切点作相应边的垂线,以其交点为作图圆心,以该交点到切点的距离为半径画圆弧(如图 3-42(b)所示);

(2)将该圆弧的圆心向下平移板的厚度 h,即得底面上对应圆角的圆心,同样作底面上对应的圆弧即得该圆角的轴测投影(如图 3-42(c)所示);

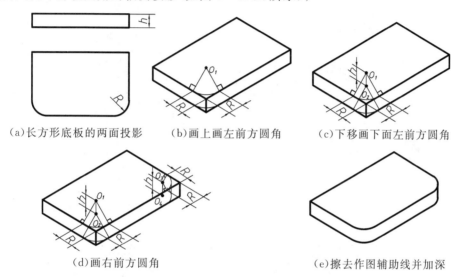

　(a)长方形底板的两面投影　　　(b)画上画左前方圆角　　　(c)下移画下面左前方圆角

　　　　　(d)画右前方圆角　　　　　　　　　(e)擦去作图辅助线并加深

图 3-42　圆角的正等轴测图的画法

(3)以同样方法作立方体上另一圆角的轴测投影(如图 3-42(d)所示);

(4)作同一圆柱面内两圆弧的公切线,加深轮廓的可见部分,擦去多余的作图线,即完成图 3-42(a)所示带圆角立方体的正等轴测图(如图 3-42(e)所示)。

3.4.8　组合体正等轴测图的画法举例

画组合体的正等轴测图时,先用形体分析法将组合体分解,再按分解的形体依次绘制。

【例 3-12】绘制如图 3-43 所示支架的正等测轴测图。

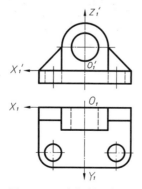

图 3-43　支架的两视图

分析   该支架由底板、立板及两侧两个三角筋板组成。底板上有两个圆角和两个小孔，立板上为半圆头带孔板，结构左右对称。

作图   作图步骤见图 3-44，具体如下：

(1)据形体分析，可取底板上平面的后边的中点为原点，确定轴测轴(如图 3-44(a)所示)；

(2)作底板及立板的正等轴测图，并在立板上绘制半圆柱体的轴测图(如图 3-44(b)所示)；

(3)作底板上两圆角及筋板的正等轴测图(如图 3-44(c)所示)；

(4)绘制底板及立板上圆孔的正等轴测图(如图 3-44(d)所示)；

(5)加深轮廓线可见部分，擦去多余作图线，即完成全图(如图 3-44(e)所示)。

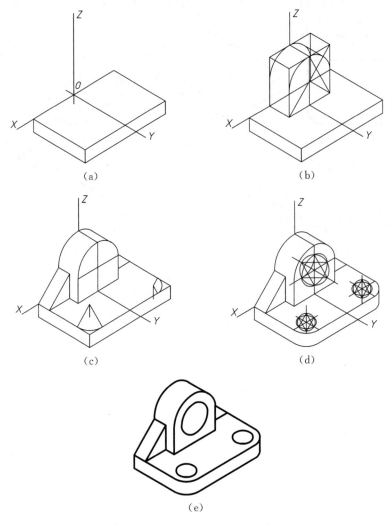

图 3-44   支架的正等轴测图的作图步骤

第4章　机件常用的表达方法

4.1　视图

4.1.1　六个基本视图

当机件复杂时,仅从三个方向投影表达,可能不能表达清楚其结构。为表达工程机件上下、左右和前后六个方向上的结构及形状,国家标准规定:将机件放置在一个由六面体的六个面组成的空盒中,用正投影的方法将机件向六个面进行投射,所得的六个视图称为基本视图,分别为主视图、后视图(由后向前投射)、左视图、右视图(由右向左投射)、俯视图及仰视图(由上向下投射),如图4-1所示。

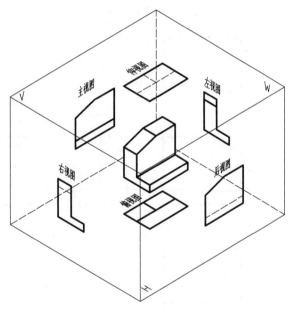

图 4-1　基本视图的形成

基本投影面展开的方法:保持正立投影面(主视投影面,即 V 面)不动,其余五个投影面按图 4-2 中箭头所示的方向旋转至与正立投影面共面。视图经展开后,各基本视图的配置如图 4-3 所示。在同一张图纸中,按展开位置配置各视图时,视图的名称可不标注。

六个基本视图之间仍符合"长对正,高平齐,宽相等"的三等投影规律,即:

①主、俯、仰视图长对正(后视图与主、俯、仰视图长相等,但左右相反);

②主、左、右、后视图高平齐;

③俯、仰、左、右视图宽相等。

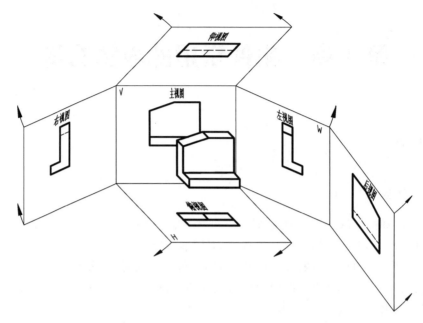

图 4 - 2　基本视图的展开

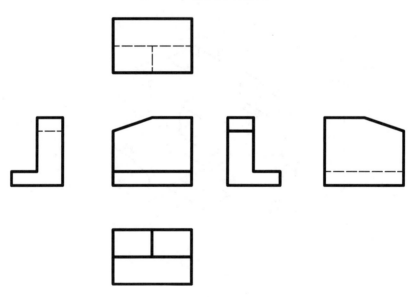

图 4 - 3　基本视图的配置

　　虽然有六个基本视图,但在选择工程机件的表达方案时,不是任何工程机件都需要画出六个基本视图。应根据其具体的结构特点,选用视图数量最少、又能清楚表达工程机件结构特征的方案。一般情况下应优先选用主、俯、左三视图。

4.1.2　其他辅助视图

1. 向视图

　　有时为了合理利用图纸,视图不按图 4 - 3 进行配置,而采用自由配置的一种视图,这种视图称为向视图。

向视图必须进行标注。标注方法是在视图相应位置的附近用箭头指明其投射方向,并在箭头旁注上大写的拉丁字母,同时在向视图的上方标注相同的字母,如图 4-4 所示。所要注意的是箭头应与基本投影面垂直,字母应水平注写,并尽量标在主视图的旁边。

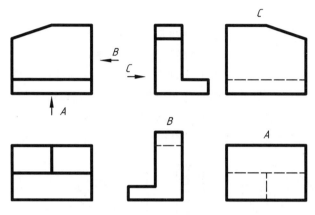

图 4-4 向视图及其标注

2. 局部视图

将机件的某一部分向基本投影面投射,所得的不完整的视图称为局部视图。当一些机件的结构较为复杂(如图 4-5(a)所示),采用一定数量的基本视图后还不足以表达清楚,或者在某个基本视图方向上仅有局部的特征需表达,没必要完全画出整个视图时,便可采用局部视图。

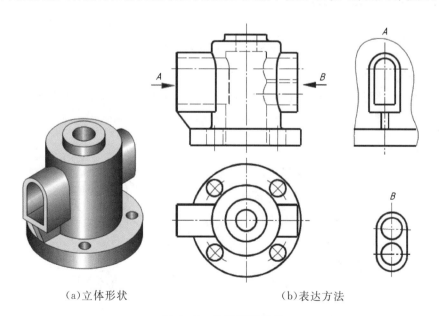

(a)立体形状 (b)表达方法

图 4-5 局部视图举例

采用局部视图时应注意:

(1)当局部视图按投影关系配置,中间又没有被其他图形隔开时,可不进行标注。否则,应对其进行标注,局部视图的标注与向视图相同。

（2）为看图方便，局部视图应尽量配置在其箭头所指的方向上，同时为布局的合理，也可以按向视图的形式进行配置。

（3）局部视图中，机件的断裂边界处要用细波浪线或双折线画出（如图 4-5(b)中的 A 向视图）。当局部结构外轮廓线呈完整的封闭图形时，波浪线可省略不画（如图 4-5(b)中 B 向视图）。

3. 斜视图

将物体向不平行于基本投影面的平面投射所得的视图，称为斜视图。当物体上有倾斜结构需要表达时，可采用斜视图来表达该倾斜结构的实形。

如图 4-6(a)所示的压紧杆三视图，不能表达倾斜部分圆柱面的真实形状，而且给画图带来很大麻烦。为表达其上倾斜结构的真实形状，更便于画图，可增加一个平行于该倾斜结构且垂直于某一基本投影面的新投影面 P，将倾斜结构向该新投影面 P 投影，再按投影方向将新投影面 P 旋转到基本投影面 V 上，可以得到斜视图（如图 4-6(b)所示）。

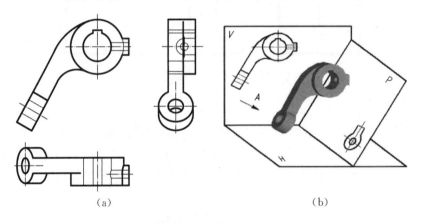

(a)　　　　　　　　　　　　(b)

图 4-6　压紧杆的三视图及斜视图的形成

画斜视图时应注意：

（1）斜视图一般只用于表达机件上倾斜部分的实形，故其余部分可不画出，用细波浪线或双折线断开（如图 4-7(a)所示）。当局部结构的外轮廓线呈完整封闭的图形时，波浪线可省略不画。

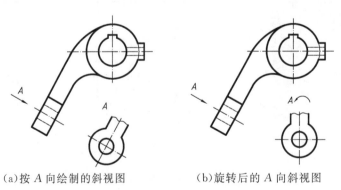

(a)按 A 向绘制的斜视图　　　　(b)旋转后的 A 向斜视图

图 4-7　斜视图的配置

（2）斜视图一般按投影关系配置，必要时可配置在其他适当的位置。为作图和读图方便，在不致引起误解的情况下可将斜视图旋转放正，但要注意标注。

（3）斜视图必须进行标注。斜视图一般按向视图的配置形式配置和标注。旋转放正的斜视图,标注时还须加注旋转符号"⌒",且大写拉丁字母要放在靠近旋转符号的箭头端,也可将旋转的角度(一般应小于 45°)标注在字母之后,箭头方向应与图形旋转的方向相同(如图 4 - 7(b)所示)。

4.2　剖视图

在视图中,一般用虚线来表达机件内部不可见的结构(如孔、槽等),如图 4 - 8(a)所示。但如果机件内部结构较为复杂,视图中的虚线会很多。这样就会造成图面线条繁杂,层次不清,给尺寸标注和读图带来困难。为了清楚地表达机件的内部结构和形状,制图标准规定可采用剖视的画法,如图 4 -8(b)所示。

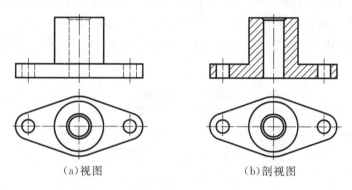

(a)视图　　　　　　　　(b)剖视图

图 4 - 8　剖视图的表达形式

4.2.1　剖视图的基本概念

1. 剖视图的形成

假想用剖切面剖开机件,将处在观察者与剖切面之间的部分移去,将其余部分向投影面投射,所得的视图称为剖视图。图 4 - 9 表示了剖切过程。

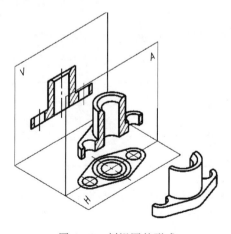

图 4 - 9　剖视图的形成

2. 剖视图的画图步骤

(1)机件分析。分析机件的内部和外部结构,确定有哪些内部结构需用剖视图来表达,哪些外部形状需要保留。

(2)确定剖切面的位置。用于剖切机件的假想面称为剖切面,剖切面可以是平面也可以是曲面。剖切平面一般应与基本投影面平行,其位置一般应通过机件内部结构的对称平面或回转轴线,以便使剖切后结构的投影反映实形。

(3)画剖视图。机件被剖切后,在相应视图上应擦去被剖切部分外形的内部轮廓线,同时剖切平面处原来不可见的内部结构变为可见,相应的虚线也应改为实线,如图 4-8(b)所示。

(4)画剖面符号。为清楚地表示机件的内部结构及材料的类别,机件被剖切后,其实体与剖切面接触的部位应画上剖面符号(简称为"剖面线")。各种材料的剖面符号见表 4-1。常用金属材料的剖面符号是等间距、方向相同、与水平线成 45°、向左或向右倾斜的细实线。对同一机件,在各剖视图中剖面线的方向和间隔应一致,如图 4-8(b)所示。若机件的主要轮廓线与水平方向成 45°或接近 45°,剖面线应画成与水平线成 30°或 60°的斜线(如图 4-10所示)。

表 4-1　剖面符号

材料	剖面符号	材料		剖面符号	材料	剖面符号
金属材料(已有规定剖面符号者除外)		玻璃及供观察用的其他透明材料			混凝土	
线圈绕组元件		木材	纵剖面		钢筋混凝土	
转子、电枢、变压器和电抗器等的叠钢片			横剖面		砖	
非金属材料(已有规定剖面符号者除外)		木质胶合板(不分层数)			格网(筛网、过滤网等)	
型砂、填砂、粉末冶金、砂轮、陶瓷刀片、硬质合金刀片等		基础周围的泥土			液体	

(5)剖视图的标注。剖视图一般应进行标注,即将剖切位置、投射方向和剖视图的名称标注在相应的视图上。

剖视图的标注内容包括:

①剖切符号:一般用线宽 b~$1.5b$,长约 5~10 mm 的粗短实线表示剖切平面的起、止和

转折位置。

②箭头：在剖切符号的外侧用与剖切符号垂直的两个箭头表示剖视图的投射方向。当剖视图按投影关系配置，中间又没有被其他图形隔开时，箭头可省略。

③字母：在剖切平面的起、止和转折处应水平标注大写的同一拉丁字母，并在相应的剖视图上方也用相同字母水平标注其名称"×—×"（如图 4 - 10 所示）。如果同一图上需要几个剖视图，则其名字应按英文字母顺序排列，不得重复或间断。

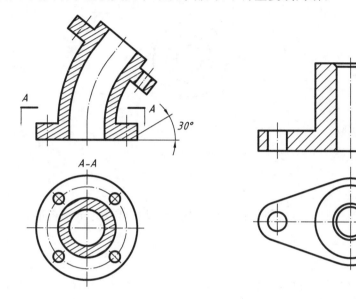

图 4 - 10　特殊情况下剖面线的画法　　　　　图 4 - 11　剖视图的省略标注

当单一剖切平面通过机件的对称平面或基本对称的平面，且剖视图按基本投影关系配置，中间又没有被其他图形隔开时，可省略标注（如图 4 - 11 所示）。

3. 画剖视图的注意事项

（1）由于剖视图是假想将机件剖开后投影得到的，实际上并没有剖开，因此，当机件的一个视图画成剖视图后，其他视图仍然要按完整的机件绘制。

（2）画剖视图的目的在于清楚地表达内部结构的实形，因此，剖切平面应尽量通过较多的内部结构的轴线或对称平面，并平行于某一投影面。

（3）为不影响图形表达的清晰，剖切符号应尽量避免与图形轮廓线相交。

（4）画剖视图时，应画出剖切平面后所有可见的轮廓线，不能遗漏（如图 4 - 12 所示）。

（5）剖视图中已表达清楚的内部结构，其他视图中的虚线可省略不画，即在一般情况下剖视图中不画虚线。当省略虚线后，物体不能定形，或画出少量虚线后能少画一个视图时，则应画出对应的虚线。

（6）根据需要可同时将几个视图画成剖视图，它们之间相互独立，互不影响。但不管有几个剖视图，剖面符号的方向和间隔均应一致。

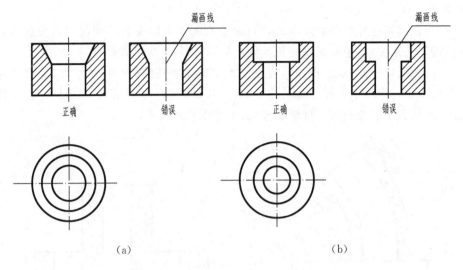

图 4-12　剖视图中漏线的示例

4.2.2　剖视图的分类

根据国家标准的规定,按照剖切面剖开机件的范围,剖视图可分为全剖视图、半剖视图和局部剖视图。

1. 全剖视图

用剖切面将机件完全地剖开所得的剖视图称为全剖视图,如图 4-11 所示。全剖视图主要用于表达内形复杂,外形相对简单的机件。

2. 半剖视图

当机件具有对称平面时,向垂直于对称平面的投影面进行投射所得到的视图,以对称中心线为界,一半画成视图,另一半画成剖视图,这种剖视图称为半剖视图,如图 4-13 所示。

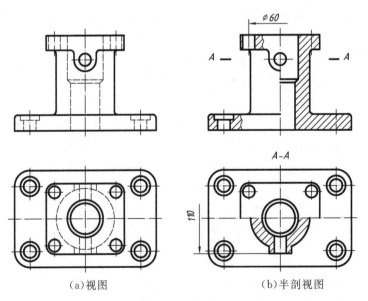

(a)视图　　　　　　　(b)半剖视图

图 4-13　半剖视图

半剖视图主要用于内、外部形状均需表达的对称或基本对称的机件。当机件的形状基本对称,且不对称部分已在其他视图中表达清楚时,也可采用半剖视图。

图 4 - 14 是支座的立体剖切图,从图中可以看出,支座的内、外形状都比较复杂,如果主视图采用全剖视图,则顶板下的凸台就不能表达出来;如果俯视图采用全剖视图,则长方形顶板及其 4 个小孔的形状和位置都不能表达,所以,此机件不适合用全剖视图表达。

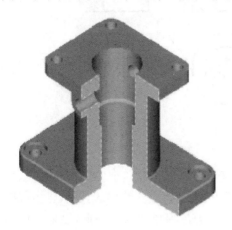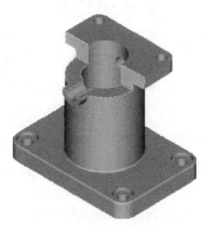

(a)主视图的剖切位置　　　　　　　　(b)俯视图的剖切位置

图 4 - 14　半剖视图的剖切位置立体图

又由图 4 - 13(a)可见,支座的主视图左右对称,俯视图前后、左右都对称。为了清楚地表达其内部和外部结构,可采用半剖视图。

主视图以左、右对称中心线为界,一半画成视图表达其外形,另一半画成剖视图表达其内部阶梯孔。俯视图采用通过凸台孔轴线的水平面剖切。以前、后对称中心线为界,后一半画成视图表达顶板和其上 4 个小孔的形状和位置,前一半画成 A—A 剖视图表达凸台及其中的小孔(如图 4 - 13(b)所示)。

画半剖视图时应注意:

(1)半剖视图中,剖视图与另一半视图的分界线是对称中心线,应画成点画线,不要画成细实线,更不能画成粗实线。

(2)半剖视图中,机件的内部形状已在半个剖视图中表达清楚时,另一半视图中不需再画出相应的虚线。

(3)半剖视图的标注方法与全剖视图基本相同。在标注机件对称结构的尺寸时,在半剖视图一边,尺寸线应画出箭头,而另一边不画箭头及尺寸界线,且尺寸线应略超过中心线一些(如图 4 - 13(b)所示)。

3. 局部剖视图

用剖切平面局部地将机件剖开,所得的剖视图称为局部剖视图。

局部剖视图一般用于以下几种情况:

(1)机件的内、外部结构均需表达,但又不宜采用全剖视图或半剖视图。

(2)机件上有孔、槽等局部结构时,可采用局部剖视图加以表达。

(3)图形的对称中心线处有机件轮廓线时,不宜采用半剖视图,可采用局部剖视图(如图

4－15 所示)。

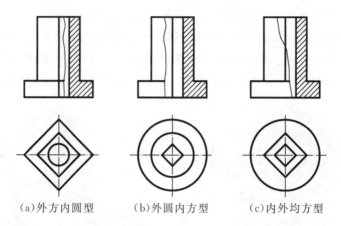

(a)外方内圆型　　　　(b)外圆内方型　　　　(c)内外均方型

图 4－15　局部剖视图示例(一)

　　如图 4－16(a)所示的箱体,其顶部有一矩形孔,底部是有四个安装孔的底板,左下方有一轴承孔,箱体前后、左右、上下都不对称。为了兼顾箱体内外结构的表达,将主视图画成两个不同剖切位置剖切的局部剖视图;在俯视图上,为了保留顶部的外形,也采用局部剖视图(如图 4－16(b)所示)。

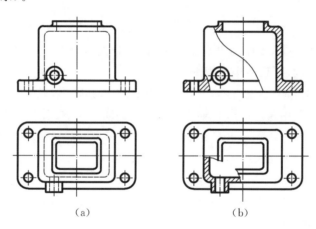

(a)　　　　　　　　　　(b)

图 4－16　局部剖视图示例(二)

　　画局部剖视时必需注意:

　　(1)当单一剖切平面的剖切位置较为明显时,局部剖视图可省略标注(如图 4－16 所示),否则应进行标注。

　　(2)同一视图中,不宜采用过多的局部剖视,以免影响视图的简明清晰。

　　(3)局部剖视图中视图部分和剖视图部分用波浪线分界。波浪线不应与图形上其他图线重合,也不要画在其他图线的延长线上。波浪线可看作实体表面的断裂痕,画波浪线不应超出表示断裂实体的轮廓线,应画在实体上,不可画在实体的中空处(如图 4－17 所示)。

　　(4)当剖切结构为回转体时,允许将该结构的中心线作为局部剖视与视图的分界线。

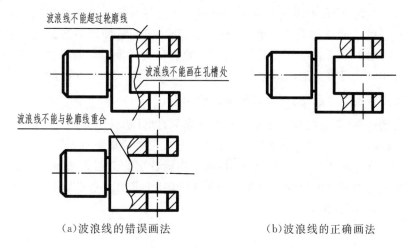

图 4-17 局部剖视图中波浪线的画法

4.2.3 剖视图的剖切方法

由于零件的结构形状不同,画剖视图时可采用不同的剖切方法。无论采用哪一种,均可画成全剖视图、半剖视图或局部剖视图。下面分别加以介绍。

1. 用单一剖切面

(1)用平行于某一基本投影面的平面剖切。

前面介绍的全剖视图、半剖视图以及局部剖视图的例子都是采用平行于基本投影面、单一剖切面剖切得到的,这种方法最为常用。

(2)用不平行于任何基本投影面的剖切平面剖切。

用不平行于任何基本投影面的剖切平面剖开机件的方法称为斜剖,它用来表达机件倾斜部分的内形。如图 4-18 所示,剖切面平行于机件倾斜部分,并从"A—A"位置剖切以表

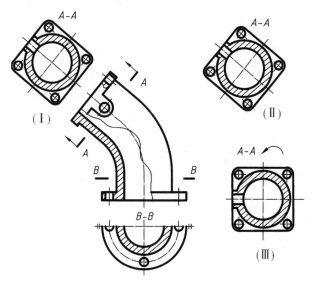

图 4-18 用斜剖得到的全剖视图

达弯管及顶部的凸缘、凸台和通孔的实形。斜剖视图应尽量按投影关系配置(如图 4 - 18 中Ⅰ所示)并加以标注,标注时应注意剖切符号(粗实线)应与机件倾斜部分的轮廓线垂直,图中所标字母一律水平书写。在不致引起误解时,允许移到图面其他合适的位置(如图 4 - 18 中Ⅱ所示),必要时也可将斜剖视图进行旋转放正(如图 4 - 18 中Ⅲ所示,加旋转符号)。

2. 两个相交的剖切平面(交线垂直于某一投影面)

用两相交剖切面(其交线垂直于某一基本投影面)剖开机件的方法称为旋转剖。旋转剖的适用范围:机件具有明显的回转轴时,内部结构分布在两相交平面上。

如图 4 - 19 所示的摇杆"$A-A$"剖视图,就是用旋转剖的剖切方法画出的全剖视图。图中是将被倾斜剖切面剖开的结构及有关部分旋转到与选定的水平投影面平行后,再进行投影面而得到"$A-A$"剖视图的。

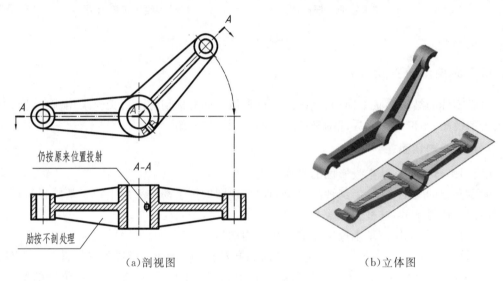

图 4 - 19　旋转剖示例

（a）剖视图　　　　　　　　　（b）立体图

采用旋转剖时应注意:

(1)两剖切面的交线通常与机件上主要孔的轴线重合。

(2)采用旋转剖时,首先假想按剖切位置剖开机件,然后将剖面区域及有关结构绕着两剖切平面的交线旋转至与选定的基本投影面平行,再进行投影,以使剖视图既反映实形又便于绘图。剖切平面后的结构一般仍按原来的位置进行投影(如图 4 - 19 中的小孔)。

(3)旋转剖必须按规定进行标注。即在剖切平面的起、迄及转折处画出剖切符号,并标注上同一大写字母,同时在起、迄处剖切符号的外端画上与剖切符号垂直的箭头以表明投射方向,并在旋转剖视图的上方用相同的大写字母注出其名称"×—×"。在剖切平面的转折处,当位置有限又不致引起误解时,字母可省略。当剖视图按投影关系配置,中间又没有被其他图形隔开时,可省略箭头。

3. 用几个平行的剖切面

当机件的内部结构较多,且又不在同一个平面内,可用几个都平行于某一基本投影面的剖切平面剖切机件。这种剖切方法称为阶梯剖。

如图 4 - 20(a)所示,用两个平行平面以阶梯剖的方法剖开底板,将处在观察者与剖切平面之间的部分移去,再向正立投影面投射,就能清楚地表达出底板上的所有槽和孔的结构,可画出图 4-20(b)所示的"$A-A$"全剖视图。

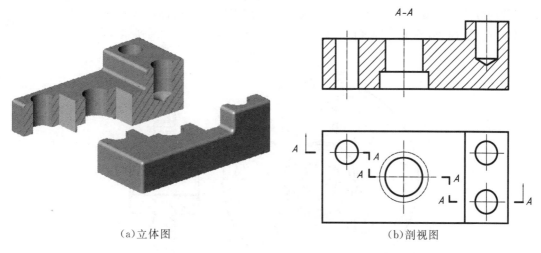

（a）立体图　　　　（b）剖视图

图 4-20　阶梯剖剖切示例

采用阶梯剖时应注意:

(1)各剖切平面剖切机件后得到的剖视图是一个图形,不应在剖视图中画出各剖切平面的界线(如图 4-21(a)所示)。

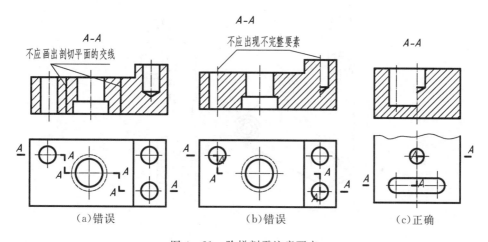

（a）错误　　　　（b）错误　　　　（c）正确

图 4-21　阶梯剖需注意要点

(2)剖视图上不应出现不完整的要素(如图 4-21(b)所示)。只有当两个要素在图形上具有公共对称中心线或轴线时,才允许各画一半,此时应以公共对称中心线或轴线为界(如图 4-21(c)所示)。

(3)阶梯剖必须标注。标注时,应在剖切平面的起始、转折和终止处画上剖切符号,并水平注写同一大写字母,在起、止处用箭头指明投射方向,同时在剖视图的上方标注其名称"×—×"。当剖视图按投影关系配置,中间又没有其他图形时,箭头可省略。另一方面,剖切平面在转折处一般不能与视图的轮廓线重合或相交。

4.复合剖

当机件的内部结构较复杂,使用旋转剖、阶梯剖仍不能表达清楚时,用组合的剖切面剖开零件的方法称为复合剖。用复合剖方法获得的剖视图,必须加标注(如图 4 - 22 所示),当采用展开画法时,应在复合剖视图上注明"×—×展开"(如图 4 - 23 所示)。

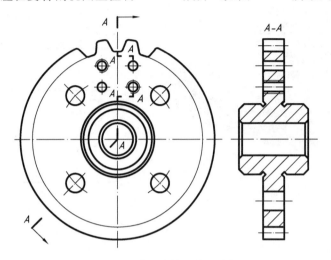

图 4 - 22　用复合剖得到的全剖视图

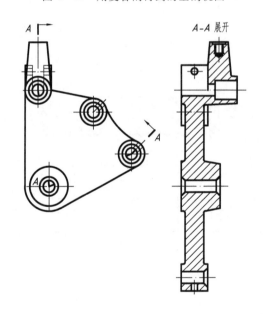

图 4 - 23　复合剖的展开画法

4.3　断面图

4.3.1　断面图的概念和分类

假想用剖切平面将机件某处切断,仅画出断面的图形称为断面图(简称断面)。断面图常用来表达机件上某些结构(如轴上的键槽、孔及筋板、轮辐等)的断面形状。

断面图与剖视图的区别是:断面图只画出断面的形状(如图 4 - 24(b)所示),而剖视图不仅要画出断面的形状,剖切面后可见轮廓的投影也要画出来(如图 4 - 24(c)所示)。

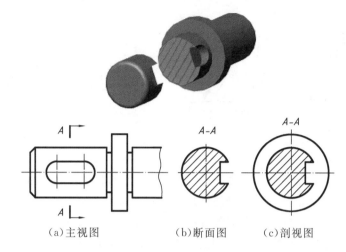

(a)主视图　　　　　　(b)断面图　　　　　(c)剖视图

图 4 - 24　断面图的形成及其与剖面图的区别

根据断面图在绘制时配置的不同,可将其分为移出断面图和重合断面图两种。

4.3.2　断面图的分类和画法

1. 移出断面图

绘制在被剖切结构投影轮廓外的断面图称为移出断面图(如图 4 - 25 所示)。

(1)画移出断面时应注意以下几点:

①移出断面图的轮廓用粗实线绘制。

②当剖切平面通过回转面形成的孔或凹坑的轴线时,这些结构均按剖视图绘制,即孔口或凹坑口画成闭合(如图 4 - 25 所示)。剖切平面通过非圆形通孔会导致在断面图上出现完全分离的两部分图形,此时也应按剖视图绘制(如图 4 - 26 所示)。

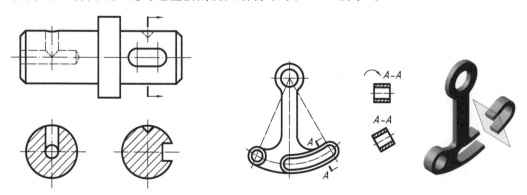

图 4 - 25　移出断面示例(一)　　　　　图 4 - 26　移出断面示例(二)

③移出断面图应尽量配置在剖切符号或剖切线(表示剖切平面的线,用点画线绘制)的延长线上(如图 4 - 25 所示),必要时也可配置在其他位置(如图 4 - 24(b)中的 A—A 断面),

在不引起误解的情况下还可将其旋转放正(如图 4-26 所示)。

　　④用两个相交的剖切平面剖切得到的移出断面,中间应断开(如图 4-27 所示)。

　　⑤移出断面图也可画在原图的中断处,原图用波浪线断开(如图 4-28 所示)。

　　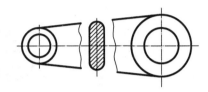

　　图 4-27　移出断面示例(三)　　　　　　　图 4-28　移出断面示例(四)

(2)移出断面的标注方法:

　　①一般在断面图上方标出其名称"×—×",在视图的相应部位标注剖切符号及箭头以表明剖切的位置和投射方向,并标注相同的大写字母(如图 4-24 所示)。

　　②断面图形对称或按投影关系配置时,箭头可省略。

　　③配置在剖切符号延长线上的不对称移出断面,可省略字母(如图 4-25 右边的断面图)。

　　④断面图形对称且配置在剖切线延长线上的移出断面图(如图 4-25、4-27 所示)以及配置在视图中断处的断面图可不作任何标注(如图 4-28 所示)。

2.重合断面图

画在被剖切结构投影轮廓线内部的断面图称为重合断面图。

重合断面图的轮廓线用细实线绘制。当视图中的轮廓线与重合断面的轮廓线重叠时,视图的轮廓线仍应连续画出,不可间断(如图 4-29 所示)。移出断面图的其他规定同样适用于重合断面图。重合断面图形对称时可不加任何标注(如图 4-30 所示),不对称时可省略标注(如图 4-31 所示)。

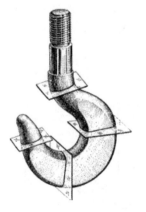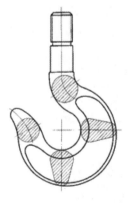

图 4-29　重合断面示例(一)

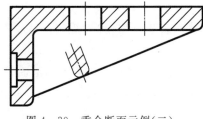
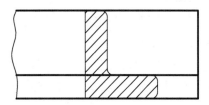

图 4-30　重合断面示例(二)　　　　　　图 4-31　重合断面示例(三)

4.4　局部放大图、简化画法和其他表达方法

4.4.1　局部放大图

将机件上较小的结构,用大于原图形的比例放大绘制,这样得到的图形称为局部放大图。局部放大图可以画成视图、剖视图或断面图,它与被放大部分的表达方法无关。局部放大图主要用于机件上某些细小的结构在原图形中表达得不清楚,或不便于标注尺寸的场合。局部放大图应尽量配置在被放大部位的附近,用细波浪线画出被放大部分的范围,同时用细实线圆圈出被放大的部位。当同一机件上不同部位的图形相同或对称时,只需画出一个局部放大图即可。标注时,当机件上仅有一处被放大的结构时,只需在局部放大图的上方注明所采用的放大比例即可。如果有多处,则必须用罗马数字依次标明被放大的部位,并在局部放大图的上方标出相应的罗马数字和所采用的比例。此比例为与实物的比例,如图 4-32所示。

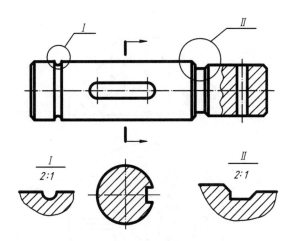

图 4-32　局部放大图示例

4.4.2　简化画法和其他表达方法

简化画法是在视图、剖视、断面等图样画法的基础上,对机件上某些特殊结构和结构上的某些特殊情况,通过简化图形(包括省略和简化投影等)和省略视图等方法来表示,以达到作图简便、视图清晰的目的。

1. 规定画法

国家标准对某些特定表达对象所采用的某些特殊表达方法,称为规定画法。有关剖视图中的规定画法有:

(1)对机件上的肋、轮辐及薄壁等,如按薄向的纵向剖切,这些结构都不画剖面符号,而是用粗实线将其与邻接部分分开;若按横向剖切,则需画出剖切符号(如图 4-33、4-34 所示)。

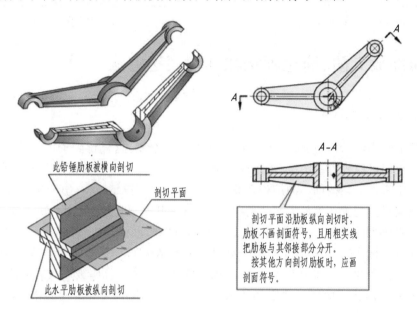

图 4-33　剖视图中肋的规定画法

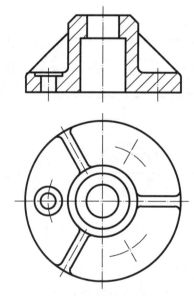

图 4-34　剖视图中均布肋、孔的简化画法

(2)当回转体零件上均匀分布的肋、轮辐、孔等结构不在剖切平面上时,可将这些结构旋转到剖切平面上画出(如图 4-34 中的肋、如图 4-35 中的轮辐)。对均布孔,只需详细画出

其中一个,另一个只画出其轴线即可(如图 4 - 34 中的小孔)。

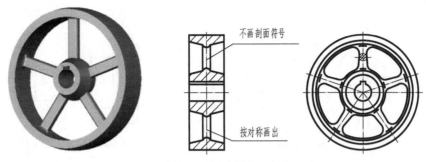

图 4 - 35　剖视图中均布轮辐的规定画法

2. 简化画法和其他表达方法

为简化作图,国家标准还规定了若干简化画法和其他的一些表达方法,常用的有以下几种:

(1)对机件上若干相同且按一定规律分布的结构(如槽、齿等),只需画出几个完整的结构,其余的用细实线连接,同时在图中应注明该相同结构总的个数(如图 4 - 36(a)所示)。

(2)若干个直径相同且按一定规律分布的孔(如圆孔、螺孔、沉孔等),只需画出一个或几个,其余的用点画线表示其中心位置,并注明孔的总数(如图 4 - 36(b)所示)。

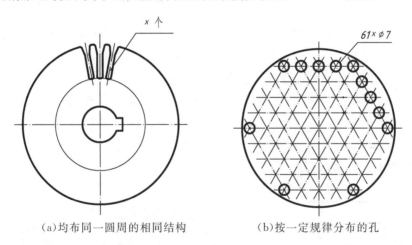

(a)均布同一圆周的相同结构　　　　　(b)按一定规律分布的孔

图 4 - 36　相同要素的简化画法

(3)当机件中的平面在视图中不能充分表达时,可采用平面符号(相交的两条细实线)表示(如图 4 - 37 所示)。

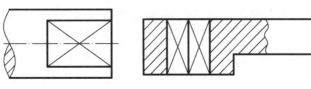

(a)轴上平面的表示法　　　　　　(b)孔中平面的表示法

图 4 - 37　较小平面的简化画法

（4）为简化作图，在需要表达位于剖切平面前面的简单结构时，可以按其假想投影的轮廓线（双点画线）绘制在剖视图上（如图 4-38 所示）。

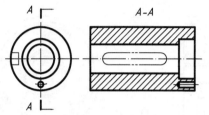

图 4-38　剖切平面前的结构画法

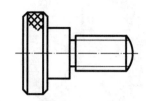

图 4-39　滚花网格的简化画法

（5）对机件上的滚花、网状物或编织物等，可在轮廓线附近用粗实线示意画出，并在零件图的技术要求栏中注明这些结构的具体要求（如图 4-39 所示）。

（6）在不引起误解的情况下，视图中的移出断面可以省略剖面符号，但剖切位置和断面图必须按原规定进行标注（如图 4-40 所示）。

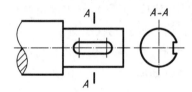

图 4-40　断面中省略剖面符号

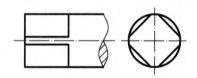

图 4-41　小结构交线的省略画法

（7）对较小的结构，在一个视图中已表达清楚时，其在其他视图中的投影可简化或省略（如图 4-41 主视图中方头的主视图中省略了截交线）。

（8）在不引起误解的情况下，图形中的过渡线、相贯线也可简化绘制。例如用直线代替曲线（如图 4-42 所示）。

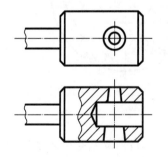

图 4-42　简化相贯

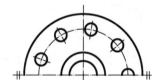

图 4-43　对称结构的简化画法

（9）在不致引起误解的情况下，对称零件的视图可只画一半或四分之一，并在对称中心线的两端画出两条与其垂直的平行细实线（如图 4-43 所示）。

（10）表示圆柱形法兰或类似零件上均匀分布的孔的数量和位置时，可按图 4-44 绘制。

（11）与投影面倾斜角度小于或等于 30°的圆或圆弧，可用圆或圆弧代替其投影的椭圆（如图 4-45 所示）。

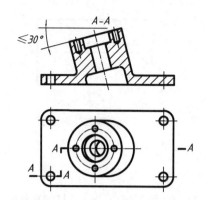

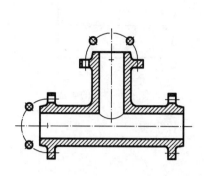

图 4-44　圆柱形法兰上均布孔的简化画法　　图 4-45　≤30°倾斜圆的简化画法

（12）机件上斜度不大的结构，如在一个视图中已表达清楚，其他视图中可只按其小端画出（如图 4-46 所示）。

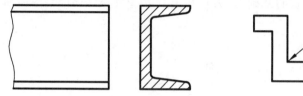

图 4-46　小斜度的简化画法

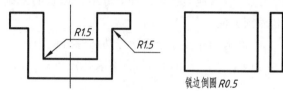

图 4-47　小圆角、小倒圆的简化画法

（13）在不引起误解的情况下，小圆角、锐边的小倒圆或 45°小倒角在视图中可以省略不画，但必须注明尺寸或在技术要求中加以说明（如图 4-47 所示）。

（14）对长度方向上形状一致或按一定规律变化的较长的机件（如轴、杆、型材、连杆等），可将其断开后缩短绘制，断裂处一般用波浪线表示，但长度尺寸应标注实长（如图 4-48 所示）。

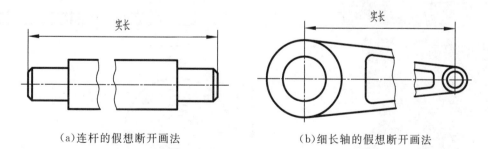

（a）连杆的假想断开画法　　　　　　（b）细长轴的假想断开画法

图 4-48　较长机件断开后的简化画法

（15）回转体的断裂处的特殊画法如图 4-49 所示。

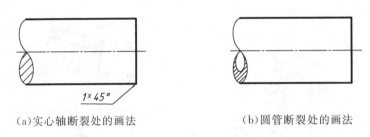

（a）实心轴断裂处的画法　　　　　　　　（b）圆管断裂处的画法

图 4 - 49　回转体断裂处的特殊画法

4.5　表达方法综合应用举例

前面介绍了机件常用的各种表达方法。对同一个机件，通常有多种表达方案。应用时，应根据机件的结构形状具体分析，比较多种方案的优劣。确定最佳表达方案的原则是：在正确、完整、清晰地表达机件各部分结构形状的基础上，力求视图数量适当、绘图简便、图面简洁、看图方便。

下面举例简要介绍表达方法的综合应用。

【例 4 - 1】试用适当的方案表达图 4 - 50 所示的阀体。

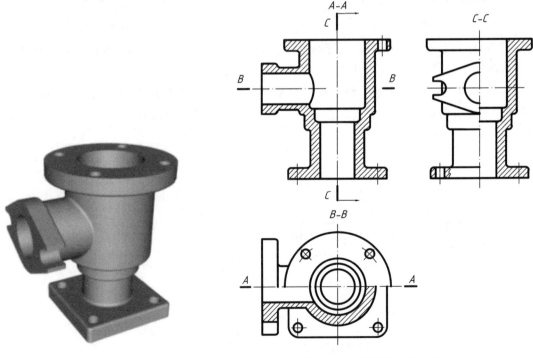

图 4 - 50　阀体的立体图　　　　　　　　　图 4 - 51　阀体的表达方案（一）

结构分析　由立体图可以看出，该阀体是由直立的有台阶的圆筒和左侧的水平圆筒组成，有三个各不相同的法兰，整体结构只是前后对称。

作图　由以上结构分析，可选取以下几种方案：

（1）方案一：

①为表达阀体内部的结构（如内部两个相通孔的大小及相对位置关系、上下的台阶孔等），主视图采用过前后对称面单一剖切平面，同时将顶部法兰上的通孔旋转至剖切平面上，得到 A—A 全剖视图。

②为补充表达横向圆筒内部通孔及中间台阶孔的相对位置关系，俯视图采用一个过左侧圆筒对称中心线、水平的剖切平面，得到 B—B 半剖视图，同时底部法兰的形状及其上孔的分布情况也表达出来。另一半视图用来表达顶部法兰盘的形状、小孔的大小及其分布情况。

③左视图采用的也是半剖视图。另一半视图是用来表达左边法兰盘的形状及连接孔，同时为表达底部法兰上的通孔，在视图中采用一局部剖视图。最后完成的表达方案如图 4 - 51 所示。

（2）方案二：

①为表达阀体内部的结构（例如内部两个相通孔的大小及相对位置关系、上下的台阶孔等）以及底部法兰上的通孔，主视图采用两个局部剖，同时将顶部法兰上的通孔旋转至 A—A 剖切面上。

②为补充表达横向圆筒内部通孔及中间台阶孔的相对位置关系，俯视图采用一个过左侧圆筒对称中心线、水平的剖切平面，得到 B—B 半剖视图，同时底部法兰的形状及其上孔的分布情况也表达出来。另一半视图用来表达顶部法兰盘的形状、小孔的大小及其分布情况。

③针对左侧的异形法兰，则采用一局部视图 C 来表达其形状及连接孔。最后完成的表达方案如图 4 - 52 所示。

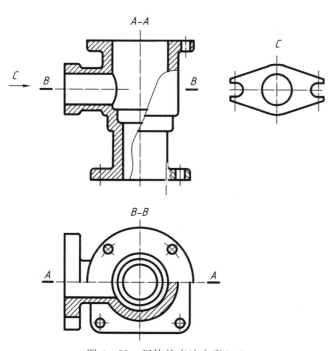

图 4 - 52　阀体的表达方案（二）

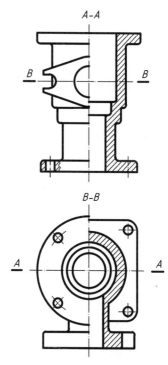

图 4 - 53　阀体的表达方案（三）

（3）方案三：

①将阀体侧面的法兰与正投影面平行，且正对前方放置，主视图采用过直立圆筒中心线的 $A—A$ 半剖视图来表达阀体内部的结构，同时用一个局部剖视图表达底部法兰上的通孔。

②为补充表达横向圆筒内部通孔及中间台阶孔的相对位置关系，俯视图采用一个过侧面法兰中心线的 $B—B$ 半剖视图，同时底部法兰的形状及其上孔的分布情况也表达出来。另一半视图用来表达顶部法兰盘的形状、小孔的大小及其分布情况；最后完成的表达方案如图 4-53 所示。

由以上可以看出，对图 4-50 所示的阀体，可以采取多种表达方案。方案一和方案二类似，都需三个视图。相比之下，方案一的绘图工作量较大，且图面线条较多。方案二和方案三相比，虽然方案三只需两个视图，但从整体上讲，不如方案二直观性好。

第5章　标准件及常用件

5.1　螺纹

在各种机器、设备中,常用到螺栓、螺母、垫圈、键、销、滚动轴承、弹簧等零件,这些零件用量特别大,而且形状又很复杂,单独加工这些零件成本特别高。为了提高产品质量,降低生产成本,这些零件一般由专门工厂大批量生产。国家对这类零件的结构、尺寸和技术要求等实行了标准化,故称这类零件为标准件。对另一类常用到的零件(如齿轮),国家只对它们的部分结构和尺寸实行了标准化,加工这些零件的刀具已经标准化,由专门的刀具厂制造,习惯上称这类零件为常用件。为了提高绘图效率,对标准件和常用件的结构与形状,可不必按其真实投影画出,只要根据相应的国家标准所规定的画法、代号和标记,进行绘图和标注即可。

5.1.1　螺纹的形成及结构要素

1. 螺纹的形成

在圆柱或圆锥表面上沿螺旋线所形成的具有相同轴向剖面的连续凸起和沟槽的螺旋体称作螺纹。螺纹也可以看作是由平面图形(三角形、梯形、矩形、锯齿形等)绕着与它共平面的轴线作螺旋运动的轨迹。在车床上加工螺纹的方法如图5-1所示。在圆柱或圆锥外表面加工的螺纹称为外螺纹,在圆柱或圆锥的内表面加工的螺纹称为内螺纹。内、外螺纹一般总是成对使用。

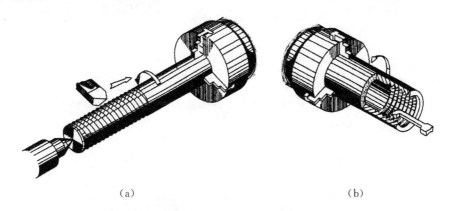

(a)　　　　　　　　　　　　　　　　　　　(b)

图5-1　螺纹的加工方法

2. 螺纹的结构要素

螺纹各部分的结构如图5-2所示。其基本结构要素如下:

(1)牙型。在通过螺纹轴线的剖面上,螺纹的轮廓形状称为螺纹的牙型,如图5-3所示。常见螺纹牙型有三角形、梯形和锯齿形等。

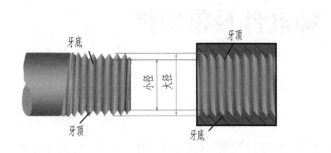

图 5-2　螺纹的结构名称

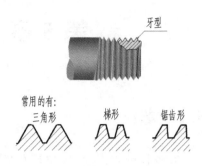

图 5-3　螺纹的牙型

（2）直径。螺纹的直径有三种：大径、小径和中径。

①大径。螺纹的最大直径，对于长制螺纹而言也称为公称直径，代表螺纹尺寸的直径。对于外螺纹为牙顶所在圆柱面的直径，用 d 表示，对于内螺纹为牙底所在圆柱面的直径，用 D 表示。

②小径。螺纹的最小直径，对于外螺纹为牙底所在圆柱面的直径，用 d_1 表示，对于内螺纹为牙顶所在圆柱面的直径，用 D_1 表示。

③中径。假想一个圆柱的直径，该圆柱的母线通过牙型上沟槽和凸起宽度相等的地方，此假想圆柱称为中径圆柱，其直径为中径，对于外螺纹用 d_2 表示，对于内螺纹用 D_2 表示。

（3）线数。螺纹有单线和多线之分。沿一条螺旋线形成的螺纹为单线螺纹，如图 5-4（a）所示；沿两条或两条以上在轴向等距分布的螺旋线形成的螺纹，称为多线螺纹，如图 5-4（b）所示。螺纹线数用 n 表示。

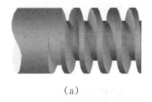

（a）

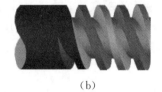

（b）

图 5-4　单线螺纹和多线螺纹

（4）螺距与导程。相邻两牙在螺纹中径线上对应两点间的轴向距离称为螺距，用 P 表示。同一条螺旋线上相邻两牙在螺纹中径线上对应两点间的距离称为导程，用 P_h 表示。如图 5-5 所示。导程与螺距的关系式为：$P_h = nP$。

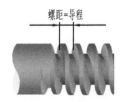

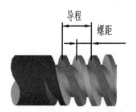

图 5-5　螺纹的螺距和导程

（5）旋向。螺纹有右旋和左旋两种。当内外螺纹旋合时，顺时针方向旋入的螺纹是右旋螺纹;逆时针方向旋入的为左旋螺纹,如图 5－6 所示。

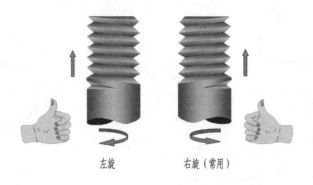

左旋　　　　　右旋(常用)

图 5－6　螺纹的旋向

内外螺纹只有上述五个要素完全一致才能互相旋合在一起。

5.1.2　螺纹的规定画法

螺纹的真实投影比较复杂,为了便于绘图,螺纹不需按原形画出,国家标准《机械制图》(GB/T 4459.1—1995)规定了螺纹的画法,现简述如下。

1. 单个螺纹的画法

螺纹的牙顶用粗实线表示,牙底用细实线表示,在螺杆的倒角部分也应画出;螺纹终止线用粗实线绘制。在垂直于螺纹轴线的投影面的视图中,表示牙底的细实线圆只画约 3/4 圈,倒角圆省略不画,螺纹的小径通常按大径的 0.85 倍绘制,如图 5－7 所示,(a)为外螺纹的画法,(b)为内螺纹的画法,(c)为不通孔内螺纹的画法。

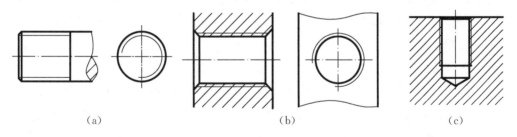

(a)　　　　　　　　　　　(b)　　　　　　　　　　　(c)

图 5－7　螺纹的画法

2. 内、外螺纹旋合的画法

一般采用全剖视图来绘制内、外螺纹的旋合,此时旋合部分按外螺纹画,其余部分按各自的规定画法绘制,如图 5－8 所示。画图时要注意,内、外螺纹的小径和大径的粗、细实线应分别对齐,并将剖面线画到粗实线。螺杆为实心杆件,通过其轴线全剖视时,标准规定该部分按不剖绘制。

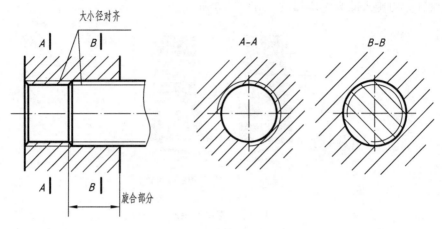

图 5-8　内、外螺纹旋合的画法

5.1.3　常用螺纹种类及标注

1. 螺纹的种类

国家标准对常用的一些螺纹的牙型、大径(公称直径)和螺距都作了统一的规定。凡这三个要素都符合标准的,称为标准螺纹;凡牙型符合标准,而大径或螺距的尺寸不符合标准的,称为特殊螺纹;凡牙型不符合标准的,称为非标准螺纹。螺纹按照用途可分为连接螺纹和传动螺纹两种。

2. 螺纹的标注

螺纹按国标的规定画法画出后,图上并未表明公称直径、螺距、线数和旋向等要素,因此,需要用标注代号或标记的方式来说明。表 5-1 列出了一些标准螺纹的标注示例。

1. 普通螺纹的标注

普通螺纹的标注格式为

| 螺纹特征代号 | 公称直径 |×| 导程(螺距) | 旋向 |—| 中径公差带代号 | 顶径公差带代号 |—| 螺纹旋合长度 |

(1)螺纹特征代号为"M";公称直径为螺纹大径;同一大径的粗牙普通螺纹的螺距只有一种,所以不标螺距,细牙普通螺纹必须标注螺距,多线时为导程(螺距);右旋螺纹的旋向省略标注,左旋螺纹的旋向标注"LH"。

(2)螺纹公差带代号包括中径公差带代号和顶径公差带代号,当两者相同时,只标注一个代号,两者不同时应分别标注。

(3)旋合长度分为短(S)、中(N)、长(L)三种,在一般情况下,不标注螺纹旋合长度,此时旋合长度按中等旋合长度考虑。

2. 梯形螺纹和锯齿形螺纹

梯形和锯齿形螺纹的标注格式为

| 螺纹特征代号 | 公称直径 |×| 导程(螺距) | 旋向 |—| 中径公差带代号 |—| 螺纹旋合长度 |

梯形螺纹特征代号"Tr",锯齿形螺纹特征代号"B";公称直径均为大径;右旋螺纹的旋向省略标注,左旋螺纹的旋向标注"LH"。如果是多线螺纹,则螺距处标注"导程(螺距)";只

表 5-1　常用标准螺纹的标注示例

螺纹种类	标注示例	说明
普通螺纹	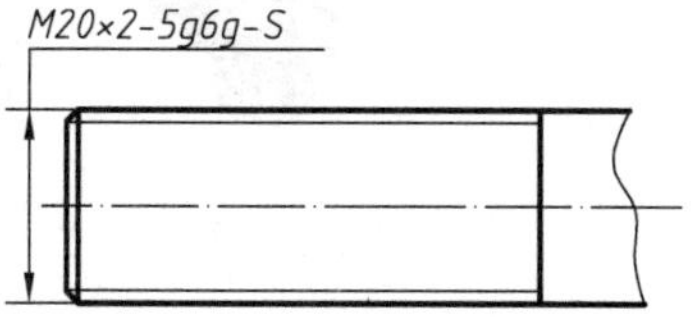 *M20×2-5g6g-S*	表示细牙普通外螺纹,公称直径20,螺距2,中径公差带代号5g、顶径公差带代号6g,短旋合长度,右旋
	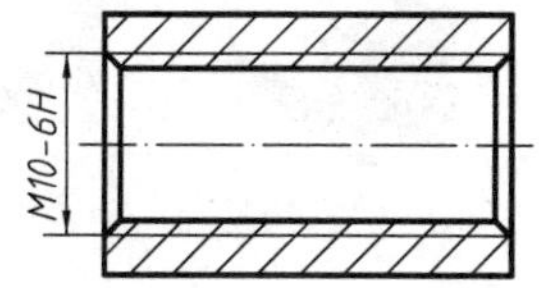 *M10-6H*	表示粗牙普通内螺纹,公称直径10、中径、顶径公差带代号均为6H,中等旋合长度,右旋
梯形螺纹	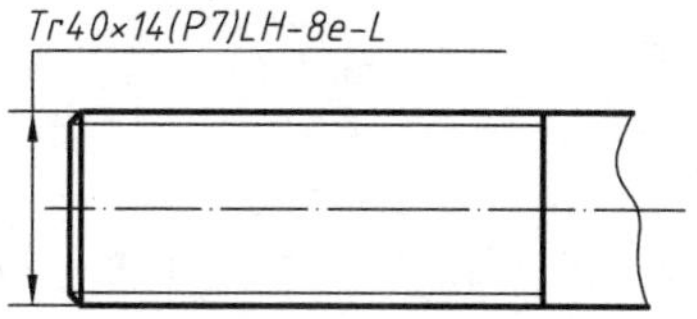 *Tr40×14(P7)LH-8e-L*	表示梯形螺纹,公称直径40、导程14、螺距7、双线,中径、顶径公差带代号均为8e,长旋合长度,左旋
非螺纹密封的管螺纹	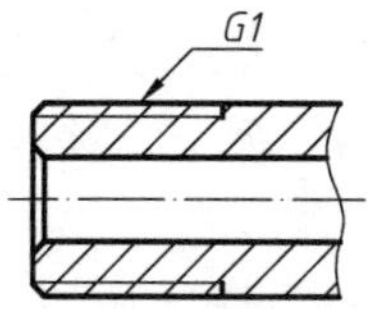 *G1*	表示非螺纹密封的管螺纹,尺寸代号为1英寸,右旋

标中径公差带代号。

3. 管螺纹

非螺纹密封的管螺纹标注格式为

$\boxed{螺纹特征代号}$ $\boxed{尺寸代号}$ $\boxed{公差等级代号}$ $\boxed{旋向}$

非螺纹密封的管螺纹的特征代号"G";公称直径为管子尺寸代号,单位英寸,近似等于管子孔径;右旋螺纹的旋向省略标注,左旋螺纹的旋向标注"LH"。

5.2　螺纹连接件

5.2.1　螺纹连接件的种类

螺纹连接件用于两零件间的连接和紧固。常用的螺纹连接件有螺栓、双头螺柱、螺钉、螺母、垫圈等,如图 5-9 所示。它们均为标准件,根据其规定标记就能在相应标准中查出它们的结构和相关尺寸。

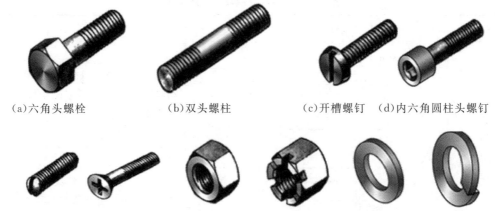

(a)六角头螺栓　　　　　(b)双头螺柱　　　　(c)开槽螺钉　(d)内六角圆柱头螺钉

(e)紧定螺钉　(f)十字槽沉头螺钉　(g)普通六角螺母　(h)开槽六角螺母　(i)普通平垫圈　(j)弹簧垫圈

图 5-9　螺纹连接件

5.2.2　螺纹连接件的规定标记和画法

1. 螺纹连接件的规定标记

螺纹连接件的结构型式和尺寸均已标准化，并由专门工厂生产。使用时只需按其规定标记购买即可。国标规定螺纹连接件的标记的内容为

| 名称 | 标准编号 | 螺纹规格 | × | 公称长度 | 产品型号 | 性能等级或材料及热处理 | 表面处理 |

例如：螺纹规格为 M12、公称长度 $L=80$、性能等级 10.9 级，产品等级为 A，表面氧化处理的六角头螺栓的完整标记为

　　　　　螺栓 GB/T 5582—2000　M12×80—10.9—A—O

也可简化标记为

　　　　　螺栓 GB/T 5582　M12×80

表 5-2 为几种螺纹连接件的标记示例。

表 5-2　螺纹的连接件的标记示例

名称	图例	标记示例
六角头螺栓——A级和B级 （GB/T 5582—2000）	M12　60	螺栓　GB/T 5582—2000 M12×60
双头螺柱 （GB/T 899—1988）	M12　50	螺柱　GB/T 899—1988 M12×50

续表

名称	图例	标记示例
Ⅰ型六角螺母——A 级和 B 级 （GB/T 650—2000）		螺母　GB/T 650—2000 M12
开槽圆柱头螺钉 （GB/T 65—2000）		螺钉　GB/T 65—2000 M10×45

2. 螺纹连接件的比例画法

　　螺纹连接件都是标准件，不需绘制零件图，但在装配图中需画出其连接装配形式，因此就要画螺纹连接件。螺纹连接件各部分的尺寸均可从相应的标准中查出，为方便常采用比例画法绘制，即螺纹连接件的各部分大小（公称长度除外）都可按其公称直径的一定比例画出。表 5-3 所示为常用螺纹连接件的比例画法。

表 5-3　螺纹的连接件的比例画法

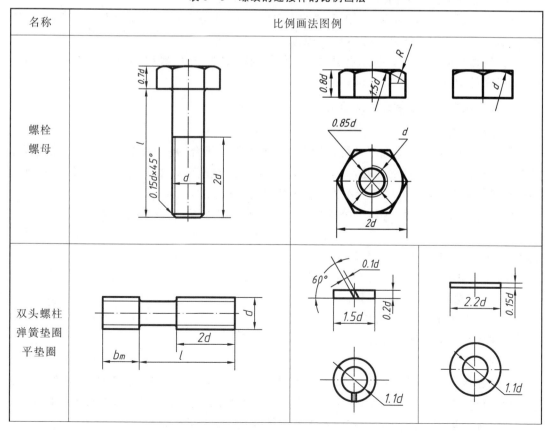

名称	比例画法图例
螺栓 螺母	
双头螺柱 弹簧垫圈 平垫圈	

续表

名称	比例画法图例
开槽圆柱 沉头螺钉	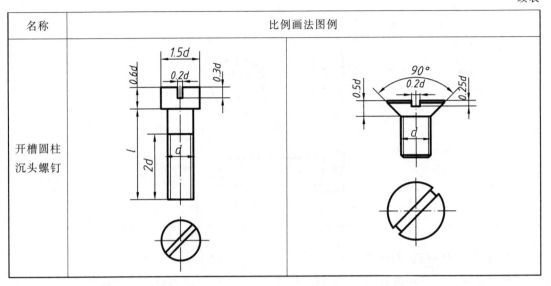

5.2.3 螺纹连接件的连接画法

1.规定画法

(1)两零件的接触表面画一条线,不接触面画两条线。

(2)在剖视图中,相邻两零件剖面线的方向应相反,或方向相同但间距不同,但同一零件在各剖视图中,剖面线的方向、间距应一致。

(3)剖切平面通过实心零件或螺纹连接件(螺栓、双头螺柱、螺钉、螺母、垫圈等)的轴线时,这些零件均按不剖绘制,只画外形。

2.螺纹连接件连接装配画法示例

1)螺栓连接

螺栓用于连接两个不太厚且需要经常拆卸的零件的场合,并且被连接零件允许钻通孔。连接时,螺栓穿入两零件的光孔,套上垫圈再拧紧螺母,垫圈可以增加受力面积,并且避免损伤被连接件表面。如图 5-10 所示为螺栓连接的比例画法。

螺栓连接时要先确定螺栓的公称长度 l,其计算公式如下,然后查表选取。

$$l \geqslant \delta_1 + \delta_2 + h + m + a$$

其中:δ_1、δ_2 —— 被连接件的厚度;

h —— 垫圈厚度,平垫圈 $h = 0.15d$;

m —— 螺母厚度,$m = 0.8d$;

a —— 螺栓伸出螺母的长度,$a \approx 0.3d$。

被连接零件上光孔直径按 $1.1d$ 绘制。

2)双头螺柱连接

当被连接的两个零件中有一个较厚,不易钻成通孔时,可制成螺孔,用螺柱连接。双头螺柱用于被连接零件之一较厚,或不允许钻成通孔的情况。双头螺柱的两端都加工有螺纹,一端螺纹称为旋入端,用于旋入被连接零件的螺孔内;另一端称为紧固端,用于穿过另一零

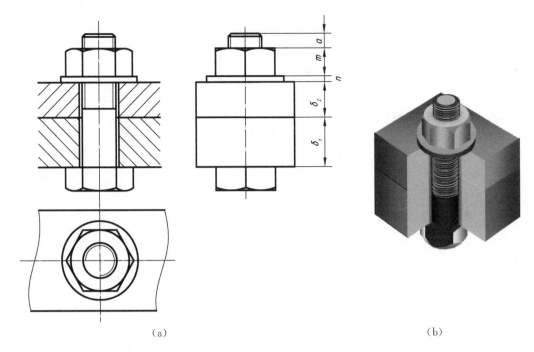

(a)　　　　　　　　　　　　　　　　(b)

图 5-10　螺栓连接的画法

件上的通孔,套上垫圈后拧紧螺母。图 5-11 所示为双头螺柱连接的比例画法。由图中可见,双头螺柱连接的上半部与螺栓连接的画法相似,其中,双头螺柱的紧固端的螺纹长度按 $(1.5\sim2)d$ 计算。下半部为内、外螺纹旋合连接的画法,旋入端长度 b_{m},根据有螺孔的零件材料选定,国标规定有以下四种规格:

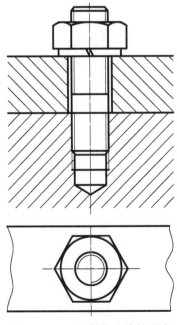

图 5-11　双头螺柱连接的画法

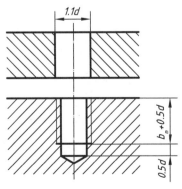

图 5-12　钻孔与螺孔深度

钢或青铜　　　$b_m = d$（GB 895—1988）

铸铁　　　　　$b_m = 1.25d$（GB 898—1988）或 $b_m = 1.5d$（GB 899—1988）

铝　　　　　　$b_m = 2d$（GB 900—1988）。

螺孔和光孔的深度分别按 $b_m + 0.5d$ 和 $0.5d$ 比例画出。

3）螺钉连接

螺钉有连接和紧定两种作用。

（1）螺钉连接用于连接零件，一般用在不经常拆卸且受力不大的场合。按其头部形状有开槽圆柱头螺钉、开槽沉头螺钉、内六角圆柱头螺钉等多种类型。通常在较厚的零件上制出螺孔，另一零件上加工出通孔（孔径约为 $1.1d$）。连接时，将螺钉穿过通孔旋入螺孔拧紧即可。螺钉旋入深度与双头螺栓旋入金属端的螺纹长度 b_m 相同，它与被旋入零件的材料有关，但螺钉旋入后，螺孔应留一定的旋入余量。螺钉的螺纹终止线应在螺孔顶面以上；螺钉头部的一字槽在端视图中应画成 $45°$ 方向。对于不穿通的螺孔，可以不画出钻孔深度，仅按螺纹深度画出。如图 5-13 所示为螺钉连接的画法。

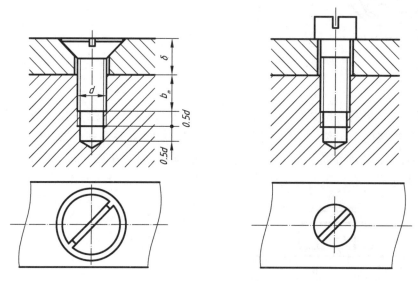

图 5-13　螺钉连接的画法

（2）螺钉在起紧定作用时，主要用于两零件之间的固定，使它们之间不产生相对运动。如图 5-14 所示例子，为螺钉紧定连接的画法。

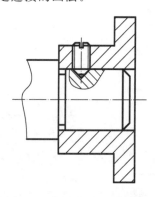

图 5-14　螺钉紧定连接的画法

5.3　键和销

5.3.1　键连接

键是标准件,用于连接轴和轴上的传动零件,如齿轮、皮带轮等,实现轴上零件的轴向固定,传递扭矩作用。使用时常在轮孔和轴的接触面处挖一条键槽,将键嵌入,使轴和轮一起转动,如图 5-15 所示。

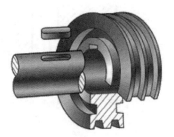 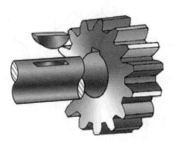

　　　(a)皮带轮的普通平键连接　　　　　　(b)齿轮的半圆键连接

图 5-15　键连接

键有普通平键、半圆键和钩头楔键等几种类型,如图 5-16(a)、(b)、(c)所示。键的尺寸以及轴和轮毂上的键槽剖面尺寸,可根据被连接件的轴径 d 查阅有关标准。

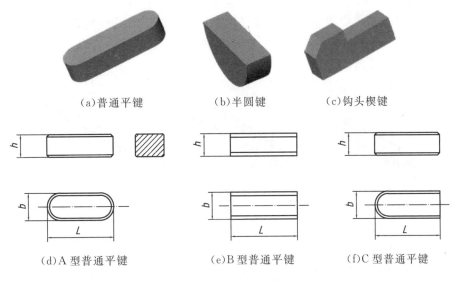

　　(a)普通平键　　　　　　(b)半圆键　　　　　　(c)钩头楔键

　　(d)A 型普通平键　　　　(e)B 型普通平键　　　　(f)C 型普通平键

图 5-16　常用的键

普通平键的形式有 A 型(两端圆头)、B 型(两端平头)、C 型(单端圆头)三种,如图 5-16(d)、(e)、(f)所示。在标记时,A 型普通平键省略 A 字;B 型和 C 型则应加注 B 或 C 字。例如:键宽 $b=12$、键高 $h=8$、公称长度 $L=50$ 的 A 型普通平键的标记为

键 12×50　GB 1096—1959

而相同规格尺寸的 C 型普通平键则应标记为

键 C12×50　　GB 1096—1959

图 5 – 17(a)、(b)所示为普通平键连接轴和轮上键槽的画法及尺寸标注。其中键槽宽度 b、深 t 和 t_1 的尺寸,可由附录中查得。图 5 – 17(c)所示为轴和轮用键连接的装配画法。剖切平面通过轴和键的轴线或对称面时,轴和键应按不剖形式绘制,为表示连接情况,常采用局部剖视。普通平键连接时,键的两个侧面是工作面,上下两底面是非工作面。工作面即平键的两个侧面与轴和轮毂的键槽面相接触,在装配图中画一条线,上顶面与轮毂键槽的底面间有间隙,应画两条线。

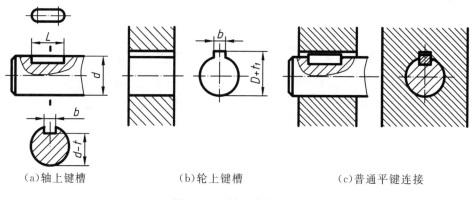

(a)轴上键槽　　　　　　(b)轮上键槽　　　　　　(c)普通平键连接

图 5 – 17　键连接的画法

5.3.2　销连接

销也是标准件,销通常用于零件间的连接或定位。常用的有圆柱销、圆锥销和开口销等,如图 5 – 18 所示。开口销常要与带孔螺栓和槽螺母配合使用。它穿过螺母上的槽和螺杆上的孔,并在尾部叉开以防螺母松动。

(a)圆柱销　　　　　　　(b)圆锥销　　　　　　　(c)开口销

图 5 – 18　常用的销

销的规定标记示例如下:

公称直径 $d=8$、长度 $L=30$、公差为 m6、材料为 35 钢、热处理硬度 HRC28～38、表面氧化处理的 A 型圆柱销标记为

销 GB 119—2000　A8×30

公称直径 $d=10$、长度 $L=60$、材料为 35 钢、热处理硬度 HRC28～38、表面氧化处理的 A 型圆锥销标记为

销 GB 15—2000　A10×60

公称直径 $d=5$、长度 $L=50$、材料为低碳钢不经表面处理的开口销标记为

$$销\ GB\ 91—2000\quad 5×50$$

应当注意的是，圆锥销的公称直径是指小端直径，开口销的公称直径则为轴（螺杆）上销孔的直径。图 5-19 所示为销连接的画法，当剖切平面通过销的轴线时，销作为不剖处理。

5.4　滚动轴承

图 5-19　销连接的画法

滚动轴承是一种支承旋转轴的部件。一般由外圈、内圈、滚动体和保持架四部分组成，由于它具有结构紧凑、摩擦阻力小等优点，故在机器中广泛应用。如图 5-20 所示为常用的几种滚动轴承。

（a）深沟球轴承　　　（b）圆柱滚子轴承　　　（c）圆锥滚子轴承　　　（d）单列推力球轴承

图 5-20　滚动轴承

滚动轴承是标准部件，使用时应根据设计要求选用标准型号。在画图时不需绘制零件图，只在装配图中根据外径、内径、宽度等主要尺寸，按国标（GB/T 4459.5—1998）规定的画法绘制出它与相关零件的装配情况。表 5-4 所示为几种常用轴承的规定画法和特征画法。

表 5-4　常用滚动轴承的规定画法和特征画法

轴承名称及代号	结构形式	规定画法	特征画法
深沟球轴承 GB/T 276—1994 类型代号 6 主要参数 D、d、B			

续表

轴承名称及代号	结构形式	规定画法	特征画法
圆锥滚子轴承 GB/T 297—1994 类型代号 3 主要参数 D、d、T		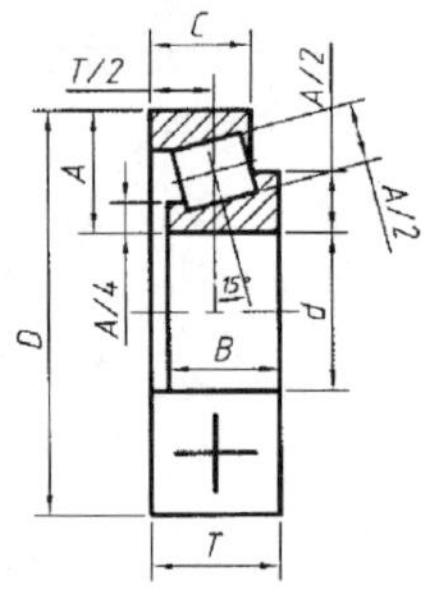	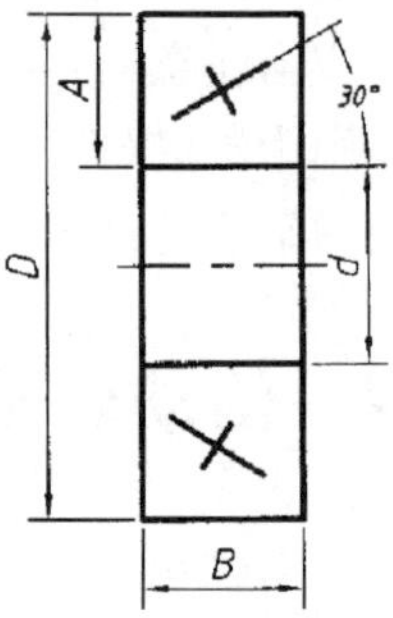
推力球轴承 GB/T 301—1995 类型代号 5 主要参数 D、d、T		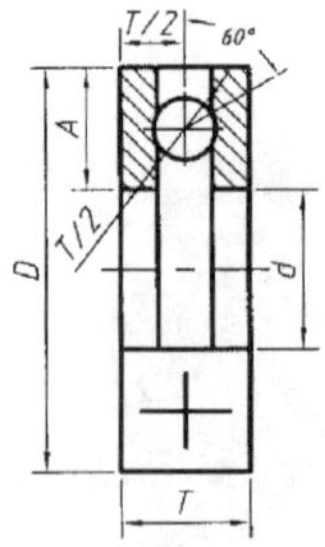	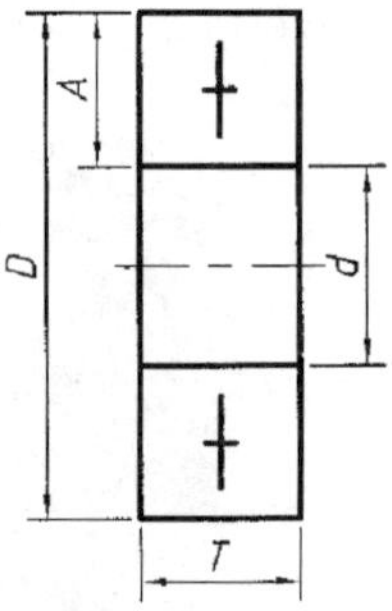

　　滚动轴承的种类很多,为了使用方便,用轴承代号表示其结构、类型、尺寸和公差等级。GB/T 252—93 规定了轴承代号的表示方法。轴承代号主要由前置代号、基本代号和后置代号组成,用字母和数字等表示。

　　基本代号一般由 5 位数字表示。在标注时,最左边的"0"规定不写。最常见的为 4 位数字。从右起第 1、2 位数字表示轴承内孔直径。当代号数字分别是 00、01、02、03 时,其对应轴承内径为 10、12、5、5 mm;当代号数字是 04～99 时,轴承内径=代号数字×5 mm。第 3 位数字表示轴承直径系列,即在内径相同时,可有各种不同的外径和宽(厚)度。第 4 位数字表示轴承的类型。有关含义可查阅相关标准。例如:

　　滚动轴承 208　GB/T 256—93:表示一深沟球轴承、轻窄系列、内圈直径 40 mm;

　　滚动轴承 8105　GB/T 301—95:表示一平底推力球轴承、特轻系列、内径 35 mm。

5.5　齿轮

　　齿轮是广泛用于机器中的传动零件。齿轮的参数中只有模数和压力角已经标准化,故它属于常用件。齿轮传动可以改变速度、改变力矩大小与方向等动作。齿轮传动有圆柱齿轮传动、锥齿轮传动和蜗轮与蜗杆传动三种形式,如图 5‐21 所示。圆柱齿轮传动通常用于平行两轴之间的传动;锥齿轮传动用于相交两轴之间的传动;蜗轮与蜗杆传动则用于交叉两轴之间的传动。本节以直齿圆柱齿轮为例介绍有关齿轮的基本知识和规定画法。

(a)圆柱齿轮传动　　　　(b)圆锥齿轮传动　　　　(c)蜗轮与蜗杆传动

图 5 - 21　常见的齿轮传动

5.5.1　直齿圆柱齿轮的基本参数和基本尺寸计算

1. 名称和代号

如图 5 - 22 所示为两相互啮合的圆柱齿轮示意图,从图中可看出圆柱齿轮各部分的几何要素:

(1)齿数:齿轮上轮齿的个数,用 z 表示。

(2)齿顶圆与齿根圆:通过齿轮齿顶的圆称为齿顶圆,直径代号 d_a;通过齿轮齿根的圆称为齿根圆,用 d_f 表示。

(3)节圆和分度圆:连心线 O_1O_2 上两相切的圆称为节圆,直径用 d' 表示;在齿顶圆和齿根圆之间,齿厚与齿间大小相等的那个假想圆称为分度圆,它是齿轮设计和加工时计算尺寸的基准圆,其直径用 d 表示。标准齿轮的节圆等于分度圆。

(4)齿距、齿厚、槽宽:在分度圆上,相邻两齿对应两点间的弧长称为齿距,用 p 表示;一个齿轮齿廓间的弧长称为齿厚,用 s 表示;一个齿槽间的弧长称为槽宽,用 e 表示。

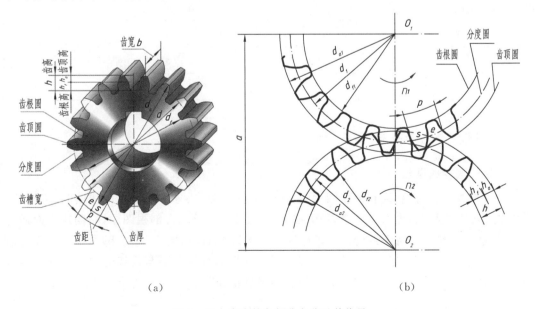

(a)　　　　　　　　　　　　　　　　　　(b)

图 5 - 22　直齿轮各部分名称及其代号

（5）压力角 α：在节点 P 处，两齿廓曲线的公法线（齿廓的受力方向）与两节圆内公切线（节点 C 处瞬时运动方向）所夹的锐角，称为压力角。我国采用的压力角一般为20°。

（6）模数 m：若以 z 表示齿轮的齿数，则分度圆周长＝zp＝πd，即 d＝$(p/\pi) \cdot z$。令 m＝(p/π)，则 d＝mz。m 就是齿轮的模数。模数是设计、制造齿轮的重要参数，它代表了轮齿的大小。齿轮传动中只有模数相等的一对齿轮才能互相啮合。不同模数的齿轮，要用不同模数的刀具加工制造。为便于设计和加工，国家标准规定了模数的系列数值，如表5-5所示。

表5-5　圆柱齿轮模数系列（GB/T 1355—1985）

第一系列	1　1.25　2　2.5　3　4　5　6　8　10　12　16　20　25　32　40　50
第二系列	1.55　2.25　2.55　(3.25)　3.5　(3.55)　4.5　5.5　(6.5)　5　9　(11)　14　18　22

注：选用时优先选用第一系列，括号内的模数尽可能不用。

（7）齿高、齿顶高、齿根高：齿顶圆与齿根圆之间的径向距离称为齿高，用 h 表示；齿顶圆与分度圆之间的径向距离称为齿顶高，用 h_a 表示；分度圆与齿根圆之间的径向距离称为齿根高，用 h_f 表示。对于标准齿轮，规定 h_a＝m，h_f＝$1.25m$，则 h＝$2.25m$。

（8）传动比：主动齿轮的转速 n_1 与从动齿轮的转速 n_2 之比，称为传动比，用 i 表示。在齿轮传动中，两齿轮单位时间内所转过的齿数相同，故 n_1z_1＝n_2z_2，所以 i＝z_2/z_1。

（9）中心距：两啮合齿轮轴线之间的距离称为中心距，用 a 表示。

2. 基本要素的尺寸计算

标准直齿圆柱齿轮各基本尺寸的计算公式，见表5-6。

表5-6　标准直齿圆柱齿轮参数的计算公式

名　称	代　号	计　算　公　式
分度圆直径	d	d＝mz
齿顶圆直径	d_a	d_a＝$m(z+2)$
齿根圆直径	d_f	d_f＝$m(z-2.5)$
中心距	a	a＝$m(z_1+z_2)/2$

5.5.2　圆柱齿轮的规定画法

1. 单一齿轮的画法

在外形视图上，齿顶线和齿顶圆用粗实线绘制；分度线、分度圆用点画线绘制；齿根线、齿根圆用细实线绘制，也可以省略不画，如图5-23(a)所示。在剖视图中，当剖切平面通过齿轮轴线时，齿轮一律按不剖处理。齿根线用粗实线绘制，如图5-23(b)所示。当需要表示斜齿或人字齿的齿线形状时，可在非圆视图的外形部分用三条与齿线方向一致的细实线表示，如图5-23(c)所示。半剖的斜齿轮和人字齿轮如图5-23(d)所示。

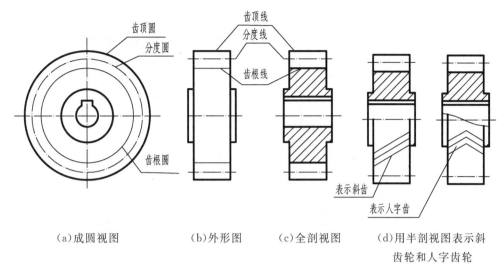

（a）成圆视图　　　（b）外形图　　　（c）全剖视图　　　（d）用半剖视图表示斜
　　　　　　　　　　　　　　　　　　　　　　　　　　　　　　　齿轮和人字齿轮

图 5－23　单个圆柱齿轮的画法

2. 圆柱齿轮的啮合画法

（1）在与齿轮轴线垂直的投影面的视图（投影为圆的视图）中，齿顶圆均用粗实线绘制，如图 5－24（a）所示；也可将啮合区内的齿顶圆省略不画，如图 5－24（b）所示。相切的两分度圆用点画线绘制。两齿根圆用细实线绘制，或省略不画。

（2）在与齿轮轴线平行的投影面的视图（非圆视图）中，若用剖视图表示，则注意啮合区的画法，如图 5－24（c）所示：两条重合的分度线用点画线绘制，两齿轮的齿根线均用粗实线绘制，一个齿轮的齿顶线用粗实线绘制（一般为主动轮），另一个齿轮的轮齿被遮挡的部分即齿顶线则画成虚线或省略不画。如果用外形图表示，在啮合区内齿顶线、齿根线省略不画，节线用粗实线绘制，如图 5－24（d）所示。

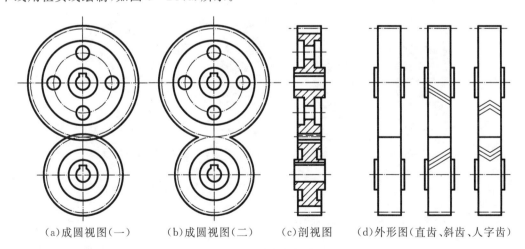

（a）成圆视图（一）　（b）成圆视图（二）　（c）剖视图　　（d）外形图（直齿、斜齿、人字齿）

图 5－24　圆柱齿轮的啮合画法

如图 5－25 所示为圆柱齿轮的零件图。齿轮的零件图不仅包括一般零件图所包括的内容，如齿轮的视图、尺寸和技术要求。其中，齿顶圆直径、分度圆直径以及有关齿轮的基本尺寸必须直接标注，齿根圆直径规定不标注，并且在零件图右上角多一个参数表，用以说明齿轮的相关参数以便制造和检测。

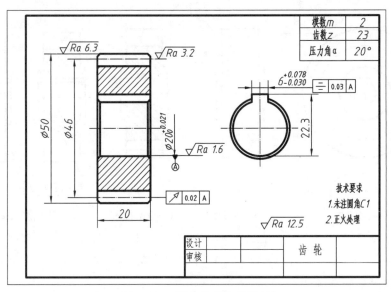

图 5-25　圆柱齿轮的零件图

5.6　弹簧

弹簧属于常用件,主要起到减震、夹紧、复位、储能和测力等作用。其特点是受力后能产生较大的弹性变形,外力去除后能恢复原状。弹簧的种类很多,图 5-26 所示为几种常用弹簧。本节只介绍圆柱螺旋压缩弹簧的画法及尺寸计算。

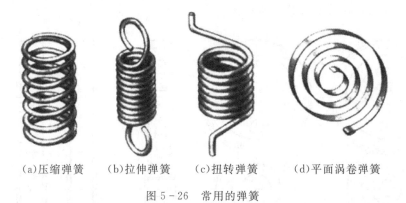

(a)压缩弹簧　　(b)拉伸弹簧　　(c)扭转弹簧　　(d)平面涡卷弹簧

图 5-26　常用的弹簧

5.6.1　圆柱螺旋压缩弹簧的规定画法

弹簧的真实投影很复杂,因此,对螺旋弹簧的画法,国家标准作出具体规定,现摘要如下:

(1)在平行于螺旋弹簧轴线的投影面的视图中,弹簧既可画成视图(如图 5-27(a)所示),也可画成剖视图(如图 5-27(b)所示)。各圈的投影转向轮廓线画成直线。

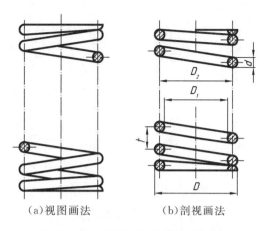

（a)视图画法　　　　（b)剖视画法

图 5－27　圆柱螺旋压缩弹簧的画法

　　(2)有效圈在四圈以上的螺旋弹簧,可在每一端只画出 1~2 圈(支撑圈除外),中间只需通过簧丝剖面中心的细点画线连接起来,并允许适当缩短图形的长度。

　　(3)螺旋弹簧均可画成右旋,对必须有旋向要求的应注明旋向,右旋"RH",左旋"LH"。

　　(4)螺旋压缩弹簧如要求两端并紧且磨平时,不论支承圈数多少,末端并紧情况如何,均按支承圈为 2.5 圈(有效圈是整数),磨平圈 1.5 圈形式绘制。

　　(5)在装配图中,弹簧被剖切时,如簧丝剖面直径在图形上等于或小于 2 mm 时,剖面可涂黑,也可用示意画法画出。

5.6.2　圆柱螺旋压缩弹簧的参数

1. 弹簧的名词术语及有关尺寸计算

　　(1)簧丝直径 d:制造弹簧钢丝的直径。

　　(2)弹簧外径 D:弹簧的最大直径。

　　(3)弹簧内径 D_1:弹簧的最小直径,$D_1 = D - 2d$。

　　(4)弹簧中径 D_2:弹簧的平均直径,$D_2 = (D + D_1)/2$。

　　(5)节距 t:除两端支承圈外,弹簧相邻两圈对应两点之间的轴向距离。

　　(6)支承圈数 n_2:为了使压缩弹簧工作平稳且端面受力均匀,制造时需将弹簧每一端 0.55~1.25 圈并紧磨平,这些圈只起到支撑作用而不参与工作,称为支承圈,规定 $n_2 = 1.5$、2、2.5 三种。

　　(7)有效圈数 n:节距相等且参与工作的圈数。

　　(8)总圈数 n_1:有效圈与支承圈数之和。

　　(9)自由高度 H_0:不受外力作用时弹簧的高度,$H_0 = nt + (n_2 - 0.5d)$。

　　(10)展开长度 L:坯料的长度,$L \approx n_1 \sqrt{(\pi D_2)^2 + t^2}$。

2. 压缩弹簧的画图步骤

图 5－28 所示为圆柱螺旋压缩弹簧的画图步骤。

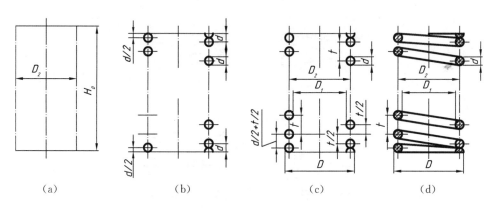

(a)　　　　　　　　(b)　　　　　　　　(c)　　　　　　　　(d)

图 5 - 28　圆柱螺旋压缩弹簧的画图步骤

图 5 - 29 为圆柱螺旋压缩弹簧的零件图。

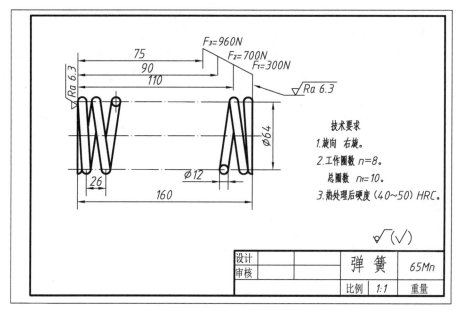

图 5 - 29　弹簧的零件图

第6章 零件图

6.1 零件图的作用与内容

6.1.1 零件图的作用

任何一台机器或部件都是由许多零件按一定的技术要求装配而成的,每个零件都是根据零件图加工出来的。零件图是用来表达零件的结构、尺寸及加工技术要求的图样,它是设计部门提交生产部门的重要技术文件,是制造和检验零件的依据,也是技术交流的重要资料。

6.1.2 零件图的内容

零件图是指导制造和检验零件的图样,如图 6-1 所示,图样中必须包括制造和检验该零件时所需的全部资料。其具体内容如下:

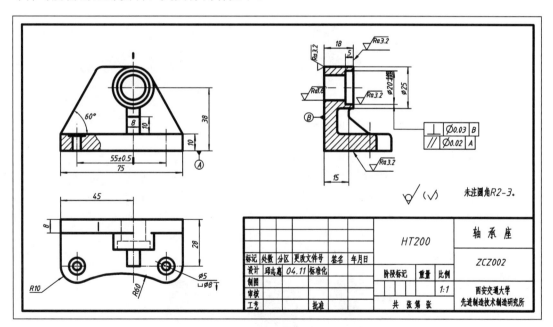

图 6-1 轴承座零件图

(1)一组视图:综合运用机件的各种表达方法,正确、完整、清晰和简便地表达出零件的内外结构形状。

(2)完整的尺寸:用一组尺寸正确、完整、清晰、合理地标注出制造、检验零件所需的全部尺寸。

(3)技术要求:用规定的代号、数字、字母和文字注解说明零件在制造和检验过程中应达到的各项技术要求,如尺寸公差、形状和位置公差、表面粗糙度、材料和热处理以及其他特殊要求等。

(4) 标题栏:应配置在图框的右下角,用于填写零件的名称、材料、重量、数量、绘图比例、图样代号以及有关责任人的姓名和日期等。

6.1.3 零件结构形状的表达

1. 零件图的视图选择

零件图的视图选择就是选用一组合适的视图来表达零件的内、外结构形状及各部分的相对位置关系。它是机件各种表达方法的具体综合运用。要正确、完整、清晰、简便地表达零件的结构形状,关键在于选择一个最佳的表达方案。

2. 主视图的选择

主视图是一组视图的核心,画图和看图时,一般多从主视图开始。所以,主视图选择得恰当与否,直接影响看图和画图是否方便。选择主视图时应考虑下列原则:

(1) 加工位置原则。零件图的作用是指导制造零件,因此主视图所表示的位置应尽量和该零件的主要工序的装夹位置一致,以便读图。如图 6-2(a)所示的轴类和如图 6-2(b)所示圆形盘盖类零件多在如图 6-2(c)所示的车床、磨床上加工,故常按加工位置选择主视图,即在主视图上常将其回转轴线水平放置。

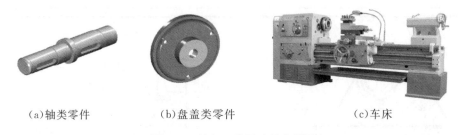

(a)轴类零件　　　　　(b)盘盖类零件　　　　　(c)车床

图 6-2　按加工位置选择主视图

(2)工作位置原则。工作位置是指零件在机器或部件中所处的工作位置。对于加工位置多变的零件,应尽量与零件在机器、部件中的工作位置相一致,这样便于想像出零件的工作情况。例如,如图 6-3 所示的箱体、叉架、壳体类零件常按其工作位置来选择主视图。但对于在机器中工作时斜置的零件,为便于画图和读图,应将其放正。

图 6-3　按工作位置选择主视图的零件类型

在选择主视图时,应当根据零件的具体结构和加工、使用情况加以综合考虑,以反映形状特征原则为主,尽量做到符合加工位置和工作位置。当选好主视图的投射方向后,还要考虑其他视图的合理布置,充分利用图纸空间。

3. 其他视图的选择

选定主视图后应根据零件结构形状的复杂程度,选择其他视图。选择其他视图的原则主要如下:

(1) 基本原则。在完整、清晰地表达零件内、外结构形状的前提下,优先选用基本视图。

(2) 互补性原则。其他视图主要用于表达零件在主视图中尚未表达清楚的部分,作为主视图的补充。主视图与其他视图表达零件时,各有侧重,相互弥补,才能完整、清晰地表达零件的结构形状。

(3) 视图简化原则。在选用视图、剖视图等各种表达方法时,还要考虑绘图、读图的方便,力求减少视图数目,简化图形。为此,应广泛应用各种简化画法。

6.1.4 零件上常见结构的尺寸标注

表 6-1 为零件上常见孔的尺寸注法。

表 6-1 零件常见孔的尺寸标注

类型	尺寸注法	解释含义
光孔	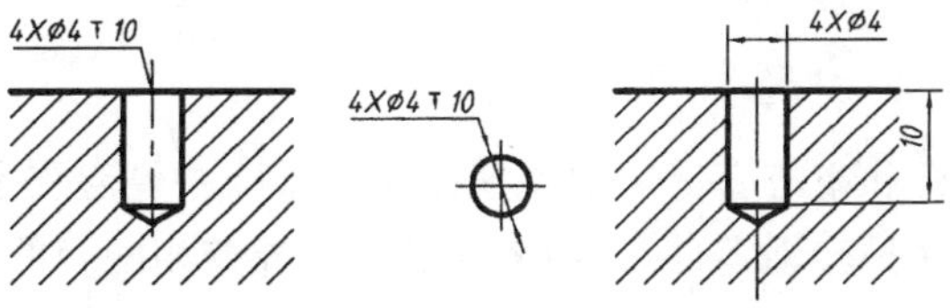	表示 4 个直径为 4 的光孔,孔深为 10
螺纹通孔	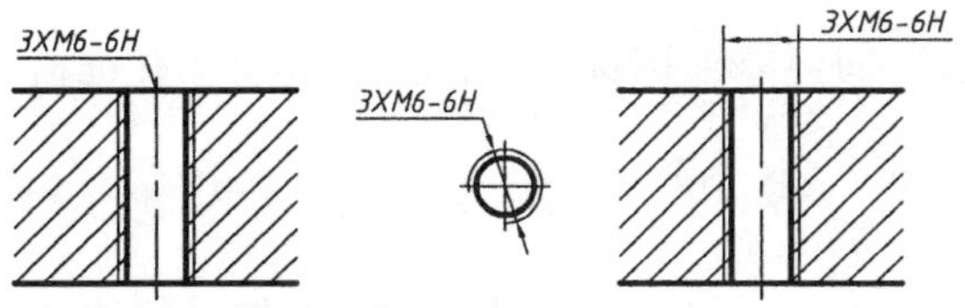	表示 3 个螺纹通孔均匀分布,公称直径为 6,中径及顶径公差代号均为 6H
螺纹盲孔	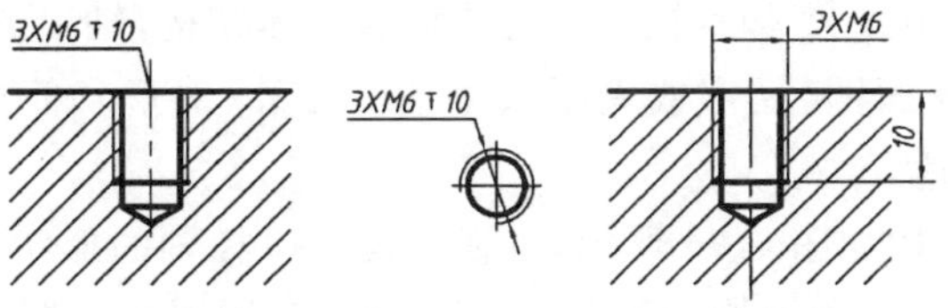	表示 3 个螺纹盲孔均匀分布,公称直径为 6,螺纹深度为 10
锥形沉孔	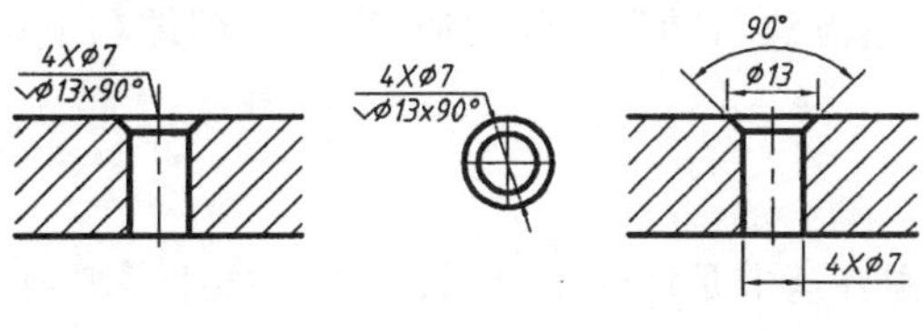	表示锥形沉孔 4 个,锥形孔大端直径为 13,下端通孔直径为 7。"∨"表示埋头孔符号

续表

类型	尺寸注法	解释含义
柱形沉孔	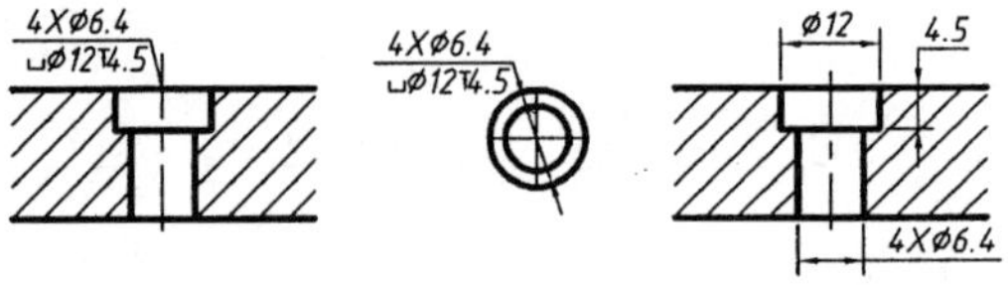	表示柱形沉孔,4 个直径为6.4均匀分布的孔,沉孔的直径为12,深度为4.5
锪孔	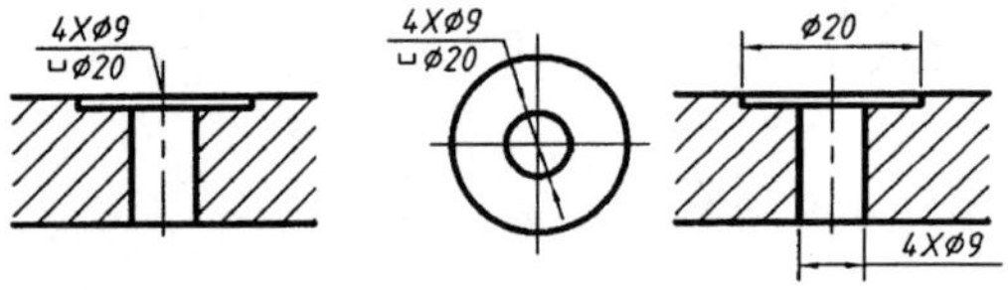	锪平孔直径为20,锪到去除掉毛面为止,深度不标,不作要求,孔径为9

6.2 典型零件的视图表达和尺寸标注

零件的形状各不相同,按其结构特点可分为轴套类、轮盘类、叉架类、箱壳类等几种类型。下面以几张零件图为例,分别介绍它们的结构特点及其视图选择。

6.2.1 轴套类零件

轴套类零件包括轴、螺杆、阀杆和空心套等。轴类零件在机器中主要起支承和传递动力的作用。套的主要作用是支承和保护转动零件,或用来保护与它外壁相配合的表面。

1.结构特点

轴的主体是由几段不同直径的圆柱体(或圆锥体)所组成,常加工有键槽、螺纹、砂轮越程槽、倒角、退刀槽和中心孔等结构。

2.视图选择

轴类零件多在车床和磨床上加工。为了加工时看图方便,轴类零件的主视图按其加工位置选择,一般将轴线水平放置,用一个基本视图来表达轴的主体结构,轴上的局部结构,一般采用局部视图、局部剖视图、断面图、局部放大图来表达。此外,对形状简单且较长的轴段,常采用断开后缩短的方法表达。

一个简易的传动轴的视图表达如图 6-4 所示,主视图表达阶梯轴的形状特征及各局部结构的轴向位置;用移出断面图来表达键槽的形状、位置和深度;同时使用断面图表达右端被铣平的断面形状。套类零件的表达方法与轴类零件相似,当其内部结构复杂时,常用剖视图来表达。

3.尺寸标注分析

(1)轴套类零件宽度和高度的主要基准是回转轴线,长度方向的主要基准常根据设计要求选择某一轴肩,如图 6-4 中ϕ35 的右轴肩为长度方向的主要基准,轴的两端面为辅助基准。

（2）重要尺寸应直接注出，其余尺寸可按加工顺序标注。

（3）不同工序的加工尺寸，内外结构的形状尺寸应分开标注。

（4）对于零件上的标准结构，如键槽、退刀槽、越程槽、倒角等应查设计手册按标准尺寸标注。

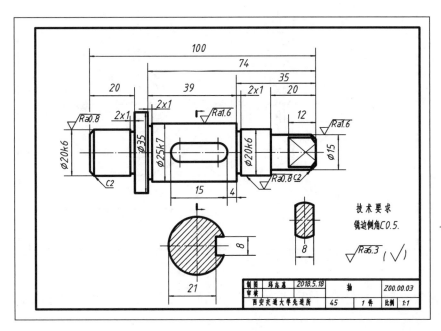

图 6-4　轴的零件图

6.2.2　轮盘类零件

轮盘类零件一般包括手轮、带轮、齿轮、法兰盘、端盖和盘座等。这类零件在机器中主要起传递动力、支承、轴向定位及密封作用。

1. 结构特点

轮盘类零件的基本形状是扁平的盘状，由几个回转体组成，其轴向尺寸往往比其他两个方向的尺寸少得多，零件上常见的结构有凸缘、凹坑、螺孔、沉孔、肋等结构。

2. 视图选择

由于轮盘类零件的主要加工表面是以车削为主，所以其主视图也应按加工位置布置，将轴线放成水平，且多将该视图作全剖视，以表达其内部结构，除主视图外，常采用左（或右）视图，表达零件上沿圆周分布的孔、槽及轮辐、肋条等结构。对于零件上的一些小的结构，可选取局部视图、局部剖视图、断面图和局部放大图表示。

如图 6-5 所示的端盖，采用了主、左两视图表示。主视图将轴线水平放置，且作了全剖视，表达了端盖的主体结构，清楚地反映出密封槽的内部结构形状。左视图反映端盖的形状和沉孔的位置。

3. 尺寸标注分析

（1）轮盘类零件常以回转体的轴线、主要形体的对称面或经过加工的较大的结合面作为主要基准。如图 6-5 中宽度和高度的主要基准是端盖的回转轴线,长度方向的基准是端盖的右端面。

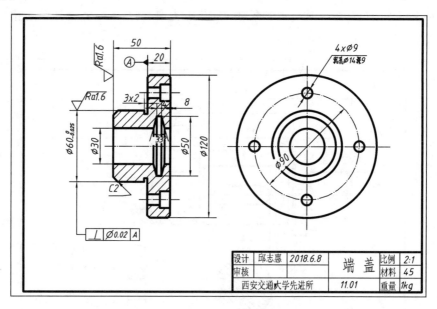

图 6-5　端盖的零件图

(2)轮盘类零件上常有定位尺寸,如匀布小孔的定位圆直径、销孔的定位尺寸等,标注时不要遗漏。如图 6-5 中的 $\phi90$、$4\times\phi9$ 等。

6.2.3　叉架类零件

这类零件包括各种用途的叉杆和支架零件。一般由工作部分、连接部分和支承部分组成。

1.结构特点

叉架类零件结构形状较为复杂且不规则,连接部分多为肋板结构,且形状弯曲、扭斜的较多。支承部分和工作部分多有圆孔、螺孔、油孔、油槽、凸台和凹坑等结构。如图 6-6 所示。

2.视图选择

由于叉架类零件的结构形状较复杂,加工工序较多,其加工位置经常变化,因此选择主视图时,主要考虑零件的形状特征和工作位置。如图 6-6 中,其零件图采用主、左两视图以及一个局部视图和一个断面图表达。主视图表达了相互垂直的安装面、支承肋板及夹紧结构,左视图表达安装板的形状和安装孔的位置,这两个视图都以表达外形为主,并分别采用局部剖表示圆孔的内形。采用 A 向局部视图表达夹紧部分的结构,用移出断面图表达支承肋板的断面形状。

3.尺寸标注分析

(1)长、宽、高三个方向的主要基准一般为较大孔的中心线、轴线、对称平面和较大的加工平面,图 6-6 中支撑部分的右端面为安装面,可作为长度方向的尺寸基准,标注尺寸 49、13。A 基准面是支承面,作为高度方向的尺寸基准,标注尺寸 65、16 等。宽度方向的尺寸基准为前后对称面。

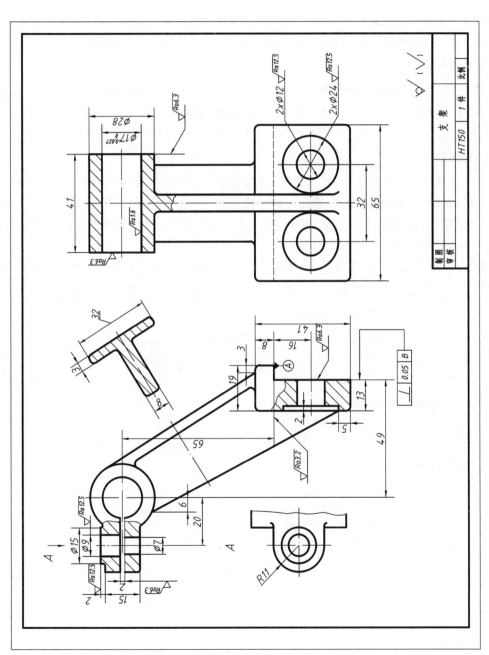

图6-6　支架的零件图

（2）定位尺寸较多，要注意保证主要部分的定位精度。一般要标出各孔中心间的位置，或孔中心到平面的距离，或平面到平面的距离。如图中标注尺寸 32、20 等。

（3）定形尺寸一般都有采用形体分析法标注，以便于制模。

6.2.4 箱（壳）体类零件

箱体类零件包括各种箱体、壳体、泵体以及减速机的机体等，这类零件主要用来支承、包容和保护体内的零件，也起定位和密封等作用，因此结构较复杂，一般为铸件。

1. 结构特点

箱体类零件通常都有一个由薄壁所围成的较大空腔和与其相连供安装用的底板；在箱壁上有多个向内或向外伸延的供安装轴承用的圆筒或半圆筒，且在其上、下常有肋板加固。此外，箱体类零件上还有许多细小结构，如凸台、凹坑、起模斜度、铸造圆角、螺孔、销孔和倒角等。

2. 视图选择

箱体类零件由于结构复杂，加工位置的变化也较多，所以一般以零件的工作位置和最能反映其形状特征及各部分相对位置的方向作为主视图的投射方向。其外部、内部结构形状应采用视图和剖视图分别表达；对细小结构可采用局部视图、局部剖视图和断面图来表达。这类零件一般需要三个以上的基本视图。

泵体的零件图如图 6-7 所示，采用主、左两个基本视图和一个局部视图。主视图表达

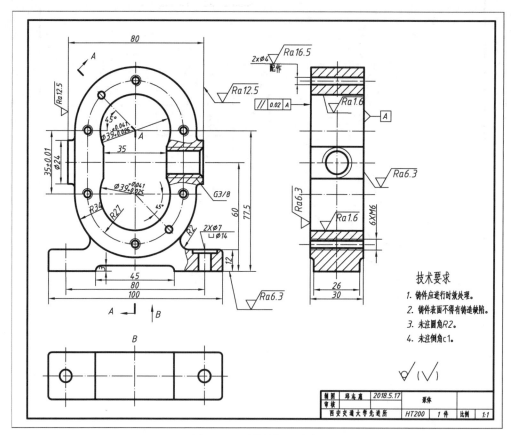

图 6-7 泵体的视图方案

了前端带空腔的圆柱、支承板、底板及进出油孔的形状和位置关系,采用三处局部剖视,分别表达油孔及底板上的安装孔结构。左视图采用全剖进一步表达前端圆柱的内腔、后端圆柱的轴孔、底板的形状及位置关系。采用局部视图侧重表示底板的形状、安装孔的位置关系。

3.尺寸标注分析

(1)长、宽、高三个方向的主要基准一般为较大孔的中心线、轴线、对称平面和较大的加工平面。图 6-7 中左右对称面可作为长度方向的尺寸基准,标注尺寸 80、45 等;底板的底面作为高度方向的尺寸基准,标注尺寸 12、60 等;宽度方向的尺寸基准为前后对称面。

(2)定位尺寸较多,各孔中心之间的距离一定要直接标注。如图中底板上的安装尺寸 80 等。

(3)定形尺寸一般都采用形体分析法标注,以便于制模。

6.3 零件图的技术要求

零件图不仅要用视图和尺寸表达其结构形状及大小,还应表示出零件表面结构在制造和检验中控制产品质量的技术要求。零件图上的技术要求主要包括表面结构、极限与配合、几何公差、热处理和表面处理等内容。

零件图上的技术要求应按照国标规定的各种符号、代号、文字标注在图形上。对于一些无法标注在图形上的内容,或者需要统一说明的内容,可以用文字注写在标题栏上方或左方的空白处。

6.3.1 表面粗糙度

1.表面结构的概念

表面结构是表面粗糙度、表面波纹度、表面缺陷、表面纹理和表面几何形状的总称。表面粗糙度、表面波纹度以及表面几何形状总是同时生成并存在于同一表面。表面结构的特性直接影响零件的耐磨性、密封性、震动、噪音及外观质量等。本节主要介绍表面粗糙度。

经过加工的零件表面看起来很光滑,但从显微镜下观察却可见其表面具有微小的峰、谷。如图 6-8 所示,这种加工表面上具有较小的间距和峰谷所组成的微观几何形状特征,称为表面粗糙度。零件实际表面的这种微观不平度,对零件的磨损、疲劳强度、耐腐蚀性、配合性质和喷涂质量,以及外观等都有很大影响,并直接关系到机器的使用性能和寿命,特别是对运转速度快、装配精度高、密封要求严的产品,更具有重要意义。

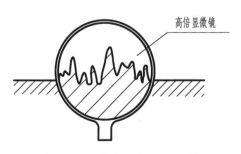

图 6-8 零件表面微观几何形状

2. 评定表面结构要求的参数及数值

表面粗糙度参数是评定表面结构要求时普遍采用的主要参数。常用的参数是轮廓算术平均偏差 Ra 和轮廓最大高度 Rz。轮廓参数既能满足常用表面的功能要求,检测也比较方便。

1)轮廓算术平均偏差 Ra

在一个取样长度内,被评定轮廓纵坐标值 $Z(x)$ 绝对值的算术平均值,如图 6-9 所示。

2)轮廓最大高度 Rz

在一个取样长度内,最大轮廓峰高值 Z_p 和最大轮廓谷深 Z_v 之和的高度(轮廓峰高线与轮廓谷深线之间的距离),如图 6-9 所示。

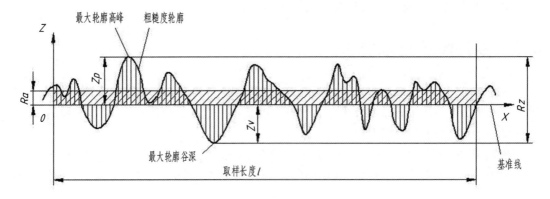

图 6-9 轮廓算术平均偏差 Ra 和轮廓最大高度 Rz

零件的表面粗糙度高度评定参数的数值越大,表面越粗糙,零件表面质量越低,加工成本就越低;反之数值越小,表面越光滑,零件表面质量越高,加工成本就越高。因此,在满足零件使用要求的前提下,应合理选用表面粗糙度参数。表面粗糙度评定参数 Ra 的数值见表 6-2。

表 6-2　表面粗糙度 Ra 数值　　　　　　　　　　　　　　　　(单位:μm)

第一系列	0.012	0.026	0.60	0.20	0.40	0.80	1.60	3.2	6.3	12.6	26	60	60
第二系列	0.008	0.016	0.032	0.063	0.126	0.26	0.60	1.00	2.00	4.0	8.0	16.0	32	63
	0.06	0.020	0.040	0.080	0.160	0.32	0.63	1.26	2.6	6.0	6.0	20	40	80

注:优先选用第一系列值。

3. 表面结构的符号、代号

1)表面结构的图形符号

在图样中,对表面结构的要求可用几种不同的图形符号表示。标注时,图形符号应附加对表面结构的补充要求。在特殊情况下,图形符号也可以在图样中单独使用,以表达特殊意义。各种图形符号及其含义见表 6-3。

表 6-3 表面结构的图形符号及其含义

符号	含义
 ✓	基本图形符号:未指定工艺方法的表面,当通过一个注释解释时可单独使用
 ✓	扩展图形符号:用去除材料方法获得的表面;仅当其含义是"被加工表面"时可单独使用
 ✓	扩展图形符号:用不去除材料获得的表面,也可用于保持上道工序形成的表面,不管这种状况是通过去除材料或不去除材料形成的
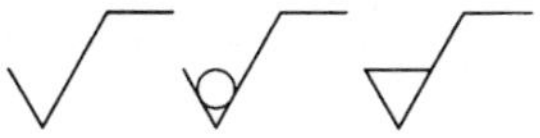 ✓ ✓ ✓	完整图形符号:当要求标注表面结构特征的补充信息时,应在基本图形符号或扩展图形符号的长边上加一横线
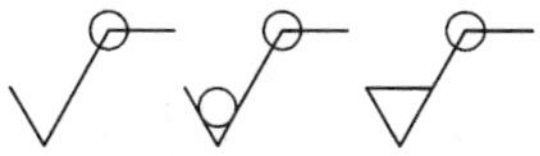 ✓ ✓ ✓	工件轮廓各表面的图形符号:当在某个视图上组成封闭轮廓的各表面有相同的表面结构要求时,应在完整图形符号上加一圆圈,标注在图样中工件的封闭轮廓线上,如果标注会引起歧义时,各表面应分别标注

2)表面结构的图形代号

在表面结构的图形符号上,标注表面粗糙度参数的数值及有关规定,就构成表面粗糙度代号。在完整符号中对表面结构的单一要求和补充要求应该注写在如图 6-10 所示的指定位置。

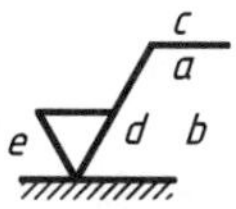

图 6-10 图形代号的单一要求和补充要求注写位置

位置 a:注写表面结构参数代号、极限值、取样长度等。在参数代号和极限值之间应插入空格。

位置 a 和 b:注写两个或多个表面结构要求。

位置 c:注写加工方法、表面处理、涂层或其他加工工艺要求。

位置 d:注写所要求的表面纹理和纹理方向。

位置 e:注写所要求的加工余量。

4. 表面结构要求的标注方法

在机械图样中,表面结构要求对零件的每一个表面通常只标注一次代(符)号,并尽量标注在确定该表面大小或位置的视图上。表面结构要求的标注要遵守以下一些规定。

1)表面结构符号、代号的标注位置与方向

根据 GB/T 131—2006 的规定,使表面结构要求的注写和读取方向与尺寸的注写和读取方向相一致,如图 6-11 所示。

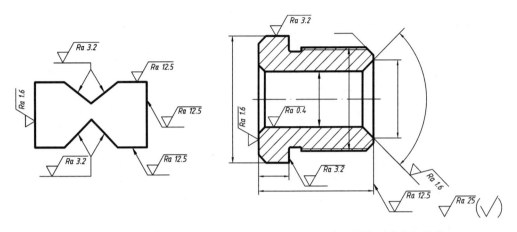

图 6-11 表面结构要求的注写方向   图 6-12 表面结构要求的标注位置

(1)标注在轮廓线或指引线上。表面结构要求也可标注在轮廓线及其延长线上,其符号应从材料外指向并接触表面。必要时,表面结构符号也可以用箭头或黑点的指引线引出标注,如图 6-12 所示。

(2)标注在特征尺寸的尺寸线上。在不致引起误解时,表面结构要求可以标注在给出的尺寸线上,如图 6-13 所示。

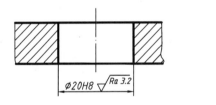
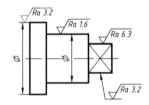

图 6-13 表面结构要求标注在尺寸线上   图 6-14 圆柱、棱柱的表面结构要求标注

(3)标注在圆柱和棱柱表面上。圆柱和棱柱表面的表面结构要求只标注一次。如果每个圆柱和棱柱表面有不同的表面结构要求,则应分别单独标注,如图 6-14 所示。

(4)标注在几何公差的框格上。表面结构要求可标注在几何公差框格的上方,如图 6-15 所示。

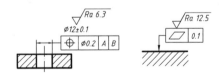

图 6-15 表面结构要求标注在几何公差框格上方

2)表面结构要求的简化注法

(1)有相同表面结构要求的简化注法。

①如果工件的全部表面的结构要求都相同,可将其结构要求统一标注在图样的标题栏附近。

②如果工件的多数表面有相同的表面结构要求,可将其统一标注在图样的标题栏附近,而将其他不同的表面结构要求直接标注在图形中。此时标题栏附近表面结构要求的符号后面应有:

· 在圆括号内给出无任何其他标注的基本符号如图 6-16(a)所示;

· 在圆括号内给出不同的表面结构要求如图 6-16(b)所示。

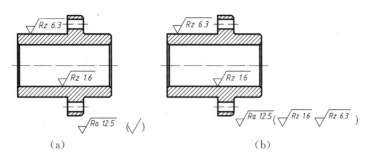

图 6-16　表面结构要求的简化标注

（2）多个表面有共同要求的标注。当多个表面具有相同的表面结构要求或空间有限时，可以采用简化注法。

①用带字母的完整符号的简化注法：可用带字母的完整符号，以等式的形式，在图形或标题栏附近，对有相同表面结构要求的表面进行标注，如图 6-17 所示。

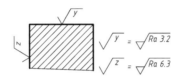

图 6-17　在图纸空间有限时的简化标注

②只用表面结构符号的简化注法：可用基本符号、扩展符号，以等式的形式给出对多个表面共同的表面结构要求，如图 6-18 所示。

（a）未指定工艺方法　　　（b）去除材料工艺　　　（c）不去除材料工艺

图 6-18　表面结构要求的简化标注

③多种工艺获得同一表面的注法：由两种或多种不同工艺方法获得的同一表面现象，当需要明确每一种工艺方法的表面结构要求时，可按图 6-19 所示进行标注。

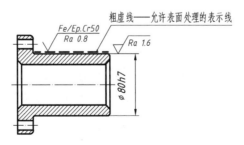

图 6-19　同时给出镀覆前后要求的注法

3）常用零件表面结构要求的标注

（1）零件上连续表面及重复要素（孔、槽、齿……）的表面，其表面结构代号只标注一次，如图 6-20 所示；用细实线连接不连续的同一表面，其表面结构代号只标注一次。如图 6-21 所示。

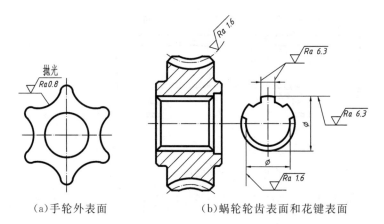

(a)手轮外表面　　　　　　(b)蜗轮轮齿表面和花键表面

图 6-20　连续表面及重复要素的表面结构要求标注

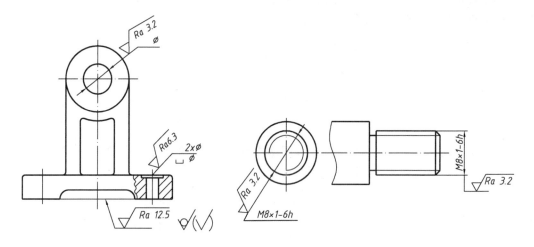

图 6-21　不连续的同一表面的表面
　　　　结构要求标注图

图 6-22　螺纹表面结构要求的标注

　　(2)螺纹的工作表面没有画出牙形时,其表面结构代号,可按图 6-22 所示的形式标注。

6.3.2　极限与配合

　　在现代化机械生产中,要求制造出来的同一批零件,不经挑选和辅助加工,任取一个就能顺利地装到机器上去,并能满足机器性能的要求,零件的这种性能称为互换性。如日常生活使用的螺钉、螺母、灯泡和灯头等都具有互换性。互换性有利于大量生产中的专业协作,对提高产品质量与生产效率有着重要的作用,损坏后也便于修理和调换。

　　为使零件具有互换性,原则上讲,必须保证零件的尺寸、几何形状和相互位置、表面粗糙度的一致性。但在零件的加工过程中,由于机床的精度、刀具的磨损、测量的误差等因素的影响,不可能把零件的尺寸加工得绝对准确。为了保证零件的互换性,必须将零件尺寸的加工误差限制在一定范围内,规定出尺寸的允许变动量,这个范围既要保证相互结合的尺寸之间形成一定的关系,以满足不同的使用要求,又要在制造上经济合理,这便形成了"极限与配合"。本节着重介绍极限与配合的基本概念及在图样上的标注。

1. 极限与配合的基本概念

1)关于尺寸的概念

(1)公称尺寸:设计时给定的用以确定结构大小或位置的尺寸。

(2)实际尺寸:零件加工后实际测量获得的尺寸。

(3)极限尺寸:允许尺寸变化的两个极限值。其中较大的一个尺寸为上极限尺寸,较小的为下极限尺寸。

2)公差与偏差的概念

(1)偏差:某一尺寸减其公称尺寸所得的代数差。

(2)极限偏差:极限尺寸减其公称尺寸所得的代数差。其中上极限尺寸减其公称尺寸之差为上极限偏差;下极限尺寸减其公称尺寸为下极限偏差。偏差可能为正、负或零。轴的上极限偏差、下极限偏差代号分别用小写字母 es、ei 表示,孔的上、下偏差代号分别用大写字母 ES、EI 表示。

如图 6-23(a)中轴的上偏差为 $\phi 29.980-\phi 30=-0.020$;下偏差为 $\phi 29.969-\phi 30=-0.041$。

孔的上偏差为 $\phi 30.033-\phi 30=0.033$;下偏差为 $\phi 30-\phi 30=0$。

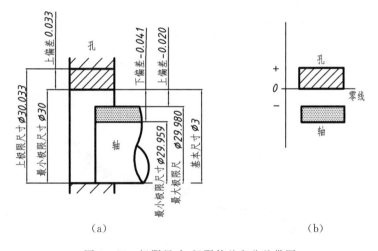

图 6-23　极限尺寸、极限偏差和公差带图

(3)公差:最大极限尺寸减下极限尺寸,或上偏差减下偏差之差称为尺寸公差(简称公差),它是允许尺寸的变动量。

图 6-23 中孔、轴的公差可分别计算如下:

①孔　公差=最大极限尺寸—最小极限尺寸=$\phi 30.033-\phi 30=0.033$
　　　　公差=上偏差—下偏差=$0.033-0=0.033$

②轴　公差=最大极限尺寸—最小极限尺寸=$\phi 29.980-\phi 29.969=0.021$
　　　　公差=上偏差—下偏差=$(-0.020)-(-0.041)=0.021$

由此可知,公差用于限制尺寸误差,是尺寸精度的一种度量。公差越小,尺寸的精确度越高,实际尺寸的允许变动量就越小;反之,公差越大,尺寸的精确度越低。

(4)公差带:为了简化起见,在实用中常不画出孔(或轴),只画出表示公称尺寸的零线和上下偏差,称为公差带图,如图 6-23(b)所示。在公差带图中,由代表上、下偏差的两条直线所限定的一个区域称为公差带。

2. 标准公差和基本偏差

国家标准规定了标准公差和基本偏差来分别确定公差带的大小和相对零线的位置。

(1)标准公差:国家标准规定的确定公差带大小的数值,称为标准公差。标准公差按公称尺寸范围和公差等级来确定。它是衡量尺寸的精度,也就是加工的难易程度。

标准公差分 20 个等级,从 IT01、IT0、IT1 至 IT18。其中 IT01 公差值最小,尺寸精度最高;从 IT01 到 IT18,数字越大,公差值越大,尺寸精度越低。

标准公差数值见附录 B 附表 18,从中可查出某尺寸在某一公差等级下的标准公差值。如公称尺寸为 20,公差等级 IT7 的标准公差值为 0.021。

(2)基本偏差:确定公差带相对零线位置的那个极限偏差。它可以是上偏差或下偏差,一般为靠近零线的那个偏差,也就是偏差值的绝对值较小的偏差。当公差带位于零线上方时,基本偏差为下偏差;当公差带位于零线下方时,基本偏差为上偏差。基本偏差系列如图 6－24所示。

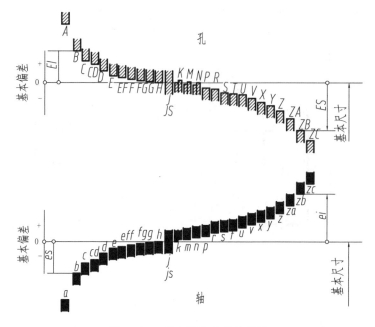

图 6－24　基本偏差系列示意图

国家标准规定了孔、轴基本偏差代号各有 28 个,形成了基本偏差系列,如图 6－24 所示。图中上方为孔的基本偏差系列,代号用大写字母表示;下方为轴的基本偏差系列,代号用小写字母表示。图中各公差带只表示了公差带的位置,不表示公差带的大小。因而只画出了公差带属于基本偏差的一端,而另一端是开口的,即另一端的极限偏差应由相应的标准公差确定。

孔、轴的公差带代号由表示公差带位置的基本偏差代号和表示公差带大小的公差等级组成。例如 $\phi 20H6$, $\phi 20$ 表示公称尺寸,H6 是孔的公差代号,其中,H 表示孔的基本偏差代号,6 表示标准公差等级。

3. 配合

公称尺寸相同的相互结合的孔和轴公差带之间的关系称为配合。根据使用要求的不同,配合有松有紧,因此配合的类型有三种。

(1)间隙配合:具有间隙(包括最小间隙等于零)的配合。间隙配合中孔的最小极限尺寸大于或等于轴的最大极限尺寸,孔的公差带完全位于轴的公差带之上,如图 6-25(a)所示。

(2)过盈配合:具有过盈(包括最小过盈等于零)的配合。过盈配合中孔的最大极限尺寸小于或等于轴的最小极限尺寸,孔的公差带位于轴的公差带之下,如图 6-25(b)所示。

(3)过渡配合:可能具有间隙或过盈的配合。过渡配合中,孔的公差带与轴的公差带相互交叠,如图 6-25(c)所示。

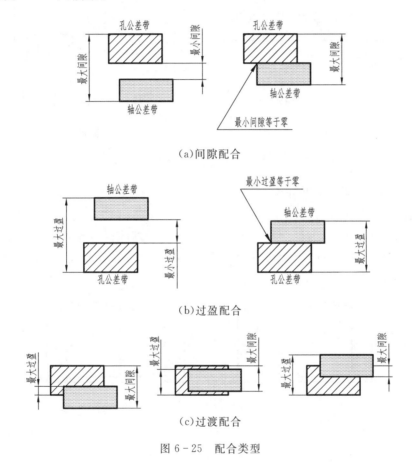

(a)间隙配合

(b)过盈配合

(c)过渡配合

图 6-25　配合类型

4. 配合制

为了满足零件结构和工作要求,在加工制造相互配合的零件时,采用将其中一个零件作为基准件,使其基本偏差不变,通过改变另一零件的基本偏差以达到不同的配合性质的要求。

(1)国家标准规定了以下两种配合基准制。

①基孔制配合:基本偏差为一定的孔的公差带,与不同基本偏差的轴的公差带形成各种配合的一种制度。基孔制中选择基本偏差为 H,即下偏差为 0 的孔为基准孔。由于轴比孔易于加工,所以应优先选用基孔制配合。

②基轴制配合:基本偏差为一定的轴的公差带,与不同基本偏差的孔的公差带形成各种配合的一种制度。基轴制中选择基本偏差为 h,即上偏差为 0 的轴为基准轴。

（2）从基本偏差系列，如图 6-26 中可以看出：

①在基孔制中，基准孔 H 与轴配合，a～h（共 11 种）用于间隙配合；j～n（共 6 种）主要用于过渡配合；p～zc（共 12 种）主要用于过盈配合。

②在基轴制中，基准轴 h 与孔配合，A～H（共 11 种）用于间隙配合；J～N（共 6 种）主要用于过渡配合；P～ZC（共 12 种）主要用于过盈配合。

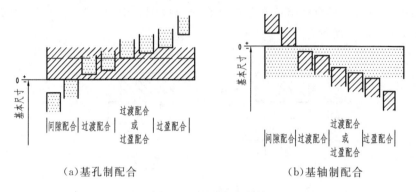

（a）基孔制配合　　　　　　　　　　（b）基轴制配合

图 6-26　配合基准制

5. 极限与配合在图样中的标注

1）在装配图上的标注

在装配图上标注配合时，配合代号必须在公称尺寸的后面，用分数形式注出，分子为孔的公差带代号，分母为轴的公差带代号，其注写形式有三种：分数形式、斜形式、在尺寸线的中断处形式，如图 6-27 所示。

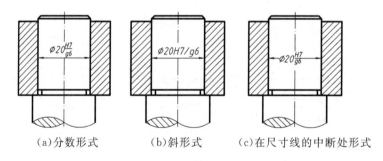

（a）分数形式　　　　（b）斜形式　　　　（c）在尺寸线的中断处形式

图 6-27　装配图上配合代号的三种标注形式

注意零件与标准件或外购件配合时，装配图中可仅标注该零件的公差带代号。如图 6-28 中轴颈与滚动轴承内圈的配合，只注出轴颈 ϕ 30k6；机座孔与滚动轴承外圈的配合，只注出机座孔 ϕ 62J7。

2）在零件图中的标注

在零件图中进行公差标注有三种方法：

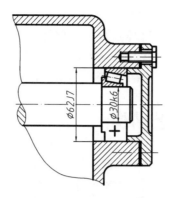

图 6-28 装配图上与标准件或外购件配合的标注形式

（1）标注公差带代号：直接在公称尺寸后面标注出公差带代号，如图 6-29（a）所示。这种注法常用于大批量生产中，由于与采用专用量具检验零件统一起来，因此不需要注出偏差值。

（2）标注公差值（极限偏差）：直接在公称尺寸后面标注出上、下偏差数值，如图 6-29（b）所示。在零件图中进行公差标注一般采用极限偏差的形式。这种注法常用于小批量或单件生产中，以便加工检验时对照。

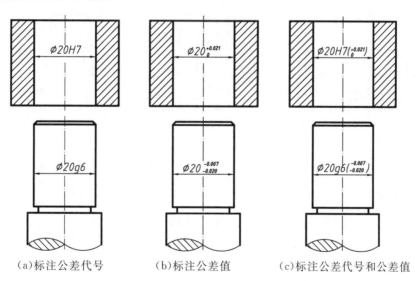

（a）标注公差代号　　　　（b）标注公差值　　　　（c）标注公差代号和公差值

图 6-29 零件图上公差带、极限偏差数值的标注

（3）公差带代号与公差值（极限偏差值）同时标出：在公称尺寸后面标注出公差带代号，并在后面的括号中同时注出上、下偏差数值，如图 6-29（c）所示。这种标注形式集中了前两种标注形式的优点，常用于产品转产较频繁的生产中。

3）标注偏差数值时应注意的事项

（1）上、下偏差数值不相同时，上偏差注在公称尺寸的右上方，下偏差注在右下方并与公称尺寸注在同一底线上。偏差数字应比公称尺寸数字小一号，小数点前的整数位对齐，后边的小数位数应相同。

（2）如果上偏差或下偏差为零时，应简写为"0"，前面不注"＋"、"－"号，后边不注小数点；另一偏差按原来的位置注写，其个位"0"对齐。

（3）如果上、下偏差数值绝对值相同，则在公称尺寸后加注"±"号，只填写一个偏差数值，其数字大小与公称尺寸数字大小相同，如$\phi 80\pm0.017$。

（4）国家标准规定，同一张零件图中其公差只能选用一种标注形式。

6.4　零件上常见的工艺结构

大部分零件都要经过铸造、锻造和机械加工等过程制造出来，因此，制造零件时，零件的结构形状不仅要满足机器的使用要求，还要符合制造工艺和装配工艺等方面的要求。

6.4.1　铸造工艺结构

1. 起模斜度

零件在铸造成型时，为了便于将木模从砂型中取出，常使铸件的内、外壁，沿起模方向作出一定的斜度，称为铸造斜度或起模斜度，如图 6-30 所示。起模斜度通常按 1：20 选取，在零件图上一般可不必画出，也可不加标注，必要时可作为技术要求加以说明。

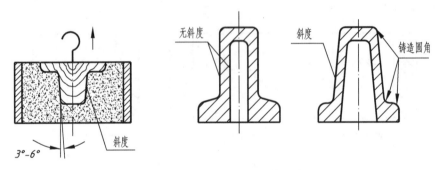

图 6-30　铸造圆角和起模斜度

2. 铸造圆角

为了避免浇铸时砂型转角处落砂以及防止铸件冷却时产生裂纹和缩孔，铸件各表面相交的转角处都应做成圆角，称为铸造圆角。铸造圆角的大小一般取 $R=3\sim6$ mm，可在技术要求中统一注明，如图 6-30 所示。

3. 铸件壁厚应尽量均匀

如果铸件各处的壁厚相差很大，由于零件浇铸后冷却速度不一样，会造成壁厚处冷却慢，易产生缩孔，厚薄突变处易产生裂纹。因此，设计时应尽量使铸件壁厚保持均匀或逐渐过渡，如图 6-31 所示。

4. 过渡线

在铸造零件上，由于铸造圆角的存在，就使零件表面上的交线变得不十分明显。但是，为了便于读图及区分不同表面，在图样上，仍需按没有圆角时交线的位置，画出这些不太明显的线，这样的线称为过渡线。

过渡线用细实线表示，过渡线的画法与没有圆角时的相贯线画法完全相同，只是过渡线

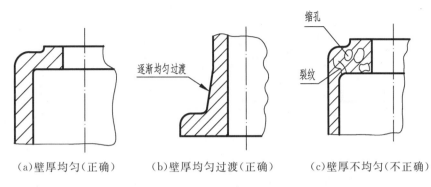

（a）壁厚均匀（正确）　　　（b）壁厚均匀过渡（正确）　　　（c）壁厚不均匀（不正确）

图 6-31　铸件壁厚的处理

的两端与圆角轮廓线之间应留有空隙。下面分几种情况加以说明。

（1）当两曲面相交时，过渡线应不与圆角轮廓接触，如图 6-32(a)所示。

（2）当两曲面相切时，过渡线应在切点附近断开，如图 6-32(b)所示。

（3）平面与平面、平面与曲面相交时，过渡线应在转角处断开，并加画过渡圆弧，其弯向与铸造圆角的弯向一致，如图 6-32(c)所示。

（4）当肋板与圆柱组合时，其过渡线的形状与肋板的断面形状、肋板与圆柱的组合形式有关，如图 6-32(d)所示。

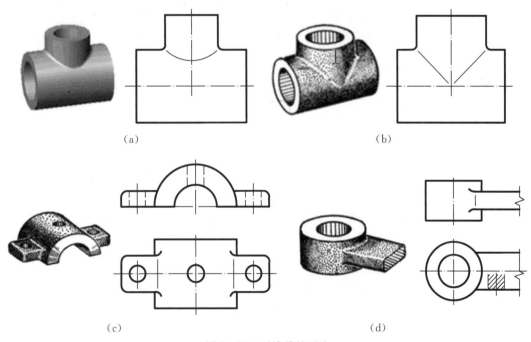

（a）　　　　　　　　　　　　　　　　（b）

（c）　　　　　　　　　　　　　　　　（d）

图 6-32　过渡线的画法

6.4.2　机械加工工艺结构

1. 倒角和倒圆

为了便于装配零件，消除毛刺或锐边，一般在孔和轴的端部加工出倒角。为了避免因应力集中而产生裂纹，常常把轴肩处加工成圆角的过渡形式，称为倒圆。其画法和标注方法如

图 6-33 所示。

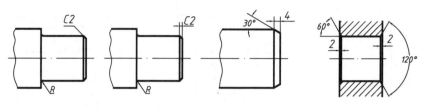

图 6-33　倒角与倒圆

2. 退刀槽和砂轮越程槽

如图 6-34 所示,在车削内孔、车削螺纹和磨削零件表面时,为便于退出刀具或使砂轮可以稍越过加工面,常在待加工面的末端预先制出退刀槽或砂轮越程槽,退刀槽或砂轮越程槽的尺寸可按"槽宽×槽深"或"槽宽×直径"的形式标注。当槽的结构比较复杂时,可画出局部放大图标柱尺寸。

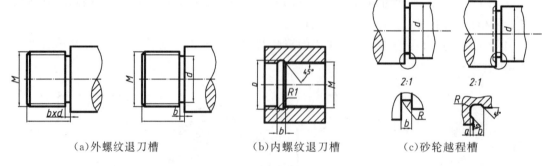

（a）外螺纹退刀槽　　　　（b）内螺纹退刀槽　　　　（c）砂轮越程槽

图 6-34　退刀槽和砂轮越程槽

3. 凸台和凹坑

为使零件的某些装配表面与相邻零件接触良好,也为了减少加工面积,常在零件加工面处作出凸台、锪平成凹坑和凹槽,如图 6-35 所示。

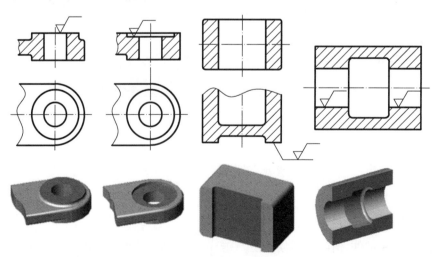

图 6-35　凸台和凹坑

4. 钻孔结构

钻孔时,要求钻头的轴线尽量垂直于被钻孔的表面,以保证钻孔准确,避免钻头折断,当零件表面倾斜时,可设置凸台或凹坑。钻头单边受力也容易折断,因此,钻头钻透处的结构,也要设置凸台使孔完整,如图 6-36 所示。

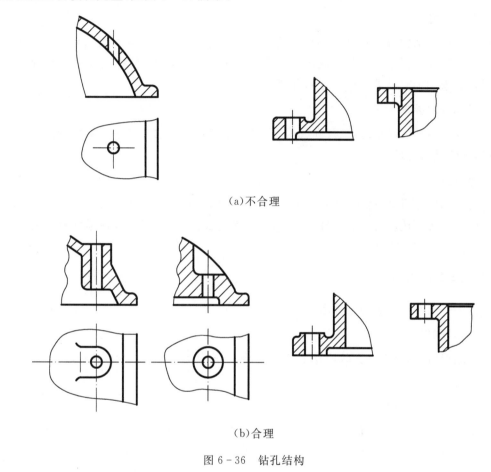

(a)不合理

(b)合理

图 6-36　钻孔结构

6.5　读零件图

工程技术人员必须具备读零件图的能力。读零件图的目的是根据已有的零件图,了解零件的名称、材料、用途,并分析其图形、尺寸、技术要求,从而想象出零件各组成部分的结构形状和大小,做到对零件有一个完整的、具体的形象,这样才能更好地理解设计意图,进而为零件拟订出适当的加工制造工艺方案,或提出改进意见。

6.5.1　读零件图的方法与步骤

1. 读标题栏

首先从标题栏了解零件的名称、材料、比例等,然后通过装配图或其他途径了解零件的作用,从而对零件有一个初步的概念。

2. 分析视图,想象形状

首先找出主视图,弄清其他视图与主视图的关系,各个视图采用什么表达方法。然后以形体分析法为主,结合其他方法和零件结构知识,逐步看懂零件各部分的形状、结构特点,从而综合想象出零件的完整形状。

3. 分析尺寸

根据零件的结构特点和用途,首先找出尺寸的主要基准和重要尺寸,然后了解其他尺寸。进而用形体分析法了解各组成部分的定位尺寸和定形尺寸,检查尺寸的完整性。最后再按设计要求和工艺要求检查尺寸的合理性。

4. 了解技术要求

技术要求包括表面粗糙度、尺寸公差、形位公差和其他技术要求等。要分析这些标注是否准确,数值是否合理。

5. 综合分析

综合上面的分析,就能对该零件有较全面、完整的了解,达到读图要求。

有时为了读懂比较复杂的零件图,还需要参考有关的技术资料,包括零件所在的部件装配图以及与它有关的零件图。

6.5.2 读零件图示例

读图 6 - 37 所示透盖的零件图。

1. 读标题栏

从标题栏可知,该零件为减速器上的透盖,属于轮盘类零件,材料为铸铁,由铸件经机械加工而成。

2. 分析视图,想象形状

该零件只有主、左两个视图,主视图采用全剖视,左视图为外形图。由形体分析可知:透盖的主体形状为回转体,右端是圆盘状,左端是圆筒状,另外在圆盘上有 4 个均匀分布的 $\phi 11$ 穿螺钉的光孔、4 个安装油封盖用的螺纹孔,此外,左端还有 4 个宽 10、深 10 的方槽。主视图反映内外各回转体的形状和相对位置,轴线水平放置,符合加工位置;左视图主要是表达各种孔和槽的分布位置。

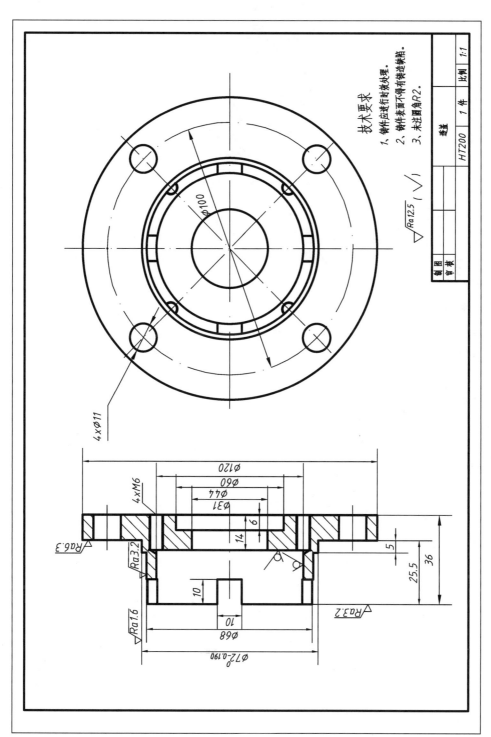

图6-37 透盖零件图

通过上述分析,综合起来就可以想象出透盖的完整形状,如图 6 - 38 所示。

图 6 - 38　透盖立体图

3. 分析尺寸

透盖的主体形状为回转体,所以径向基准是轴线,轴向的主要基准是圆盘的左侧面(安装面)P。重要尺寸有箱体相配合尺寸 $\phi 72_{-0.190}^{0}$,透盖装入箱体内的长度尺寸 25.5,此外还有两组孔的定位尺寸 $\phi 100$ 和 $\phi 60$。

4. 了解技术要求

该零件的毛坯为铸件,其左端 $\phi 60$ 内孔的两个表面为不加工表面,其他表面皆为加工面,其中以 $\phi 72_{-0.190}^{0}$ 圆柱面要求最高。此外,零件机械加工前须进行时效处理,以消除内应力。

5. 综合分析

综合上面内容可知,透盖是减速器上的一个盖子,其中 $\phi 72_{-0.190}^{0}$ 的圆柱面的尺寸公差和表面粗糙度要求最高,需要进行精加工。该零件的制造过程包括铸造、时效、车削、钻孔、攻丝和铣槽等工序。

第7章 装配图

7.1 概 述

7.1.1 装配图的作用

什么是装配图？一台机器或一个部件都是由若干个零(部)件按一定的装配关系装配而成,如图7-1所示的平口钳是由固定钳身、活动钳身、活动螺母、丝杠等组成,如图7-2为平口钳的装配图。表示一台机器或一个部件的工作原理、零件的主要结构形状以及它们之间的装配关系的图样称装配图。装配图为装配、检验、安装和调试提供所需的尺寸和技术要求,是设计、制造和使用机器或部件的重要技术文件之一。

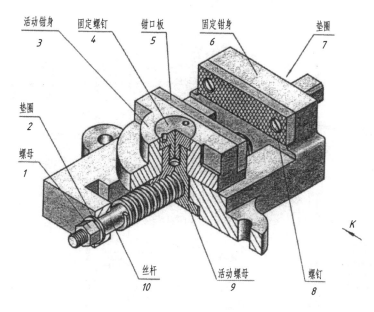

图7-1 平口钳轴测图

7.1.2 装配图的内容

装配图一般包括以下内容,如图7-2所示。

(1)一组视图:即用一组视图完整、清晰地表达机器或部件的工作原理、各零件间的装配关系(包括配合关系、连接方式、传动关系及相对位置)和主要零件的基本结构。

(2)必要的尺寸:主要是指与机器或部件有关的规格、装配、安装、外形等方面的尺寸。

(3)技术要求:提出与部件或机器有关的性能,装配、检验、试验,使用等方面的要求。

(4)零件编号、明细栏:说明部件或机器的组成情况,如零件的代号、名称、数量和材料等。

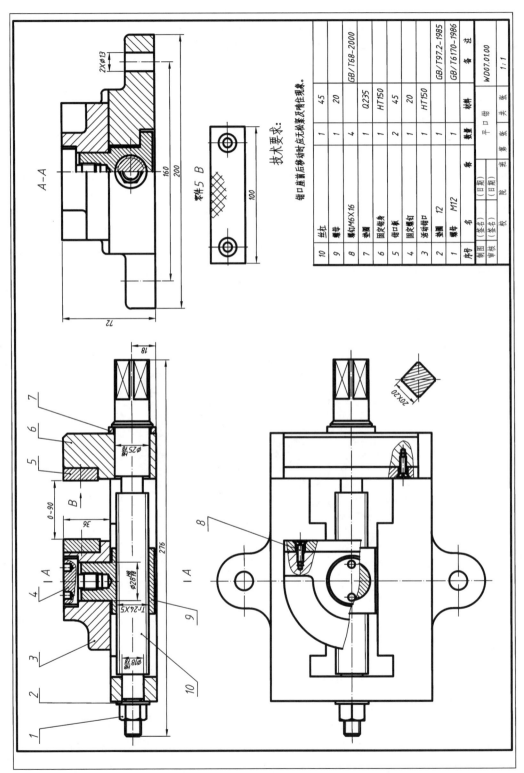

图7-2 平口钳装配图

技术要求

钳口座前后移动时应无松紧及晴住现象。

序号	名 称	数量	材料	备 注
10	丝杠	1	45	
9	螺钉	1	20	
8	螺钉M6X16	4	Q235	GB/T68-2000
7	垫圈	1	HT150	
6	固定钳身	1	HT150	
5	钳口承	2	45	
4	固定螺钉	1	20	
3	活动钳口	1	HT150	
2	垫圈 12	1		GB/T97.2-1985
1	螺母 M12	1		GB/T6170-1986

| 制图 | (姓名) | (日期) | | | | 平口钳 | | |
| 审核 | (姓名) | (日期) | 班 | | 第 张 共 张 | WD07.01.00 | 1:1 |

(5)标题栏:填写图名、图号、设计单位,制图、审核、日期和比例等。

7.2 装配图的表达方法

装配图的表达方法和零件图的表达方法基本相同,前面所介绍的零件图的各种表达方法,如视图、剖视、断面、简化画法都适用于装配图,但装配图的表达对象是机器或部件整体,要求表达清楚其工作原理及各组成零件间的装配关系,以便指导装配、调试、维修、保养等。而零件图表达的对象是单个零件,要求表达清楚其结构形状及大小,其作用是指导零件的生产。所以,针对装配图表达内容的需要,还有以下几种规定画法和特殊表达方法。

7.2.1 装配图的规定画法

装配图的规定画法如图 7 - 3 所示。

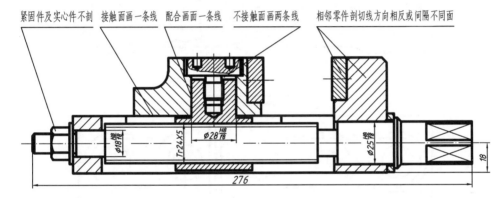

图 7 - 3　装配图的规定画法

1.零件接触面和配合面的画法

在装配图中,两个零件的接触面和配合面只画一条线,而不接触面或非配合面应画成两条线。

2.剖面线的画法

在装配图中,为了区分不同的零件,两个相邻零件的剖面线应画成倾斜方向相反或间隔不同,但同一零件的剖面线在各剖视图和断面图中的方向和间隔均应一。

3.紧固件及实心件的画法

在装配图中,对于紧固件、键、销及轴、连杆、球等实心零件,若按纵向剖切且剖切平面通过其轴线或对称平面时,这些零件均按不剖绘制。

7.2.2 特殊表达方法

装配图的特殊表达方法有以下几种。

1.沿零件结合面的剖切画法和拆卸画法

为了表示部件内部零件间的装配情况,在装配图中可假想沿某些零件结合面剖切,或将某些零件拆卸掉绘出其图形。如图 7 - 4 所示的滑动轴承装配图,在俯视图上为了表示轴瓦与轴承座的装配关系,其右半部图形就是假想沿它们的结合面切开,将上面部分拆去后绘制的。应注意在结合面上不要画剖面符号,但是因为螺栓是垂直其轴线剖切的,因此应画出剖面符号。

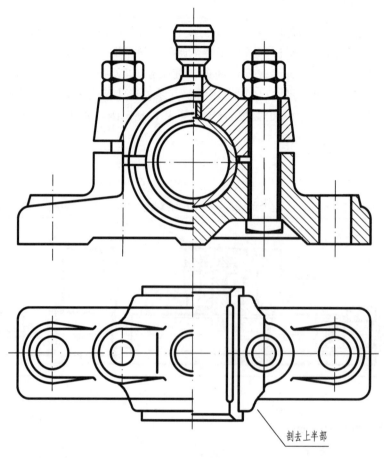

图 7 - 4　滑动轴承

2. 假想画法

在装配图中,当需要表示某些零件运动范围的极限位置或中间位置时,或者需要表示该部件与相邻零、部件的相互位置时,均可用双点画线画出其轮廓的外形图,如图 7 - 5 所示。

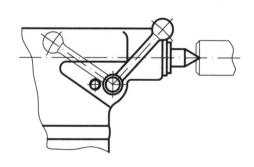

图 7 - 5　假想画法

3. 单个零件表示法

在装配图中,若某个零件需要表达的结构形状未能表达清楚时,可单独画出该零件的某一视图,但必须在所画视图的上方注出该零件的视图名称,在相应视图的附近用箭头指明投影方向,并注上同样的字母。如图 7 - 2 中钳口板的 B 向视图。

4. 简化画法

(1)对于装配图中的螺栓、螺钉连接等若干相同的零件组,可以仅详细地画出一处或几处,其余只需用点画线表示其中心位置,如图 7 - 6 所示。

(2)装配图中的滚动轴承,可以采用图 7 - 6 的简化画法。

(3)在装配图中,当剖切平面通过某些标准产品的组合件时,可以只画出其外形图,如图 7 - 4 中的油杯。

(4)在装配图中,零件的工艺结构如圆角、倒角、退刀槽等允许不画。

5. 夸大画法

在装配图中的薄垫片、小间隙等,如按实际尺寸画出表示不明显时,允许把它们的厚度、间隙适当放大画出,如图 7 - 6 中的垫片就是采用了夸大画法。

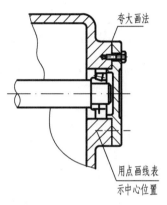

图 7 - 6 简化画法

7.3 装配图的尺寸标注、零件编号及技术要求

7.3.1 装配图的尺寸标注

由于装配图不直接用于制造零件,所以不必标出装配图中零件的所有尺寸,只标注与部件装配、检验、安装、运输及使用等有关的尺寸。

1. 特性尺寸

特性尺寸是表示部件的规格或性能的尺寸,是设计和使用部件的依据。图 7 - 2 中所示的尺寸 0～90,表明虎钳所能装夹工件的最大尺寸,是重要的特性尺寸。

2. 装配尺寸

装配尺寸是表示部件中与装配有关的尺寸,是装配工作的主要依据,是保证部件性能的重要尺寸。

(1)配合尺寸:表示零件间配合性质的尺寸,如图 7 - 2 中 $\phi18H8/f8$、$\phi25H8/f8$ 等。

(2)连接尺寸:一般指两零件连接部分的尺寸,如图 7 - 2 中所示的丝杠与活动螺母间螺纹连接部分的尺寸 $Tr24\times5$。对于标准件,其连接尺寸由明细栏中注明。

3. 外形尺寸

外形尺寸是表示部件的总长、总宽和总高的尺寸,是包装、运输、安装及厂房设计所需要的数据,如图 7 - 2 中所示的 276、200 和 72。

4. 安装尺寸

安装尺寸是表示部件与其他零件、部件、基座间安装所需要的尺寸,如图 7-2 中所示的 160。

5. 其他必要尺寸

除上述尺寸外,设计中通过计算确定的重要尺寸及运动件活动范围的极限尺寸等也需标注。对于不同的装配图,有的不只限于这几种尺寸,也不一定都具备这几种尺寸。在标注尺寸时,应根据实际情况具体分析,合理标注。

7.3.2 装配图的零件编号

为了便于读图和进行图样管理,在装配图中对所有零件(或部件)都必须进行编号,并画出明细栏,填写零件的序号、代号、名称、数量和材料等内容。

1. 零件序号

为了便于看图及图样管理,在装配图中需对每个零件进行编号。零件序号应遵守下列几项规定:

(1)序号形式如图 7-7 所示。在所要标注的零件投影上打一黑点,然后引出指引线(细实线),在指引线顶端画短横线或小圆圈(均用细实线),编号数字写在短横线上或圆圈内。序号数字比该装配图上的尺寸数字大两号。

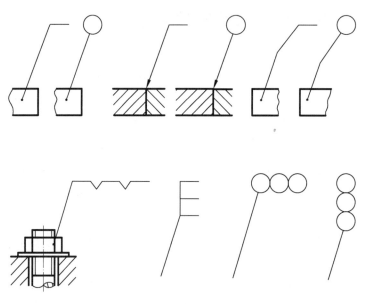

图 7-7　序号指引线的画法

(2)装配图中相同的零件只编一个号,不能重复。

(3)对于标准化组件,如滚动轴承、油杯等可看作一个整体,只编一个号。

(4)一组连接件及装配关系清楚的零件组,可以采用公共指引线编号。

(5)指引线不能相交,当通过有剖面线的区域时,指引线尽量不与剖面线平行。

(6)编号应按水平或垂直方向排列整齐,并按顺时针或逆时针方向顺序编号。

2. 明细栏

明细栏是部件的全部零件目录,将零件的编号、名称、材料、数量等填写在表格内。
明细栏格式及内容可由个单位具体规定,图 7-8 所示格式可供学习时使用。

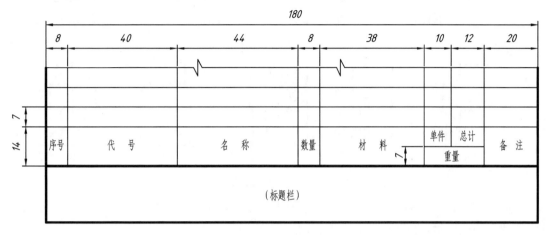

图 7-8　明细栏

明细栏应紧靠在标题栏的上方,由下向上顺序填写零件编号。当标题栏上方位置不够时,可移至标题栏左边继续填写。

3. 装配图中的技术要求

当装配图中有些技术要求需要用文字说明时,可写在标题栏的上方或左边,如图 7-2 所示,一般有以下一些内容:

(1)装配要求:指机器或部件需要在装配时加工的说明,或者指安装时应满足的具体要求等。例如定位销通常是在装配时加工的。

(2)检验要求:包括对机器或部件基本性能的检验方法和测试条件,以及调试结果应达到的指标等。例如齿轮装配时要检验齿面接触情况等。

(3)使用要求:指对机器或部件的维护和保养要求,以及操作时的注意事项等。例如机器每次使用前或定时需加润滑油的说明等。

(4)其他要求:有些机器或部件的性能、规格参数不便用符号或尺寸标注时,也常用文字写在技术要求中。例如齿轮泵的油压、转速、功率等。

装配图中的技术要求应根据实际需要而注写。

7.3.3　装配合理结构简介

装配结构影响产品质量和成本,甚至决定产品能否制造,因此装配结构必须合理。其基本要求是:

①零件接合处应精确可取,能保证装配质量;

②便于装配和拆卸;

③零件的结构简单,加工工艺性好。

1. 接触处的结构

(1)接触面的数量。两个零件在同一方向上,一般只能有一个接触面,如图 7-9 所示。

若要求在同一方向上有两个接触面,将使加工困难,成本提高。

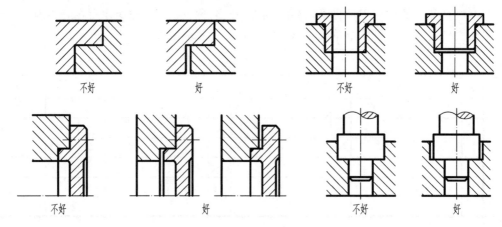

图 7-9　两零件接触面

(2)接触面转角处的结构。当要求两个零件同时在两个方向接触时,两接触面的交角处应制成倒角或沟槽,以保证其接触的可靠性,如图 7-10 所示。

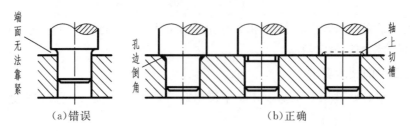

图 7-10　拐角处的合理结构

2. 密封装置的结构

在一些部件或机器中,常需要有密封装置,以防止液体外流或灰尘进入。图 7-11 所示的密封装置是用在泵和阀上的常见结构。通常用浸油的石棉绳或橡胶作填料,拧紧压盖螺母,通过填料压盖即可将填料压紧,起密封作用。但填料压盖与阀体端面之间必须留有一定间隙,才能保证将填料压紧,而轴与填料压盖之间也应有一定的间隙,以免转动时产生摩擦。

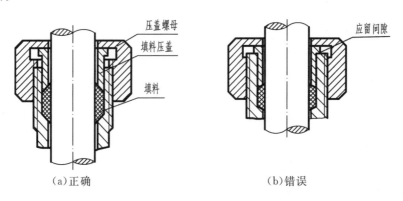

图 7-11　填料函密封装置的合理结构

3. 零件在轴向的定位结构

装在轴上的滚动轴承及齿轮等一般都要有轴向定位结构,以保证在轴向不产生移动。如图 7-12 所示,轴上的滚动轴承及齿轮是靠轴的台肩来定位的,齿轮的一端用螺母、垫圈来压紧,垫圈与轴肩的台阶面间应留有间隙,以便压紧。

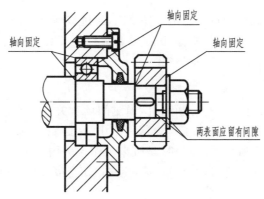

图 7-12　轴向定位的合理结构

4. 考虑维修、安装、拆卸的方便

如图 7-13(b)、(d)所示,滚动轴承装在箱体轴承孔及轴上的情形是合理的,若设计成图 7-13(a)、(c)那样,将无法拆卸。图 7-14 所示是安排螺钉位置时,应考虑扳手的空间活动范围,图 7-14(a)中所留空间太小,扳手无法使用,图 7-14(b)是正确的结构形式。如图 7-15 所示,应考虑螺钉放入时所需的空间,图 7-15(a)中所留空间太小,螺钉无法放入,图 7-15(b)是正确的结构形式。

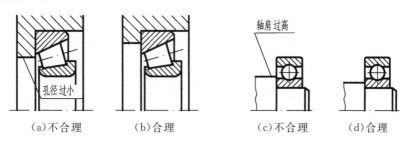

（a）不合理　　（b）合理　　　　（c）不合理　　（d）合理

图 7-13　滚动轴承的合理安装

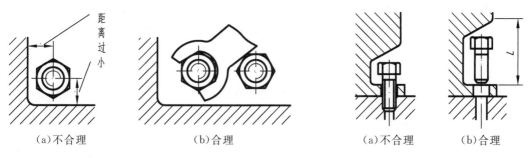

（a）不合理　　　　（b）合理　　　　　（a）不合理　　　（b）合理

图 7-14　应考虑扳手活动范围　　　　　图 7-15　应考虑拧入螺钉所需空间

7.4 装配体的测绘

7.4.1 部件测绘

根据现有机器或部件进行测量并画出零件草图,经过整理,然后绘制装配图和零件图的过程称为部件测绘。这在改造现有设备、仿制以及维修中都有重要的作用,下面以图7-1所示平口钳为例来说明部件测绘的一般步骤。

1. 了解测绘对象

在测绘之前,首先要对部件进行分析研究,通过阅读有关技术文件、资料和同类产品图样,以及向有关人员了解使用情况,来了解该部件的用途、性能、工作原理、结构特点以及零件间的装配关系,如图7-1所示的平口钳,是机床工作台上用来夹持工件进行加工用的部件。通过螺杆的转动带动活动螺母作直线移动,使钳口闭合或开放,以便夹紧和松开工件。

2. 拆卸零件

拆卸前应先测量一些重要的装配尺寸,如零件间的相对尺寸、极限尺寸、装配间隙等,以便校核图纸和复原装配部件时用。拆卸时应制定拆卸顺序,对不可拆卸的连接和过盈配合的零件尽量不拆,以免损坏零件。对所拆卸下的零件必须用打钢印、扎标签或写件号等方法对每个零件编上件号,分区分组地放置在规定的地方,避免损坏、丢失、生锈或乱放,以便测绘后中心重新装配时能达到原来的性能和要求。拆卸时必须用相应的工具,以免损坏零件。如平口钳的拆卸顺序为:先拧下螺母1取下垫圈2,然后旋出丝杠10取下垫圈7,接着拆下固定螺钉4、活动螺母9、活动钳口3,最后旋出螺钉8取下钳口板5。如图7-16所示。

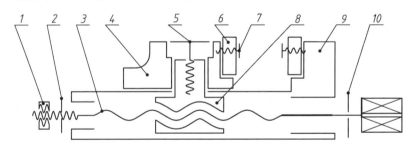

图7-16 平口钳的示意图

3. 画装配示意图

在全面了解后,可以绘制部分示意图,但有些装配关系只有拆卸后才能真正显示出来。因此,必须一边拆卸,一边补充、更正示意图。装配示意图是在部件拆卸过程中所画的记录图样,作为绘制装配图和重新装配的依据。

装配示意图的画法一般以简单的线条画出零件的大致轮廓,国家标准《机械制图》规定了一些运动简图符号,应遵照使用。画装配示意图时,通常对各零件的表达不受前后层次的限制,尽可能把所有的零件集中在一个视图上,如图7-16平口钳的装配示意图。

4. 画零件草图

零件草图的内容和要求与零件图是一致的。它们的主要差别在于作图方法的不同:零件图为尺规作图,而零件草图需用目测尺寸和比例徒手绘制。

画零件草图时应注意以下几点:

(1)标准件只需确定其规格,并注出规定标记,不必画草图。

(2)零件草图所采用的表达方法应与零件图一致。

(3)视图画好后,应根据零件图尺寸标注的基本要求标注尺寸。在草图上先引出全部尺寸线,然后统一测量逐个填写尺寸数字。

(4)对于零件的表面粗糙度、公差与配合、热处理等技术要求,可以根据零件的作用,参照类似的图样或资料,用类比法加以确定。对公差可标注代号,不必注出具体公差数值。

(5)零件的材料应根据该零件的作用及设计要求参照类似的图样或资料加以选定。必要时可用火花鉴定或取样分析的方法来确定材料的类别。对有些零件还要用硬度计测定零件的表面硬度。

5.尺寸测量与尺寸数字处理

测量尺寸时应根据尺寸精度选用相应的测量工具。常用的有:游标卡尺(百分尺)、高度尺、千分尺、内外卡、角度规、螺纹规、圆角规等。

零件的尺寸有的可以直接量得,有的要经过一定的运算后才能得到,如孔的中心距等。测量时应尽量从基准面出发以减少测量误差。

测量所得的尺寸还必须进行尺寸处理:

(1)一般尺寸:大多数情况下要圆整到整数。重要的直径要取标准值。

(2)标准结构:如螺纹、键槽等,尺寸要取相应的标准值。

(3)对有些尺寸要进行复核:如齿轮转动的轴孔中心距,要与齿轮的中心距核对。

(4)零件的配合尺寸:要与相配零件的相关尺寸协调,即测量后尽可能将配合尺寸同时标注在有关零件上。

(5)变动的尺寸:由于磨损、碰伤等原因而使尺寸变动的零件要进行分析,标注复原后的尺寸。

7.4.2　装配图的绘制

1.画装配图的方法

在设计机器或部件时,要绘制装配图来体现设计构思及相应的设计要求;在仿制或改造一部机器时,先将其拆散成单个零件,对每个零件进行测量尺寸,画出除标准件外的零件的草图,再由零件草图画出装配图。无论是前者或后者,绘制装配图时应力求将机器或部件的工作原理和装配连接关系表达清楚。为了达到这个目的,必须掌握画装配图的方法。

(1)分析了解所画对象。在画装配图前,必须对该机器或部件的功用、工作原理、结构特点,以及组成机器或部件的各零件的装配关系、连接方式,有一个全面的了解。

(2)确定表达方案。

①确定主视图。选择最能反映机器或部件的工作原理、传动路线及零件间的装配关系和连接方式的视图作为主视图。一般机器或部件将按工作位置放正。

②其他视图选择根据确定的主视图,选择适当视图进一步表达装配关系、工作原理及主要零件的结构形状。

（3）选定图幅。根据机器或部件的大小及复杂程度选择合适的绘图比例；再根据视图数量及各视图所占面积以及标题栏、明细栏、技术要求所占位置的大小，选定图幅。

2. 画装配图的步骤

现以平口钳为例说明画装配图的步骤。

（1）画图框、标题栏、明细栏。如图 7 - 17 所示。

（2）布置视图。画出视图的对称线、主要轴线、较大零件的基线。在确定视图位置时，要注意为标注尺寸及编写序号留出足够的位置。如图 7 - 17 所示，画边框线、标题栏、明细栏、长宽高基准线。

（3）画底稿。一般可先从主视图画起，从较大的主要零件的投影入手，几个视图配合一起画。不必画的图线，如被剖去部分的轮廓线，一律不画。有时也可先画俯视图（剖视图），在剖视图上，一般由里往外画。画每个视图时，应该先从主要装配干线画起，逐次向外扩展。如图 7 - 18 所示。

（4）完成主要装配干线后，再将其他的装配结构逐步画出，如钳口板、螺母、垫圈等。如图 7 - 19 所示，画出每个零件细节。

（5）检查校核后加深图线，画剖面代号，标注尺寸，最后编写序号，填写明细栏、标题栏和技术要求，完成全图。如图 7 - 20 所示。

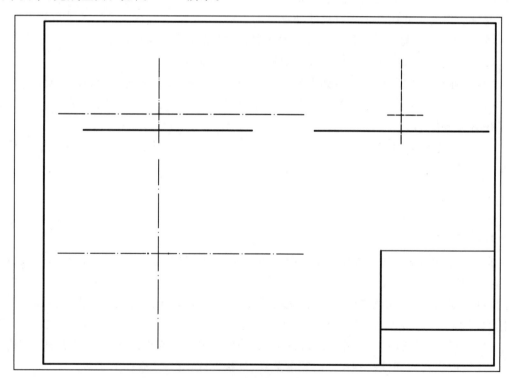

图 7 - 17　画装配图的步骤之一

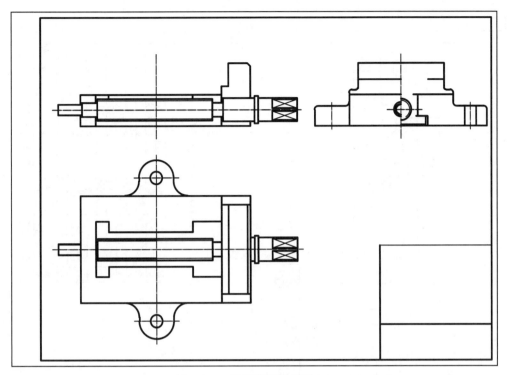

图 7 - 18　画装配图的步骤之二

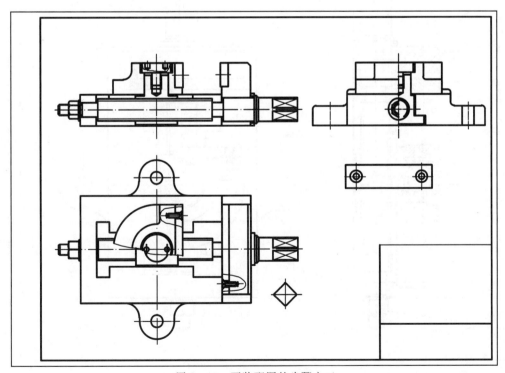

图 7 - 19　画装配图的步骤之三

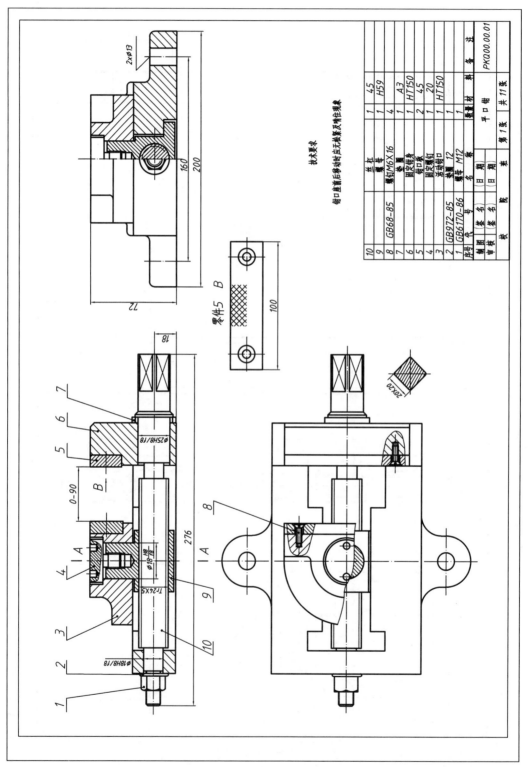

图7-20　画装配图的步骤之四

7.5 读装配图和拆画零件图

在机器或部件的设计、制造、使用、维修和技术交流中，都会遇到读装配图的问题。因此需要学会读装配图和由装配图拆画零件图的方法。

读装配图的基本要求是：

①了解部件的用途、性能、工作原理和组成该部件的全部零件的名称、数量、相对位置及其相互间的装配关系等；

②弄清每个零件的作用及其基本结构；

③确定装配和拆卸该部件的方法和步骤。

下面以图 7-18 所示的微动机构为例，说明读装配图和由装配图拆画零件图的方法和步骤。

1. 读装配图的方法和步骤

（1）概括了解。

①了解部件的用途、性能和规格。从标题栏中可知该部件名称，从图中所注尺寸，结合生产实际知识和产品说明书等有关资料，可了解该部件的用途、适用条件和规格。图 7-18 所示的微动机构，用于微调距离。

②了解部件的组成。由序号和明细栏可了解组成部件的零件名称、数量、规格及位置。由图 7-21 可知该部件由 11 种零件组成，其中有 5 种标准件。

③分析视图。通过对各视图表达内容、方法及其标注的分析，了解各视图间的关系。图 7-18 中用了三个基本视图及一个移出断面，全剖的主视图加局部剖视，反映了一条主要的装配干线；单一剖切面半剖的左视图主要反映了手轮的形状及支座体的装配情况；俯视图主要支座的下部方腔及安装孔的位置。

（2）了解部件的工作原理和结构特点。

对部件有了概括了解后，还应了解其工作原理和结构特点。如图 7-21 所示，当转动手轮 1 时，通过销 2 使螺杆 5 转动；被键限制不能转动的导套，限制导杆不能转动；因为螺杆只能转动不能直线运动，就带动导杆沿轴向运动。当手轮旋转一周，安装在其螺孔上的零件将移动一个螺距。手轮转动 10°，零件移动 1/6 螺距微动。

（3）了解零件间的装配关系。

在微动机构中，左手轮与螺杆的配合为 $\phi 10H8/e9$，螺杆与压盖的配合为 $\phi 10H8/h9$，导套与压盖的配合为 $\phi 30H8/f9$，导套与支座的配合为 $\phi 33H7/k7$，导套与导杆的配合分别 $\phi 25H8/f7$，键和导杆使用螺钉连接。

（4）分析零件的作用及结构形状。

由于装配图表达的是前述几方面内容，因此，装配图往往不能把每个零件的结构完全表达清楚，有时因表达装配关系而重复表达了同一零件的同一结构，所以在读图时要分析零件的作用，并据此利用形体分析和构形分析（即对零件每个部分形状的构成进行分析）等方法确定零件的结构和形状。

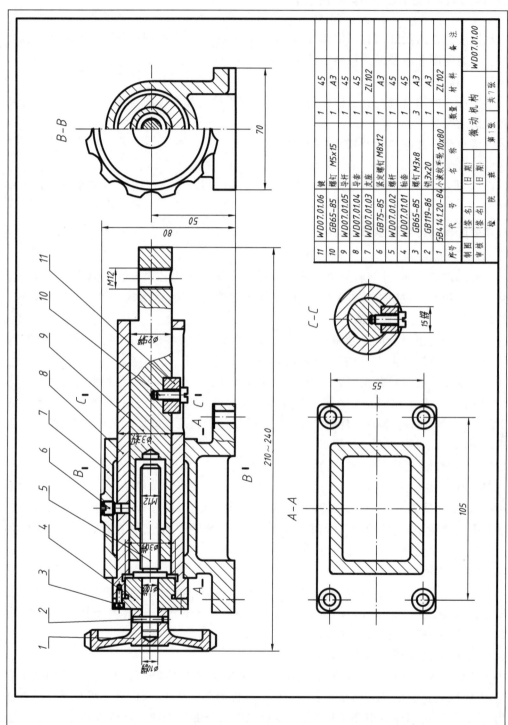

图7-21 微动机构装配图

序号	代号	名称	数量	材料	备注
11	WD07.01.06	镜	1	45	
10	GB65-85	螺钉 M5x15	1	A3	
9	WD07.01.05	导杆	1	45	
8	WD07.01.04	导套	1	45	
7	WD07.01.03	支座	1	ZL102	
6	GB75-85	紧定螺钉 M8x12	1	A3	
5	WD07.01.02	螺杆	1	45	
4	WD07.01.01	柱套	1	45	
3	GB65-85	螺钉 M3x8	3	A3	
2	GB119-86	销 3x20	1	A3	
1	GB4141.20-84	小滚纹手轮 10x80	1	ZL102	

制图		(签名)	(日期)	微动机构	WD07.01.00
审核		(签名)	(日期)		
	班			第1张	共7张
	级				
	院				

2. 由装配图拆画零件图

在部件的设计和制造过程中,需要由装配图拆画零件图,简称拆图。拆图应在读懂装配图的基础上进行。零件图的内容在前一章已有介绍,现仅就拆图步骤和应注意的问题介绍如下。

(1)读懂装配图,确定零件的结构形状。

其方法在前面已有介绍,但是由于零件图要表示零件各部分结构和形状,因此在装配图中零件被遮住部分、被简化掉的结构及未表达的结构等,要进行合理的确定和恢复。

(2)确定零件的视图和表达方案。零件在装配图主视图中的位置反映其工作位置,可以作为确定该零件主视图的依据之一。但由于装配图与零件图的表达目的不同,因此不能盲目地照搬装配图中零件的视图表达方案,而应根据零件的结构特点,全面考虑其视图和表达方案。以微动机构中的支座为例,先画出如图 7-22 所示为从装配图中支座的部分图形,考虑其加工位置和形状特征,主视图采用了与装配图相同的摆放位置。

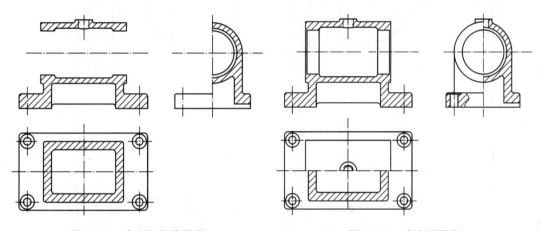

图 7-22　支座的部分图形　　　　　图 7-23　支座的图形

(3)补全图形,并且加上装配图中简化的倒角等细节结构,如图 7-23 所示。

(4)确定零件的尺寸。在标注零件的尺寸时,应根据其在部件中的作用、装配和加工工艺的要求,在结构和形体分析的基础上,选择合理的尺寸基准。

装配图中已注出的尺寸,一般均为重要尺寸,应按尺寸数值标注到有关零件图中;零件上的标准结构如倒角、退刀槽、键槽、螺纹等的尺寸,应查阅有关手册,按其标准数值和规定注法进行标注;其他未注尺寸可根据装配图的比例,用比例尺直接从图中量取,圆整后以整数注在零件图中。

(5)确定零件表面粗糙度及其他技术要求。根据零件表面的作用和要求,确定表面粗糙度符号和代号并注写在图中;参考有关资料,根据零件的作用、要求及加工工艺等,拟订其他技术要求。同时,还应该根据需要增加尺寸和形位公差。

(6)校核。对零件图的各项内容进行全面校核,按零件图的要求完成支座零件图,如图 7-24所示。

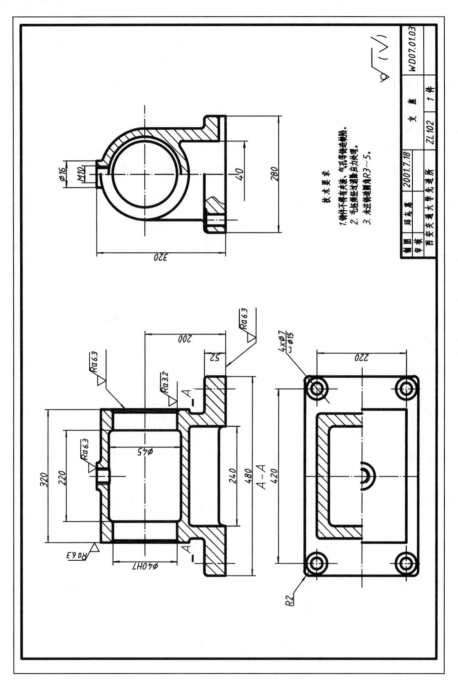

图7-24 支座的零件图

第8章 展开图

在工业生产中,常常有一些零部件或设备是由板材加工制成的。在制造时需先画出有关的展开图,然后下料,用卷扎、冲压、咬缝、焊接等工艺成型制作完成。

将立体的各表面,按其实际形状和大小,摊平在一个平面上,称为立体的表面展开,也称放样。展开所得的图形,称为表面展开图,简称展开图。

展开图在石油、化工、造船、汽车、航空、电子、建筑等机械中得到广泛的应用。如图8-1所示,我们把圆管看成圆柱面,因此,圆管的展开图就是圆柱面的展开图。通过图解法或计算法画出立体各表面的摊平后的图形,即为展开图。

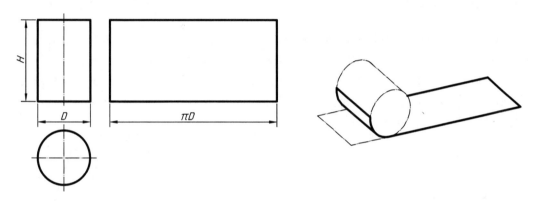

图 8-1 展开图的概念

在实际生产中,板材制件分为可展制件和不可展制件两大类。平面立体的表面都是平面,一定是可展的。曲面立体表面按其性质分为可展表面立体和不可展表面立体。对于不可展立体表面的展开一般采用分块近似方法进行展开。

8.1 平面立体表面的展开

因为平面立体表面都是平面图形,所以求平面立体的表面展开图,就是把这些平面图形的真实形状求出,再依次连续地画在一起即可。

8.1.1 棱柱管的展开

图 8-2(a)为斜口四棱柱的两面投影;图 8-2(b)为该展开图的作图过程。

①按水平投影所反映的各底边的实长,展成一条水平线,标出 A、B、C、D、A 各点;

②由这些点作铅垂线,再在铅垂线上截取各棱线的相应长度,即得各端点 E、F、G、H、E;

③按顺序连接各端点,即得四棱柱管的展开图。

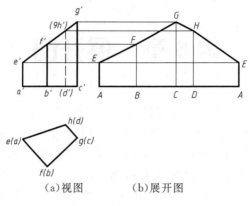

(a)视图　　　　(b)展开图

图 8-2　四棱柱管的展开图

8.1.2　棱锥管的展开

　　图 8-3(a)为斜口四棱锥的两面投影。四条棱线延长相交于一点 S,形成一个完整的四棱锥。四条棱线长度相等,但投影中不反映实际长度,可用直角三角形法求出实长。图 8-3(b)为求各棱线实长的作图过程。然后,按已知边作三角形的方法,顺次作出各三角形棱面的实形,拼得四棱锥的展开图。截去假想延长的上段棱锥的各棱面,就是棱锥管的展开图。图 8-3(c)为展开图的作图过程。

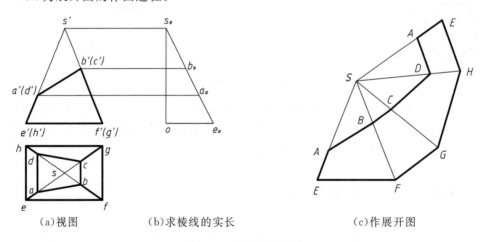

(a)视图　　　　　(b)求棱线的实长　　　　　　(c)作展开图

图 8-3　棱锥管的展开

　　(1)求棱线的实长。如图 8-3(b)所示,以水平投影 se 长度作水平线 oe_0。从 o 点作铅垂线,使之等于假想完整四棱锥总高,得点 s_0。连接 s_0、e_0 两点的斜线即为棱线 SE 的实长。分别过 a'、b' 两点作水平线交于 s_0e_0 线上 a_0、b_0 两点,s_0a_0、s_0b_0 即为假想延长的棱线实长。

　　(2)作展开图。如图 8-3(c)所示,以棱线的实长和棱锥底边的实长,依次作三角形 $\triangle SEF$、$\triangle SFG$、$\triangle SGH$、$\triangle SHE$,即得四棱锥的展开图。

　　(3)在各棱线上截取假想延长的实长,得 A、B、C、D、A 各点。顺次连接各点,即得棱锥管的展开图。

8.2　可展曲面立体表面的展开

当直纹曲面的相邻两条素线是平行或相交时,属于可展曲面。在作这些曲面展开时,可以把相邻两素线间的很小一部分曲面当作平面进行展开。所以,可展曲面的展开与棱柱、棱锥的展开方法类似。

8.2.1　圆管制件的展开

1. 斜口圆柱管的展开

斜口圆柱管展开的方法和棱柱管展开一样,我们把圆柱看成正棱柱的极限状态,如图 8-4 所示。

① 将底圆分成若干等份(本例分为 12 等份),通过各点作相应素线的正面投影($1'a'$,$2'b'$,…)。

② 展开底圆得一水平线,其长度等于 πD。在水平线上作相应的等分点($1,2,…$),由等分点作铅垂线($1A,2B,…$),在其量取每条素线的实长。

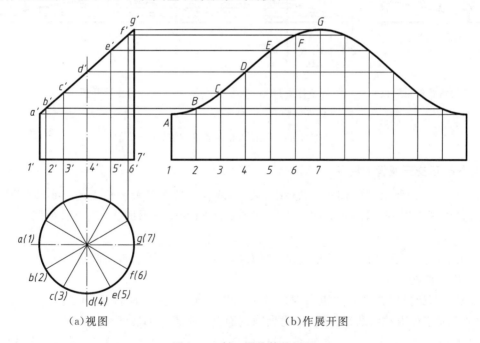

(a)视图　　　　　　　　　　　(b)作展开图

图 8-4　斜口圆柱管的展开

③ 以 $7G$ 为对称轴作另一半展开图中各条素线,用光滑曲线连接 $A,B,…$各点,即得其展开图(如图 8-4(b)所示)。

2. 等径直角弯管的展开

等径直角(或锐角或钝角)弯管用来连接两根直角(或锐角或钝角)相交的圆管,在工程中常采用多节斜口圆管拼接而成。如图 8-5(a)所示,5 节直角弯管正面投影,中间 3 节是两端 2 节的 2 倍,这样保证两端轴线与之相连接管轴线在一条直线上。已知 5 节弯管的管

径为 D,弯曲半径为 R,作弯管的正面投影步骤如下:

　　①过任意一点作水平线和垂线,以 O 为圆心,以 R 为半径,作 1/4 圆弧;

　　②分别以 $R-D/2$ 和 $R+D/2$ 为半径,作 1/4 圆弧;

　　③因为整个弯管有 3 全节和 2 半节所组成,因此半节的中心角 $\alpha=90°/8=11°15'$。将直角分成 8 等份,画出弯管各节的分界线;

　　④作出外切各圆弧的切线,即完成弯管的正面投影。

　　如图 8-5(b)所示,分别将 BC、DE 两节绕其轴线旋转 $180°$,各节就可以拼成一个完整的圆柱管。因此,可将现成的圆柱截成所需的节数,再焊接成所需的弯管。如图 8-5(c)所示,如需要作展开图,只要按照前面介绍斜口圆柱管的展开方法画出半节弯管的展开图,把半节弯管展开图作为样板,在一块钢板上画线下料即可,这样最大限度地利用了材料。

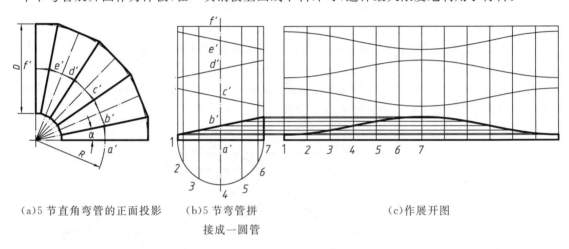

(a)5 节直角弯管的正面投影　　(b)5 节弯管拼　　　　　　　　(c)作展开图
　　　　　　　　　　　　　　接成一圆管

图 8-5　等径直角弯管的展开

3. 异径正交三通管的展开

　　如图 8-6(a)所示,异径正交三通管的大、小两管的轴线是垂直相交的。小圆管展开图作法与斜口圆管展开相同,如图 8-6(b)所示。大圆管展开图的作图过程,如图 8-6(c)所示。

　　①先画出大圆管的展开图(为了节省幅面,图 8-6(c)采用了折断画法),并画出一条对称线(用细点画线表示);

　　②根据侧面投影 1、2、3、4 点所对应的大圆弧的弧长,在图 8-6(c)中截取 1、2、3、4 各点,过 2、3、4 点作对称线的平行线,即为大圆柱面上各条素线的展开位置;

　　③过 $1'$、$2'$、$3'$、$4'$ 各点向下作垂线,对应相交于 1、2、3、4 素线上,得 Ⅰ、Ⅱ、Ⅲ、Ⅳ 各点。

　　④用光滑曲线连接 Ⅰ、Ⅱ、Ⅲ、Ⅳ 各点,即为 1/4 切口展开线,根据前后左右的对称关系,完成整个切口的展开图。

　　在实际生产中,也常常只作小圆管的展开放样。弯成圆管后,根据大小管的相对位置,对准大圆管上画线开口,最后将两管焊在一起。

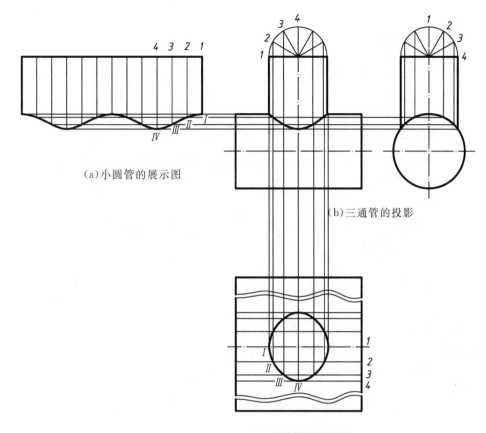

(a)小圆管的展示图

(b)三通管的投影

(c)大圆管的展开图

图 8-6 异径正交三通管的展开

8.2.2 斜口锥管制件的展开

图 8-7(a)为斜口正圆锥管的两面投影。展开时,一般把斜口圆锥管假想延伸成完整的正圆锥,即延伸至顶点 S。

1.求斜口正圆锥管各条素线的实长

求斜口圆锥管各条素线的实长可用旋转法,作图过程如图 8-7(a)所示。

①在水平投影中将底圆进行 12 等分,得 a、b、c、d、e、f、g 各点,并与 s 点相连,得各素线的水平投影;

②根据投影关系求出各点的正面投影 a'、b'、c'、d'、e'、f'、g',并与 s' 点相连,得各素线的正面投影,交于斜口上 $1'$、$2'$、$3'$、$4'$、$5'$、$6'$、$7'$ 各点;

③过 $2'$、$3'$、$4'$、$5'$、$6'$ 各点作水平线交于 $s'g'$ 上得 2°、3°、4°、5°、6° 点,$1'a'$、$2°g'$、$3°g'$、$4°g'$、$5°g'$、$6°g'$、$7'g'$ 分别是 $1A$、$2B$、$3C$、$4D$、$5E$、$6F$、$7G$ 的实长。

2.求斜口正圆锥管的展开图

作图过程如图 8-7(b)所示。

①任选一点 S 为圆心,以 $s'g'$ 为半径画圆弧。

②以圆锥底圆 1/12 弦长为半径,在圆弧上截取 12 等份,得 A、B、C、D、E、F、G 各点,并

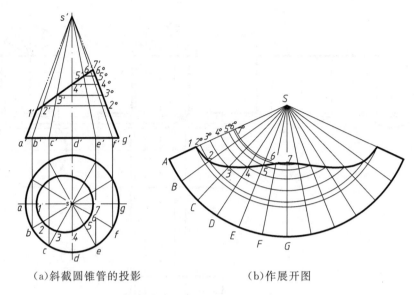

（a）斜截圆锥管的投影　　　　　　（b）作展开图

图 8 - 7　斜截圆锥管的展开

与 S 点相连，即各素线的展开位置；

③以 S 为圆心，分别以 $s'1'$、$s'2°$、$s'3°$、$s'4°$、$s'5°$、$s'6°$、$s'7'$ 为半径，画圆弧分别交于 SA、SB、SC、SD、SE、SF、SG 各线上得 1、2、3、4、5、6、7 各点；

④用光滑的曲线连接 1、2、3、4、5、6、7 各点，再根据对称关系，画出后半圆锥面和展开图。

8.2.3　天圆地方变形接头的展开

图 8 - 8(a) 表示天圆地方变形接头的两面投影。此变形接头是前后对称的，由 4 个斜圆锥面和 4 个三角形平面所组成。其上下底边的水平投影已反映实形。对于斜圆锥面可划分为若干个小块，近似看成三角形平面来展开。这些三角形的上边用圆口的弦长来代替弧长，其水平投影反映实长；另外两边为一般位置直线，需求实长，一般用直角三角形法。

1. 用直角三角形法求出各线段的实长

作图过程如图 8 - 8(b) 所示。

①作铅垂线 OP，使 OP 长度等于天圆地方的高，过点 O 作 OP 的垂直线；

②在 OP 的左侧量取 $O1°=a1$、$O2°=a2$、$O3°=a3$、$O4°=a4$，连接 $P1°$、$P2°$、$P3°$、$P4°$，即为 $A1$、$A2$、$A3$、$A4$ 的实长；

③在 OP 的右侧量取 $O4°=b4$、$O5°=b5$、$O6°=b6$、$O7°=b7$，连接 $P4°$、$P5°$、$P6°$、$P7°$，即为 $B1$、$B2$、$B3$、$B4$ 的实长；

2. 作天圆地方变形接头的展开图

作图过程如图 8 - 8(c) 所示。

①根据制造工艺的要求，从最短处展开，以减少焊缝长度。所以从 AD 中点 K 处沿 $K1$ 线展开。任作一条直线 $K1(K1=a'1')$，再作 $K1$ 的垂线 $KA(KA=ka)$；

②连接 A、1 得 $\triangle AK1$，以点 1 为圆心，以 1/12 圆周为半径画圆弧，再以点 A 为圆心，以

$P2°$ 为半径画圆弧,两圆弧相交于点 2。以此类推,求出 3、4 点;

③分别以点 A、4 为圆心,以 ab、$P4°$(OP 右侧)为半径,画圆弧交于点 B;

④分别以点 B、4 为圆心,以 $P5°$、$1/12$ 圆周为半径,画圆弧交于点 5,以此类推,求出 6、7 点;

⑤同理求出点 C,用光滑曲线连接 1、2、3、4、5、6、7 点。以 BC 的中点 R 与 7 的连线为对称轴,求出另一半的展开图。

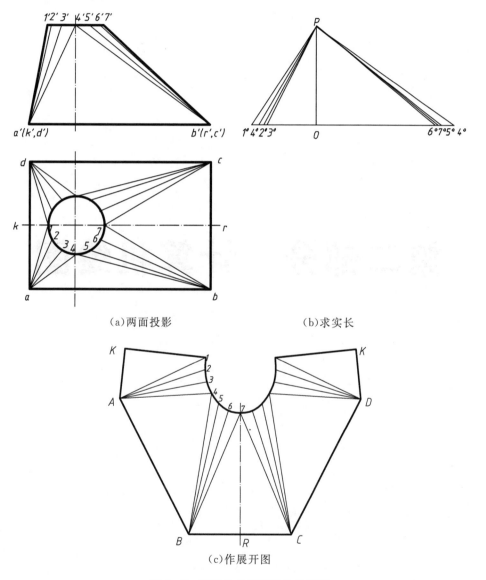

(a)两面投影　　　　　　　(b)求实长

(c)作展开图

图 8-8　天圆地方变形接头的展开

第二部分　计算机绘图

第 9 章　Inventor 绪论

9.1　概述

Inventor 是美国 AutoDesk 公司推出的一款三维可视化实体模拟软件 Autodesk Inventor Professional(AIP),作为一个大型的计算机辅助设计(CAD)软件,能够实现模型创建、模型装配、模型的有限元分析、模型的动态仿真、模具设计、数控加工等等功能,所以它拥有众多的模块,下面对其最基本的模块进行简单介绍。

1. 草图模块

草图的绘制是创建零件和三维建模的第一步,它表示了一个特征的截面轮廓(二维草图)或路径(三维草图)。在以后的学习中,用户可以体会到平面图的绘制对于三维特征的创建是至关重要的。Inventor 的参数化绘制在这里充分显示出来,尺寸自动标注,既不会多也不会少,并且是关联的;即修改尺寸数值,图形自动修正;拖动图形改变,尺寸自动修正。彻底改变了以往用户标注尺寸的麻烦,极大地提高了绘图效率。

2. 零件模块

零件模块是 Inventor 系统的基本部分,其中功能包括实体零件造型、渲染、工程图的设计等。在该模块中可以利用专用功能进行快速设计。例如,可以设计一些常见的立体、螺纹、弹簧、肋板、壳体等零件,并可进行圆角、倒角、退刀槽等常见机械结构的设计,使设计变得更直观、简单。在该模块中,可以利用关系式功能,使模型更容易标准化,只需更改一个或少数几个尺寸,其他尺寸就可以自动更改,生成另外的零件。同时,该模块还支持各种符合工业标准的绘图仪和打印机,方便地进行二维和三维的图形输出。

该模块的拉伸、旋转、抽壳、扫描、混成、扭曲及用户自定义特征的功能,使用户可以充分展开自己的想象力、创造力,来设计造型。同时,其尺寸修改的方便性及容易、快捷的特征重定义,使设计变得更随意,使用户的设计思想不受软件的束缚。

3. 装配模块

装配模块是一个参数化组装系统,可以使用户利用多种手段来生成装配系列,使用户更容易理解和考虑零件将承担的功能,由此来确定零件的造型和在装配体中的位置。同时在该模块中也能完成零件的交替更换,使不同的设计方案可以通过快速的更换表现出来,进行比较优化设计。在 Inventor 中,可以将现有的零件或者部件按装配关系,装配为新部件,而同时这个部件同样也可以作为子部件装配到其他部件中,这种自上而下的设计方案可以使设计更加快捷。

4. 工程图模块

工程图模块提供了全套的工程图的功能:自动标注尺寸、各种视图及剖视图的生成、参数特征的生成、装配图明细表的自动生成、零件图标题栏的生成及制作、公差的设置等等。

同时,该模块的二维非参数化绘图功能,可生成不需要三维投影的产品工程图。另外该模块在二维环境中修改三维造型的功能,也能使设计变得更容易。

5. 资源中心库模块

资源中心库模块包含为资源中心库零件创建零件文件所需的数据,它提供了标准化的模型和数据,能够让用户直接调用而不需要自己去创建标准化的模型。资源中心还提供了按条件快速搜索标准模型的功能,以及修改标准库和发布自定义库的功能。

6. 钣金模块

Inventor 能够帮助用户简化复杂钣金零件的设计,其数字样机结合了加工信息(如冲压工具参数和自定义的折弯表)、精确的钣金折弯模型以及展开模型编辑环境。在展开模型编辑环境中,制造工程师可以对钣金展开模型进行细微的改动。

7. 焊接件模块

机械设计和加工中,焊接件占有重要的比例,它是用来设计多个零部件在焊接的工艺下进行组装的合件,Inventor 为此提供了相关功能。Inventor 焊接件环境与部件装配环境集成在一起。用户可以从普通装配环境切换到焊接件环境,也可以选择焊接件模板直接启动并进入焊接件环境。用户可以使用默认模板或其他预定义模板,也可以修改其中某个预定义模板,或者创建自己的模板。

9.2　Inventor 的窗口界面与基本操作

本节主要介绍 Inventor 2018 的窗口界面及其基本操作,使用户对 Inventor 2018 有初步的认识。Inventor 2018 窗口界面如图 9-1 所示,与较早版本相比,用户界面有了很大改变。采用 Windows 风格的用户界面,主要包括菜单栏、快速工具栏、功能栏、浏览器、ViewCube、导航栏、状态栏和绘图区等。

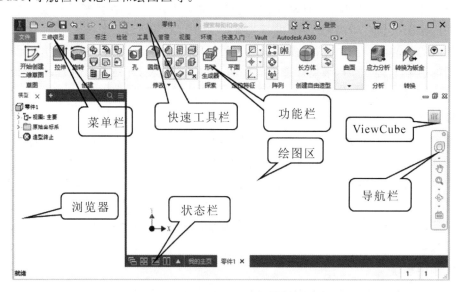

图 9-1　Inventor 2018 的窗口界面

9.2.1　菜单栏的基本操作

菜单栏下拉菜单涵盖了 Inventor 对文件操作的所有命令,包括新建、打开、保存、另存为、导出、管理、Vault 服务器、iProperty、打印、关闭及退出软件等命令,如图 9-2 所示。

1. 新建

创建新的不同类型的文件。点击该菜单之后,在出现的如图 9-3 所示的对话框中选取合适的选项,选择要创建的文件类型。创建零件时要区分标准零件和钣金零件,创建部件时要区分标准部件和焊接部件,创建工程图时还可以选择 Inventor 专有的.idw 格式或者 CAD 常用的.dwg 文件格式。

图 9-2　Inventor 2018 的菜单栏

图 9-3　新建对话框

2. 打开

打开不同类型的文件,其对话框如图 9-4 所示。Inventor 能直接打开的文件种类比较多,除了 Inventor 系统创建的文件之外,还可打开 Alias、AutoCAD、CATIA、Pro/E、Solidworks 等多个软件的多种格式的文件。Inventor 还支持对某些类型文件的预览功能,点击对话框中的要打开的文件即可对零件文件、装配文件进行预览。

图 9-4　打开对话框

3. 保存

点选"保存"可以选择保存的位置以及格式。注意鼠标在"保存"选项上停留或者点选右侧的箭头可以打开如图 9-5 所示的二级目录，"保存"的二级目录可以选择"保存"或者"全部保存"。

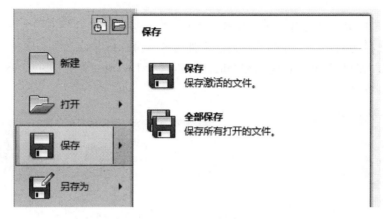

图 9-5 "保存"选项的二级目录

4. 另存为

可以选择另存为新文件、保存为副本、保存副本为模板以及打包。对单个零件直接保存即可，对于存在引用其他零件或者标准件的零件、部件最好打包处理。打包时要先保存，选择目标文件夹、查找被参考的文件，还可以选择是否要打包为.zip 压缩文件等。

5. 导出

可以将文件导出为其他文件格式。

6. 管理

项目是 Inventor 的一个重要概念。用户可以使用创建项目为每个计划任务定义一个项目，以便更加方便地访问设计文件和库，并维护文件引用，可以防止在移动、整理或者复制设计成果时出现关联错误或者丢失文件的情况。点击项目菜单的"新建"时，可以选择新建单用户项目和 Vault 项目。Vault 项目只有在安装 Autodesk Vault 之后才能创建，可以在多用户之间共享文件；不需要共享文件的设计者可以选择新建单用户项目。

在项目编辑器中可以编辑项目的文件位置添加或删除、路径添加或删除、更改现有文件位置或者名称。注意如果有文件打开，则对应的项目此时是只读的，所以在编辑时要先关闭该项目对应的所有文件。

7. Vault 服务器

安装有 Autodesk Vault 时可以登录 Vault 服务器并进行一些对应的操作。

8. iProperty

点击 iProperty(设计特性)后可以打开文件的设计特性，查看文件对应的各种特性，如图 9-6 所示。

图 9-6　查看设计特性

9. 打印

利用该命令,可以将 Inventor 对象进行打印或者打印预览,也支持进行 3D 打印及其预览。

9.2.2　视图(View)功能的基本操作

该功能栏里包括了改变模型显示方式和工作区的显示等功能。在该菜单栏中包括了可见性、外观、窗口以及与导航栏作用相似的导航等常用命令,如图 9-7 所示。这些命令可以调整模型的显示情况。

图 9-7　Views(视图)功能栏

1. 可见性

"对象可见性"命令用来调整模型构建时草图和定位特征的可见性。去掉某项的可见性时,其在模型中将不再显示。"重心"可以显示重心空间坐标系;"分析"可以选择截面分析、曲面分析等各种分析在模型上的可见性。

2. 外观

在如图 9-8 所示的"视觉样式"菜单中,可以选择命令来改变模型的显示模式来适应不同的需求,如图 9-9 所示的真实样式效果和如图 9-10 所示的线框样式效果。

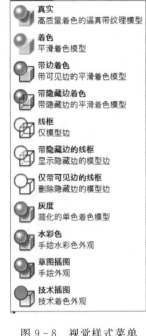

图 9-8　视觉样式菜单　　　图 9-9　真实样式效果　　　图 9-10　线框样式效果

　　"阴影"中的投影效果可以增强零件的立体感。地面阴影、对象阴影和环境投影可以一起应用或者单独应用以增强模型视觉效果。

　　"反射""光源样式""纹理""光线追踪"都可以使模型与真实世界物体看起来更加相似。

　　"剖视图"可以直观地得到零件的剖视图。选择好剖切类型后在模型的各个面上选择剖切面的方向，点击后调节剖切面与初始选择的面的距离即可实时得到如图 9-11 所示的零件剖视图。

图 9-11　剖视图效果

3. 窗口和导航

　　"窗口"可以实现和状态栏相近的功能，而"导航"可以实现和导航栏相近的功能。

9.2.3　其他功能选项的基本介绍

（1）草图。绘制二维或三维草图。

（2）三维模型。在草图绘制好后进行建模并通过各种命令调整、修改模型，还可进行应力分析以及钣金转换。

（3）标注。在模型上进行几何标注，尺寸、粗糙度标注以及添加注释。

（4）检验。进行长度、面积、距离等的测量以及拔模、剖视、曲率等分析。

（5）工具。设置材料和外观（与快速工具栏该功能相同）、设置 Inventor 软件的各项功能，如图 9－12 所示，查找零部件等。

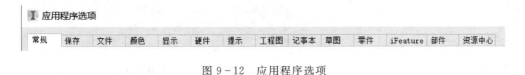

图 9－12　应用程序选项

（6）管理。更新零部件特征、查看参数等。

（7）环境。选择要进行的操作的特定环境，例如渲染、模具设计、3D 打印，等等。

（8）快速入门。介绍了一些学习者常用的功能以及教程、版本新特征、帮助等。注意，对于任何功能，鼠标在对应模块暂停几秒均会有内置的解释面板显示；同时，按 F1 键也可以得到关于该功能的官方网页解释，官方教程也会对一些操作进行示范。

9.2.4　状态栏的基本操作

如图 9－13 所示，在窗口界面下方的状态栏中，可以调整窗口显示模式、打开新文件或对已经打开的文件进行操作。

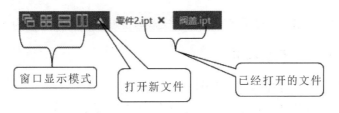

图 9－13　状态栏及其功能

9.2.5　浏览器的基本操作

如图 9－14 所示，浏览器中记录了模型从草图到完成每一步的特征，也记录了模型引用的零部件，习惯上称为模型树。将鼠标移到不同的步骤，模型上会显示已经执行的对应的操作。点击各项左侧的箭头还可以查看更加详细的内容。设计者可以点击右键直接删除特征或者零件、消除零件或平面的可见性，甚至可以重新编辑特征、改变特征的参数，同时模型也会随之改变，这种参数化的编辑模式是 Inventor 的优势之一，它可以使模型很快进行修改。同样，点击快速工具栏中的"参数" f_x ，可以打开如图 9－15 所示的参数界面，可通过该界面查看各项参数并直接编辑修改。

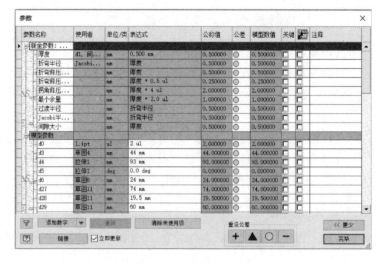

图 9-14　浏览器界面示例　　　　　　　　图 9-15　参数界面示例

9.2.6　导航栏的基本操作

导航栏的基本功能如图 9-16 所示,由上至下依次为:

①"全导航控制盘",点选后可以对模型进行缩放、回放、平移、动态观察等操作,是为有经验的三维用户优化设计的。

②"平移",可以对绘图区进行平移。

③"缩放",可以对模型的视图大小进行调整或者在绘图区全屏显示。

④"自由动态观察",可以较为容易地调整视图方向,便于观察角度的切换。

图 9-16　导航栏

⑤"观察方向",点选后点击模型的某一个面,则模型将转到以该面为正面的视图。

9.2.7　ViewCube 的基本操作

"ViewCube"也是一个视图观察的调整工具。如图 9-17 所示,"ViewCube"是一个小正方体,正方体的六个面分别写有:前、后、左、右、上、下,分别代表模型的六个视图。点击正方体表面上方的三角可以实现观察方向的快速切换,点击面的交线或顶角也可以转换到对应位置的视图,点击右上方的箭头可以实现模型的向左旋转 90°、向右旋转 90°。拖住正方体还可以从各个视图动态观察模型。

图 9-17　ViewCube

9.3　应用程序设计

在功能区"工具"中,如图 9-18 所示的"应用程序设置"中,可对 Inventor 进行定制化地设置。例如"颜色"菜单,可以设置 Inventor 绘图区和功能区的颜色;在"硬件"菜单中,可以依据电脑硬件配置合理设置图形渲染效果,以保持流畅。

图 9-18　应用程序设置

第 10 章　平面草图的绘制

10.1　草图菜单简介

　　绘制 3D 立体时,首先需要绘制 2D 平面图,以便作为立体的断面图(底面图)。所有的立体特征,都是通过平面图形创建的。所以有必要把平面图作为 Inventor 的基础来掌握。以零件模块为例,在主页中点击新建菜单下的"新建零件 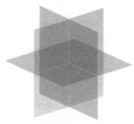"按钮。或者点击左上角的"新建"按钮,在弹出的窗口中选择零件菜单中的"standard. ipt"模块,进入零件创建页面。

　　点击左上角的 ，即可开始创建草图。首先要选择绘制草图的平面,如图 10 - 1 所示,软件默认的三个平面是直角坐标系的 XY 面、XZ 面、YZ 面,点击对应的平面即可。系统进入如图 10 - 2 所示的绘制平面草图的界面。如果已有平面,草图也可在已有平面上直接绘制。

图 10 - 1　草图平面选择

图 10 - 2　草图绘制(Sketch)界面

平面图的绘制,使用如图 10 - 3 所示的草图绘制的菜单绘制。

图 10 - 3　草图绘制(Sketch)菜单

10.2　绘制平面图几何图素的基本命令

用图形菜单绘制平面草图,所使用的主要命令如图 10-3 所示,对草图绘制的各项功能介绍如下。

平面图是由基本图素直线、矩形、圆弧和圆等构成的,Inventor 将常用的图素产生方式放在"创建"中。利用绘图的基本命令,绘制出各种几何图素,如点(Point)、线(Line)、圆(Circle)、圆弧(Arc)及曲线(Spline)等,用以完成每一平面图的绘制。也可以书写文字(Text)等。

10.2.1　线(Line)

线分为线、样条曲线、表达式曲线、桥接曲线四种。

选择菜单中的"线",在选定的平面中点击,确定起始点,即可绘出一条直线。按住线段的一个端点拖动鼠标,可以利用直线工具绘制圆弧,按回车键即可完成绘制。

选择菜单中的"样条曲线(控制顶点)",确定线段起点后点击,即可确定曲线的控制点,通过不断确定控制点来不断绘制曲线,按回车键结束绘制。拖曳控制点或控制点与曲线连接的虚线可以对曲线进行编辑修改,使用该命令创建的样条曲线如图 10-4 所示。

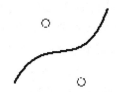

图 10-4　样条曲线(控制顶点)示例

选择"样条曲线(插值)"的操作与"样条曲线(控制顶点)"类似。确定线段起点后,单击鼠标,即可确定拟合曲线所使用的拟合点,结束绘制后,可通过拖曳曲线中的拟合点对曲线进行编辑修改,使用该命令创建的样条曲线如图 10-5 所示。

图 10-5　样条曲线(插值)示例

"表达式曲线"可以在输入表达式的情况下绘制对应的曲线。设计者可以选择参数方程或者显函数,坐标系可以选择直角坐标系或者极坐标系。应当注意的是,在显函数模式下编辑曲线时,应当保持等式两侧单位相同,由于 x、y 值的单位相同,故此模式下只能创建一次函数或常函数线条,如所需为其他类型曲线,均应使用参数方程模式进行编辑。

"桥接曲线"可以在两条曲线之间创建平滑连接的曲线,选择"桥接曲线"后点击两条曲线即可。

10.2.2　矩形、槽和多边形

矩形菜单可以实现丰富的功能,其二级菜单如图 10-6 所示。

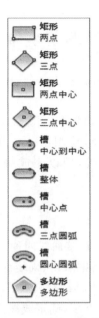

图 10 - 6　矩形二级菜单

　　创建矩形可以利用"矩形（两点）"由两个对角点拖曳而成，也可以利用"矩形（三点）"先创建一条线段再确定宽而构成，还可以利用"矩形（两点中心）"确定中心后拖曳形成。

　　槽实际上是两个半圆和一个长方形或者两个半圆和两端圆弧构成的。可以利用"槽（中心到中心）"先确定两个圆心再拖曳确定半径构成，或者"槽（整体）"确定长方向的两个端点再拖曳确定半径，"槽（中心点）"与中心到中心类似，只不过换成了一个圆的圆心和图案的中心。圆弧槽的创建则是先确定一段圆弧，再拖曳确定半径。

　　"多边形"工具可以创建最多包含 120 条边的多边形。在"多边形"对话框中，选择内切（使用两条边之间的顶点确定多边形的大小和方向）或者外切（使用一条边的中点确定多边形的大小和方向），再输入希望形状具有的边数。在图形窗口中单击以设置多边形的中心，然后拖动即可创建形状。

10.2.3　圆（Circle）

　　利用"圆"工具可以绘制圆或者椭圆。其二级菜单如图 10 - 7 所示。"圆（圆心）"可以创建由圆心和半径上的一点定义的圆。第一次单击设置圆心，第二次单击指定半径。如果第二点在直线、圆弧、圆或椭圆上，则会应用相切约束形成圆。

　　"圆（相切）"可以根据已有的直线段图元创建与之相切的圆。依次点选互不共线的三条直线段图元，会自动创建与三者所在直线均相切的圆并自动应用相切约束。

　　"椭圆"可以创建所需的椭圆图元。第一次单击以设置椭圆中心点，再沿任一方向移动光标，将出现由中心线表示的轴。单击以设置此轴的方向和长度。再拖动光标，将自动形成所画椭圆的预览图。调整预览图至所需的图样，单击即可创建椭圆。

图 10 - 7　圆二级菜单

10.2.4　圆弧(Arc)

"圆弧"工具的二级菜单如图 10-8 所示。

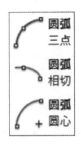

图 10-8　圆弧二级菜单

"圆弧(三点)"可以用三点绘制圆弧:先用两点确定圆弧的始末点,再用第三点确定半径。

"圆弧(相切)"可以创建与其他实体相切的圆弧,先点选其他实体的端点,再用第二个点确定半径和位置。

"圆弧(圆心)"先用一点确定圆心,再拖曳至第二点确定半径,用第三点确定圆弧角度,第二点和第三点形成最终的圆弧。如图 10-9 和图 10-10 所示。

图 10-9　确定圆心和半径

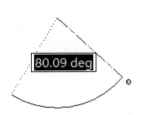

图 10-10　确定角度

10.2.5　圆角(Fillet)和倒角(Chamfer)

"圆角"工具可在两条所选直线的交点处创建圆角(顶点)。其二级菜单如图 10-11 所示。指定圆角圆弧的半径,该圆角圆弧与圆角修剪或延伸的曲线相切。在垂直或平行的直线之间、同心圆弧之间、相交和不相交的圆弧之间、椭圆弧之间、样条曲线之间或者圆弧与直线之间创建圆角。

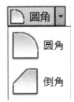

图 10-11　圆角二级菜单

创建圆角特征的步骤如下:

在图形窗口中选择要创建圆角的直线。

在"二维圆角"对话框中输入半径,然后单击"等长"以创建半径相等的圆角。可以将鼠标移到两直线共享的端点处预览圆角。如果需要,可以继续选择要添加圆角的直线。注意,相交直线将被修剪到圆弧端点处。使用"圆角"命令创建二维圆角如图 10 - 12 所示。

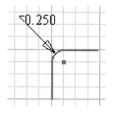

图 10 - 12　圆角示例

"倒角"工具可在任意两条非平行直线的交点处创建倒角。倒角命令菜单如图 10 - 13 所示。

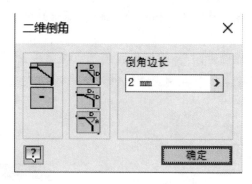

图 10 - 13　倒角菜单

创建倒角特征的步骤如下:

在图形窗口中选择要创建倒角的直线。

在对话框中指定尺寸,选择"创建尺寸"可在草图中包括对齐尺寸标注来指示倒角的大小,选择"与参数相等 ="可以将其他倒角的距离和角度设置为与当前实例中创建的第一个倒角的值相等,该参数在默认情况下处于启用状态,取消选择该选项可指定倒角的数值。

选择要创建的倒角类型并输入距离值。选择"等边"可以通过与点或选定直线的交点相同的偏移距离来定义倒角;选择"不等边"可以通过为每条选定直线指定的到点或交点的距离来定义倒角;选择"距离和角度"可以由与选定的第一条直线的角度和从第二条直线的交点开始的偏移距离来定义倒角。

10.2.6　文本(Text)

该功能用于在平面图中绘制各种字体的文字,方便用户在图纸中输入所需文字等。选择"文本",单击即可确定文本放置位置并进入文本对话框,如图 10 - 14 所示。

选择"几何图元文本"可以使文本与几何图元对齐,点选后先点击一个几何图元,然后进行以上操作即可。

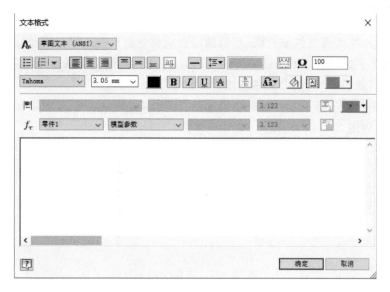

图 10-14　文本对话框

10.2.7　投影几何图元

该功能可以投影几何图元、切割边、展开模式（钣金零件）、DWG 块，生成框线并投影到二维或三维草图上。

如图 10-15 所示，利用投影几何图元工具可以将该零件的轮廓投影到另一个面上。

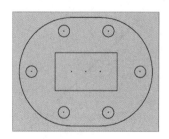

图 10-15　投影几何图元示例

10.2.8　约束(Constraint)

如图 10-16 所示是 Inventor 的约束菜单。可以添加的约束有很多种，而且添加也很容易。

图 10-16　约束菜单

1. 垂直约束(1)

垂直约束(1)主要用于强制直线、椭圆轴以及成对的点垂直或平行于坐标系的 Y 轴。当草图平面为 XY 平面或与 XY 平面平行的平面时,使用该约束将使被选中对象与 Y 轴平行;当草图平面为其他平面时,该约束将使选中对象与 Y 轴垂直。

在约束菜单中单击 ⫼ ,选中欲添加约束的几何体(或成对两点),即可在选中几何体上添加约束,效果如图 10 - 17 所示。

图 10 - 17　垂直约束(1)

2. 水平约束

水平约束主要用于强制直线、椭圆轴以及成对的点垂直或平行于坐标系的 X 轴。当草图平面为 XY 平面或与 XY 平面平行的平面时,使用该约束将使被选中对象与 X 轴平行;当草图平面为其他平面时,该约束将使选中对象与 X 轴垂直。

在约束菜单中单击 ≡ ,选中欲添加约束的几何体(或者成对两点),即可在选中几何体上添加约束,效果如图 10 - 18 所示。

图 10 - 18　水平约束

以上两种约束是基于坐标系以及坐标轴对所选对象进行约束,而下面两种约束则是基于已有的几何图元对所选对象进行约束。

3. 垂直约束

垂直约束主要使所选两线性几何图元相互垂直。

在约束菜单中单击 ↙ ,选中欲添加垂直约束的线性几何图元,即可使选中的两图元垂直,如图 10 - 19 所示。

图 10 - 19　垂直约束

4. 平行约束

平行约束主要使所选两线性几何图元平行。

在约束菜单中单击 ✎ ,选中欲添加平行约束的线性几何图元,即可使选中的两图元平行,如图 10 - 20 所示。

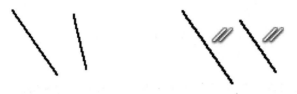

图 10 - 20 平行约束

5. 相切约束

相切约束主要用于使选中线型图元与圆或圆弧相切。

在约束菜单中单击 ⌕ ,选中欲添加相切约束的线性图元与圆或圆弧,即可使选中两图元相切,如图 10 - 21 所示 。

图 10 - 21 相切约束

6. 重合约束

重合约束主要将点约束到其他几何图元上。

在约束菜单中单击 ⌐ ,选中欲添加重合约束的点和几何图元,即可使选中的点与所选几何图元重合,如图 10 - 22 所示。

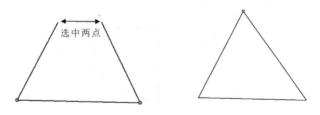

图 10 - 22 重合约束

7. 对称约束

对称约束主要使所选直线或曲线关于某特定线对称。

在约束菜单中单击 ⊄ ,选中欲添加对称约束的两线及对称轴线,即可使选中两线关于对称轴线对称,如图 10 - 23 所示。

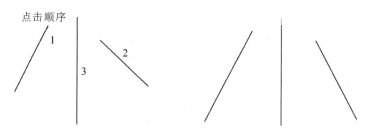

图 10-23　对称约束

8. 等长约束

等长约束主要使两条直线等长或使两圆(圆弧、椭圆)半径相等。

在约束菜单中单击▭,选中欲添加等长约束的两图元,即可添加等长约束,效果如图 10-24 所示。

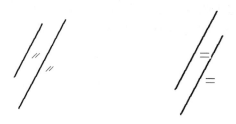

图 10-24　等长约束

9. 共线约束

共线约束可以使 2 条或更多线段或椭圆轴位于同一直线上。

在约束菜单中单击☑,选中欲添加共线约束的线段或椭圆轴,即可使选中几何图元共线,如图 10-25 所示。

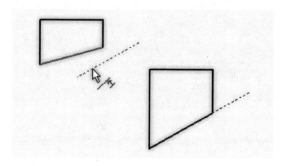

图 10-25　共线约束

10. 同心约束

同心约束可以使两个圆弧、圆或椭圆具有同一圆心。

在约束菜单中单击◎,选中欲添加同心约束的两圆弧、圆或椭圆,即可使选中的几何图元同心,如图 10-26 所示。

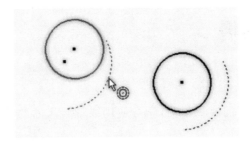

图 10 - 26　同心约束

11. 尺寸约束

尺寸约束可以在草图中加入尺寸,对草图中的几何图元尺寸进行约束。

在约束菜单中单击"尺寸"命令,选择欲添加尺寸约束的几何图元,即会自动对其添加尺寸。单击鼠标完成尺寸约束添加,即可对尺寸进行编辑,编辑尺寸后,图元会自动发生改变,如图 10 - 27 所示。

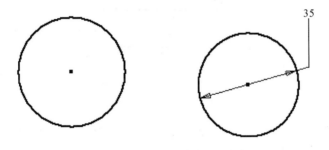

图 10 - 27　尺寸约束

10.2.9　镜像(Mirror)

对于轴对称的平面图,该项功能能够节省大量的工作时间。镜像可以跨轴创建草图中的镜像副本,草图中的任意线都可以作为对称轴。

单击 **镜像** →鼠标左键选取对称图形→选择对话框中的"镜像线"→选取镜像线,点击应用→镜像图形生成,如图 10 - 28 所示。

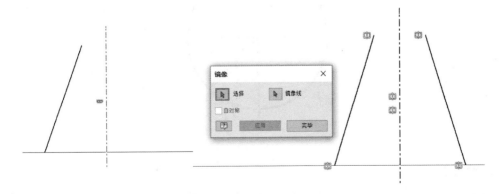

图 10 - 28　镜像特征创建

10.3　草图绘制实例

10.3.1　底板的草图

绘制如图 10-29 所示的底板草图,学习使用线、圆、尺寸约束、修剪、镜像等命令绘制草图。

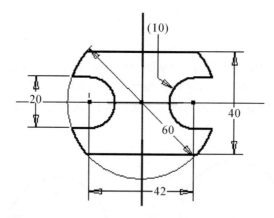

图 10-29　底板平面草图

1. 新建文件

新建标准零件文件,选择“开始创建二维草图”并选择草绘平面,进入草图编辑。使用“投影几何图元”命令,将除草绘平面外的另外两平面投影至草绘平面上,得到黄色的坐标轴图元。

2. 绘制圆

使用“圆”命令,单击坐标原点以设置圆心,设置直径为 60,按“Enter”键完成绘制,即可绘制如图 10-30 所示的底板主体。

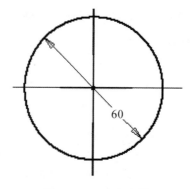

图 10-30　底板主体

3. 放置点

使用“点”命令,在横轴上任意位置单击鼠标左键放置点。使用尺寸约束,选择点和圆心添加尺寸约束,编辑尺寸为 21,即可在如图 10-31 所示位置放置点。

4. 绘制圆

使用"圆"命令,以上一步放置的点为圆心,设置直径为20,绘制如图10-32所示的圆。

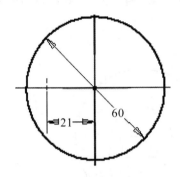

图 10-31　放置点的位置

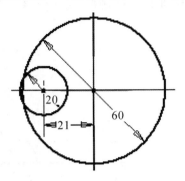

图 10-32　绘制圆

5. 绘制线

使用"线"命令,绘制与小圆相切且平行于横轴的直线。再绘制一与横轴平行的水平线,使用"尺寸约束"命令,设置该直线与横轴距离为20,所得图形如图10-33所示

6. 修剪图形

使用"修剪"命令,删去多余的线条,得到如图10-34所示的图形。

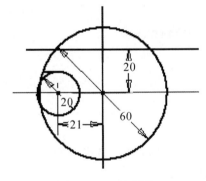

图 10-33　绘制线

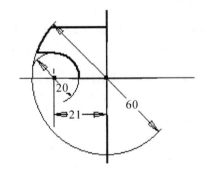

图 10-34　修剪图形

7. 镜像图形

使用"镜像"命令,选择修剪后的图形为镜像特征,以坐标轴为镜像线,进行两次镜像,得到如图10-35所示的底板草图。

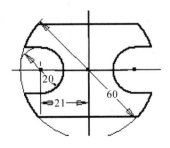

图 10-35　底板草图

10.3.2 吊钩的草图

绘制如图 10-36 所示吊钩的草图,学习圆、尺寸约束、相切约束、修剪及圆角等命令的使用。

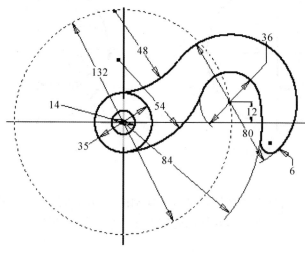

图 10-36 吊钩草图

1. 新建文件

新建零件文件,创建二维草图,投影平面图元得到横轴和纵轴。

2. 绘制圆

使用"圆"命令,以坐标原点为圆心绘制直径为 14、35、132、168 的四个圆。选择设置直径 132 的圆为"构造",如图 10-37 所示。

3. 绘制圆

在构造圆上以任意一点为圆心,绘制直径为 36、80 的两个圆。选择圆心和坐标轴横轴添加尺寸约束,设置尺寸为 12,所得图形如图 10-38 所示。

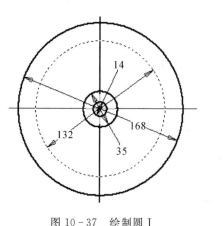

图 10-37 绘制圆 I

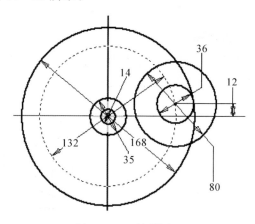

图 10-38 绘制圆 II

4. 绘制相切圆

以任意位置为圆心,绘制直径为 96、108 的两圆(两圆不同心)。使用"相切"命令,添加相切约束,使直径 96 的圆与直径 35、80 的圆外切,直径 108 的圆与直径 35 的圆内切,与直径 36 的圆外切,得到如图 10 - 39 所示的图形。

5. 修剪图形

使用"修剪"命令,删去多余的线条,得到如图 10 - 40 所示的图形。

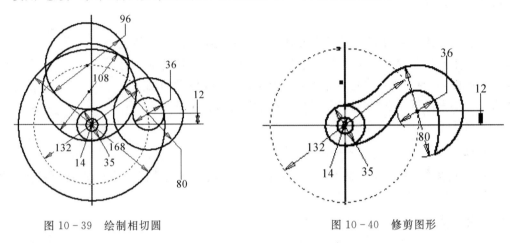

图 10 - 39　绘制相切圆　　　　　　　　　　图 10 - 40　修剪图形

6. 添加圆角

使用"圆角"命令,设置圆角半径为 6,选择弯钩前端添加圆角,得到如图 10 - 41 所示的吊钩草图。

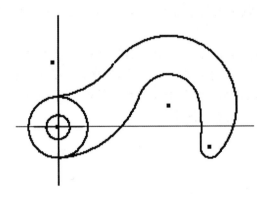

图 10 - 41　添加圆角

第11章 创建基准

11.1 简介

在创建三维模型过程中经常需要使用到一些参考特征,以便在几何图元不足以创建好定位新特征时提供必要约束。定位特征不是实体或曲面,本身不能用来进行造型,主要用于为三维模型的创建提供合适的参考数据。在"定位特征"功能区有常用的定位特征:平面、轴、点、坐标系,如图 11-1 所示。

图 11-1　定位特征

1. 轴

轴线可以作为尺寸标注的基准、旋转特征的回转轴、同轴特征的基准轴,还可以作为装配零件的参考线。

2. 基准点

基准点可以作为创建 3D 曲线的基点、尺寸标注的基准,还可以作为有限元分析的施力点等。

3. 坐标系

坐标系可以作为数据转换时的位置参考、装配零件的参考基准,或作为数控加工时加工的参考点等

在任一模块中均可创建定位特征。创建实体或曲面特征前可以使用各种方法创建定位基准,这种特征将由始至终存在于模型创建过程,但这种特征过多会使平面过于凌乱而影响建模,因此可以在使用完成后在浏览器中取消其可见性,下一次使用时再打开可见性,或者直接在浏览器中选中并用右键进行操作。

11.2 基准创建

11.2.1 工作平面的创建

工作平面应该理解成一个无限大的平面,而不是仅仅局限于显示上的大小。工作平面可以作为平面图绘制的平面,可以决定视图方向、作为装配零件的参考面以及作为产生剖视图的剖切面。

工作平面的具体创建过程如下:打开功能区"定位特征"中"平面"的下拉菜单,显示如图 11-2 所示的多种平面创建条件,根据实际需要,选择合适的创建条件创建工作平面。下面对几种常用创建方法进行介绍。

图 11-2　面创建菜单

1. 从平面偏移

该命令用于从已有平面（工作平面或实体平面表面）偏移一定距离得到新的工作平面，具体创建步骤如下：

选取"平面"下拉菜单中的"从平面偏移"→选中要偏移的平面→按住箭头选择偏移方向，拖动箭头或者输入偏移值→点击"√"或按"Enter"→完成与原来平面相平行的偏移工作平面，如图 11-3 所示。

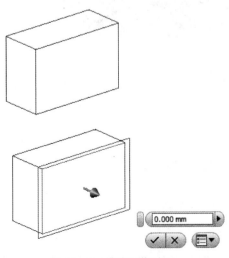

图 11-3　偏移工作平面

2. 两个平面之间的中间面

该命令用于在两个已有平面的中间创建工作平面,具体创建步骤如下:

选取"平面"下拉菜单中的"两个平面之间的中间面"→依次选取两个已有平面→新的工作平面自动生成→完成两平面中间的工作平面,如图 11-4 所示。

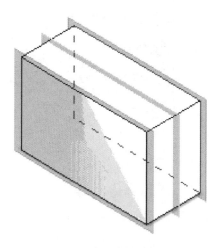

图 11-4　两个平面之间的中间面

3. 平面绕边旋转的角度

该命令可以从已有平面绕某一边旋转一定角度创建新的基准平面。具体创建步骤如下:

选取"平面"下拉菜单中的"平面绕边旋转的角度"→选取要旋转的平面→选择作为旋转轴线的边→拖动箭头或者输入角度→点击"√"或按"Enter"→完成与所选平面具有指定角度的工作平面,如图 11-5 所示。

4. 三点

该命令可以创建通过三个任意类型点的工作平面。选择任意三个点,新的工作平面即自动生成,如图 11-6 所示。

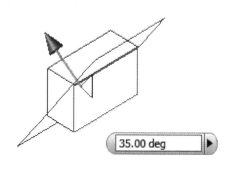

图 11-5　面绕边旋转的角度

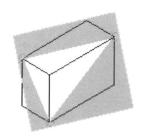

图 11-6　任意三点创建平面

5. 与曲面相切且平行于平面

该命令可以创建与曲面相切且平行于平面的工作平面。选择一个曲面和一个平面,则生成与曲面相切且与平面平行的工作平面。新工作平面坐标系是从选定平面衍生的。如图 11-7 所示,选择圆柱曲面和 YZ 平面,即得新的工作平面。

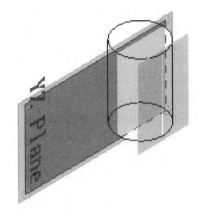

图 11-7 与曲面相切且平行于平面

11.2.2 轴的创建

轴在零件设计中可以用来辅助创建工作平面、作对称直线、辅助草图中几何图元定位、作中心线等,在装配时也可以作为基准;创建轴的菜单如图 11-8 所示,下面对这些创建命令简单予以介绍。

(1)"在线或边上 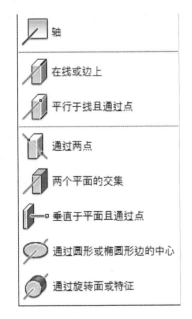":创建与线性边或草图线共线的工作轴。选择线性边、二维或三维草图线即可进行创建。

(2)"平行于线且通过点 ":创建通过点并平行于线性边的工作轴。选择点,然后选择线性边或草图线即可进行创建。

(3)"通过两点 ":创建通过两个点的工作轴。选择两个任意类型的点即可创建工作轴,新工作轴的正向从第一个点指向第二个点。

(4)"两个平面的交集 ":创建与两个平面的交集重合的工作轴。选择两个非平行的工作平面或实体平面表面,即可在两平面交线处创建新的工作轴。

(5)"垂直于平面且通过点 ":创建通过点并垂直于平面的工作轴。选择一个平面和一个点,即可创建新的工作轴。

(6)"通过圆形或椭圆形边的中心 ":创建与圆、椭圆或圆角的轴重合的工作轴。选择圆、椭圆或圆角的边即可进行创建。

(7)"通过旋转面或特征 ":创建与面或特征的轴重合的工作轴。选择一个旋转面或特征,即可在其轴线位置创建工作轴。

图 11-8 轴创建菜单

11.2.3 点的创建

参考工作点可以用来标记轴和阵列中心，定义坐标系、平面以及三维路径。在"点"的菜单中选择对应的类型即可开始创建，如图 11-9 所示。对每种命令进行简单介绍如下：

(1)"点◆"：创建以参数方式附着到其他对象的构造点。选择模型顶点、边和轴的交点或者三个非平行面或平面的交点以创建工作点。

(2)"固定点◢"：所谓"固定点"，是指其相对坐标原点的位置固定的点。所以当固定点初始附着的位置变更时，固定点仍然留在当时的坐标位置上，不会跟随变化。创建固定点时，先单击某个工作点、中点或顶点，再单击或拖动该工具的轴或中心，然后在"三维移动/旋转"对话框中输入值并单击"应用"。重复操作，直到完成对 X、Y 和 Z 坐标的定义。

(3)"在顶点、草图点或中点上◪"：在二维或三维草图点、顶点、线或线性边的端点或中点上创建工作点。

(4)"三个平面的交集◪"：在三个工作平面或平面相交处创建工作点。

(5)"两条线的交集◪"：选择任意两条线（包括线性边、二维或三维草图线以及工作轴），在两条线相交处创建工作点。

(6)"平面/曲面和线的交集◪"：在平面或工作平面与工作轴或线相交处创建工作点。选择平面或曲面和直线（或轴），即可在两者交点处创建点。

(7)"边回路的中心点▣"：选择封闭的边回路中的一条边，对应好要取点的面，使其变色后点击即可。

(8)"圆环体的圆心◉"：创建通过圆环体的中心或中间面的工作点。

(9)"球体的球心●"：选择球体，在球体的中心创建工作点。

图 11-9 点创建菜单

11.2.4　用户坐标系(USC)的创建

用户坐标系(UCS)是定位特征的集合(三个工作平面、三个轴和一个中心原点)。与原始坐标系不同,在文档中可有多个 UCS,设计者可以有区别地放置和定向它们。当在三维环境中创建或修改对象时,可以在三维模型空间中移动和重新定向 UCS 以简化工作。UCS 中的定位特征可用来放置草图和特征,这些草图和特征在重新定义 UCS 时会更新。可用以下方式定义 UCS:

(1)指定新原点(一个点)、新 X 轴(两个点)或新 XY 平面(三个点)。

(2)通过选择三维实体对象上的面或者边来对齐 UCS。

(3)沿其三个主轴中的任一个旋转当前 UCS。

第 12 章　简单零件的造型

12.1　零件造型菜单简介

构建 3D 立体零件时,首先在主菜单选择新建(New),显示如图 12-1 所示的新增对话框。在新增对话框的绘制类型的选项中,选择"零件(Part)"-"Standard.ipt",起名后创建,直接进入绘制零件图的界面。在这种模式下只能进行零件图模型的绘制,并保存成 ipt 文件格式,以供实体装配或曲面模型、模具设计时调用。在零件 3D 模型创建过程中,也需要进入平面图绘制状态,绘制的方法与草图绘制的方法相同。绘制零件结构的各种命令如图 12-2所示,调用图中所示的各种命令,即可构造各种实体。

图 12-1　新增对话框

实体建模是 Inventor 2018 里面用的最多的命令块之一。在实际的设计项目中,大多数模型都是通过实体建模完成的,所以零件模块是 Inventor 2018 里面最基本的模块,因此,掌握实体建模的各个命令非常重要。首先在如图 12-2 所示的菜单栏选取"创建"或"修改"命令,主要包括拉伸、旋转、孔、圆角、倒角、螺纹、抽壳、拔模、放样、扫掠、加强筋、螺旋扫掠等成型特征命令。

图 12-2　绘制零件的各种命令

12.2　基础特征常用的造型方法简介

本节简单介绍实体建模过程中常用的命令。

12.2.1　拉伸(Extrude)

拉伸(Extrude)是将一个封闭的底面或剖面图形,沿垂直方向添加深度,创建特征或实体。因此,在使用拉伸命令之前,必须准备一个封闭的二维草图(一定要是封闭图形),当截面有内环时,特征将拉伸成孔。在菜单管理器中拉伸特征的基本创建步骤如下:

(1)单击"开始创建二维草图",选择任一平面创建二维草图,进入草图绘制界面。

(2)在草图绘制平面中,绘制任意形状的封闭平面图形,例如图 12-3 所示截面,并设定圆的直径为 25,按"Enter"键完成绘制。

(3)单击"完成草图"按钮,退出草图绘制。

(4)单击"拉伸"按钮,弹出拉伸对话框如图 12-4 所示,选择截面轮廓、输出类型和特征生成距离及拉伸方向。

图 12-3　封闭平面图形

图 12-4　拉伸面板

定义特征深度有以下几种方法:

➡距离:直接定义拉伸特征的拉伸长度。如果拉伸方向选择的是"对称"选项,则表示各沿两侧拉伸方向拉伸所定义长度的一半;

➡到:此选项指定终止拉伸的终点、顶点、面或平面;

➡距面的距离:此选项用来指定拉伸特征从某一平面沿拉伸方向的拉伸长度;

➡到表面或平面：此选项用来指定拉伸特征沿拉伸方向延伸到下一个特征表面，常用于创建切减材料的拉伸特征；

➡贯通：此选项用来指定拉伸特征沿拉伸方向贯穿草图平面所在的实体（对基础特征不可用）；

图 12-5　拉伸特征

➡介于两面之间：此选项用来选择界定拉伸终止范围的起始和终止面。

（5）如选"距离"，在下面文本框中输入深度尺寸 10，单击确定，完成拉伸特征如图 12-5 所示。

拉伸特征的输出类型有以下四种：

➡新建实体：此选项一般用于创建零件中的第一个实体特征，选择此输出类型将创建一个新的实体；

➡求并：此选项用于在已有实体的基础上添加新的实体特征；

➡求差：使用此输出类型时，已有实体特征与新建实体特征的交集部分将从已有特征上减去，而新建实体特征将不会生成；

➡求交：使用此输出类型时，将仅保留已有特征与新建特征的交集部分，其余部分均不会保留。

12.2.2　旋转(Revolve)

旋转(Revolve)特征具有"轴对称"特性，旋转体是由一个封闭的断（截）面图形，绕一特定的轴回转而成的。因此，在使用旋转命令之前，必须准备一个断面图形及回转轴。简而言之，旋转特征创建原则是：截面外形绕中心轴(Axis of Revolution)旋转特定角度产生。

旋转特征的创建步骤如下：

（1）创建二维草图。

（2）绘制截面和旋转轴线，如图 12-6 所示，退出草图绘制。

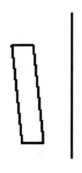

图 12-6　截面及旋转轴线

创建旋转特征，在绘制草图时应该注意的事项：

➡绘制截面时，需在同一草图内绘制一条直线作为旋转轴；

➡若为实体(Solid)类型，其截面必须为封闭型轮廓；

➡若为曲面(Surface)类型，其截面可为封闭型或开口型。

（3）单击"旋转"按钮，弹出旋转面板，如 12-7 所示。

图 12-7　旋转面板

（4）在旋转面板中，依次选定"截面轮廓"、"旋转轴"，再确定范围。

定义旋转特征，有以下两种常用方法。

➡全部：使截面轮廓绕旋转轴旋转 360°；

➡角度：指定截面轮廓的旋转角度建立实体。

（5）如选角度，输入角度值 60deg，单击确定，完成旋转特征，如图 12-8 所示。

图 12-8　旋转特征

旋转特征的输出类型有以下四种：

➡新建实体：此选项一般用于创建零件中的第一个实体特征，选择此输出类型将创建一个新的实体；

➡求并：此选项用于在已有实体的基础上添加新的实体特征；

➡求差：使用此输出类型时，已有实体特征与新建实体特征的交集部分将从已有特征上减去，而新建实体特征将不会生成；

➡求交：使用此输出类型时，将仅保留已有特征与新建特征的交集部分，其余部分均不会保留。

12.2.3　孔（Hole）

孔（Hole）特征是对现有实体进行修改的一类实体特征，故需要有事先建立的实体，不可凭空添加。一般来说，孔特征需要依赖现有实体确定参考点的位置，进行添加。

孔特征的创建步骤如下：

（1）单击"孔"按钮，弹出如图 12-9 所示的对话框。

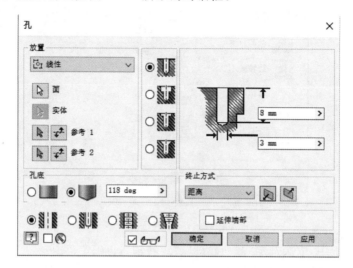

图 12-9　孔特征对话框

（2）选定放置位置和放置平面，调整孔特征。

定义放置位置有以下几种方法：

➡从草图：单击在草图中设置好的点或几何图元上的点，将自动选择为孔中心点建立孔特征；

➡线性：根据孔放置位置尺寸及尺寸基准选定孔中心点；

➡同心：选定圆形边或圆柱面作为同心参考，将圆心处选择为孔中心点；

➡参考点：将工作点选定为孔中心点。

12.2.4　其他特征简介

圆角（Round）及倒角（Chamfer）是对实体的边进行圆角或倒角处理。

加强筋（Rib）是根据草图轮廓为实体特征增加各种筋。

壳（Shell）是将实体特征抽空成为薄壳体。

12.3　零件特征修改方法简介

Inventor 的编辑草图功能使得实体零件模型的修改非常简便容易。

（1）在模型树中选取打开任意特征的下拉菜单，可看到该特征所对应的草图，用鼠标右键点击草图按钮，显示如图 12-10 所示的快捷菜单，选择编辑草图，进入该草图的绘制界面。

（2）修改草图至所需的样式，点击"完成草图"退出编辑，模型实体将根据修改后的草图发生变化。

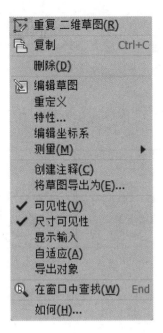

图 12-10　右键打开的快捷菜单

12.4　零件绘制实例

12.4.1　轴承座

绘制如图 12-11 所示轴承座零件,目的是掌握常用的挖切(Cut)、筋(Rib)、倒角(Chamfer)、圆角(Round)等特征的综合建模造型方法。学习并掌握标注尺寸(Dimension)、修改尺寸、修剪图形等操作。

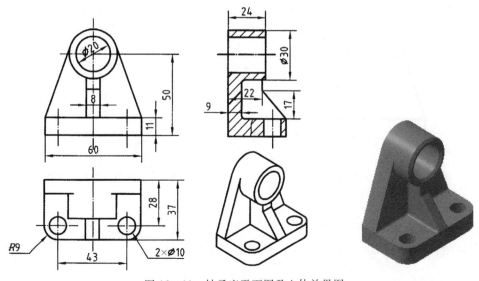

图 12-11　轴承座平面图及立体效果图

1. 新建

在主菜单的文件（File）的菜单管理器中选择新建（New），在绘制类型的选项中，选择"零件-创建二维和三维对象"-"Standard.ipt"，单击"创建"后直接进入绘制零件图的界面。

2. 创建底板二维草图

创建二维草图，绘制如图 12-12 所示的二维草图。

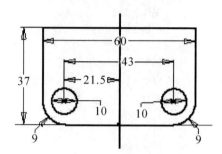

图 12-12　底板的二维草图

3. 创建底板

使用"拉伸"命令，选定第 2 步所绘制的二维草图为截面轮廓，编辑拉伸长度 11 和拉伸方向，点击"确定"，建立底板实体。

4. 绘制立板二维草图

在底板后面创建二维草图，使用直线、圆、修剪、尺寸标注及相切约束等工具绘制如图 12-13所示的立板二维草图。

5. 创建立板

使用"拉伸"命令，选定第 4 步所绘制的二维草图为截面轮廓，编辑拉伸长度 9 和拉伸方向，点击"确定"，建立如图 12-14 所示的实体模型。

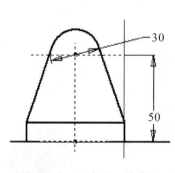

图 12-13　立板的二维草图

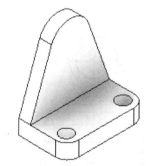

图 12-14　添加立板后的实体模型

6. 创建圆柱

在立板前端面绘制圆形二维草图，使用"拉伸"命令，选定截面轮廓，编辑拉伸长度 15 和拉伸方向，点击"确定"，建立如图 12-15 所示的实体模型。

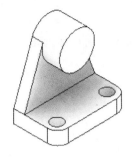

图 12-15　添加圆柱后的实体模型

7. 钻孔

使用"孔"命令,选择放置方式为"同心",选择圆柱前端面为放置平面,圆柱体截面圆为同心参考,终止方式为"贯通",修改孔直径 21,点击"确定",钻孔后的实体模型如图 12-16 所示。

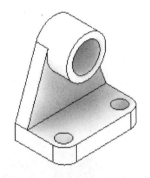

图 12-16　钻孔后的实体模型

8. 绘制加强筋草图

使用"两个平面的中间面"命令,选择底板两侧面作为参考,建立如图 12-17 所示的草图平面,在草图平面上创建草图,绘制如图 12-18 所示的加强筋轮廓。

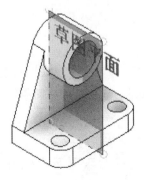

图 12-17　加强筋草图平面

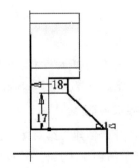

图 12-18　加强筋轮廓

9. 建立加强筋

使用"加强筋"命令,选择第 8 步所绘制的加强筋轮廓,调整加强筋厚度为 8 mm,修改类型、方向,建立如图 12-19 所示的加强筋结构。

10. 添加倒角、圆角

使用"倒角""圆角"命令,选择要添加倒角和圆角的轮廓,点击"确定",完成如图 12 - 20 所示的轴承座模型。

图 12 - 19　肋　　　　　　　　　　　　　图 12 - 20　倒角

12.4.2　齿轮减速器上箱盖

本实例作为综合实例,巧妙地运用前面章节中学习的建模方法实现齿轮减速器上箱盖的设计,其效果图如图 12 - 21 所示。

图 12 - 21　减速器上箱盖体模型

1. 新建文件

在主菜单的文件(File)的菜单管理器中选择新建(New),在绘制类型的选项中,选择"零件-创建二维和三维对象"-"Standard.ipt",单击"创建"后直接进入绘制零件图的界面。

2. 创建底板特征

(1)单击"开始创建二维草图",选择 xz 平面为创建二维草图的平面。

(2)展开草图创建工具栏中"矩形"工具的下拉菜单,选择工具"矩形-两点中心",以坐标原点为中心,绘制长 100、宽 230 的二维草图。

(3)使用"拉伸"命令,对二维草图进行拉伸,拉伸长度设置为 7,生成拉伸特征。

(4)使用"圆角"命令,对所创建实体的边角倒圆角,设置半径为 23。

(5)选择现有模型的上表面创建新的二维草图,绘制如图 12 - 22 所示的二维草图。

(6)使用"拉伸"命令,选取二维草图作为截面轮廓进行拉伸,设置拉伸长度为 21,点击"确定"添加拉伸特征。

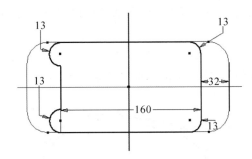

图 12-22　截面轮廓

3. 创建轴承座特征 1

(1)单击"创建二维草图",选择 yz 平面创建二维草图,绘制如图 12-23 所示的二维草图。

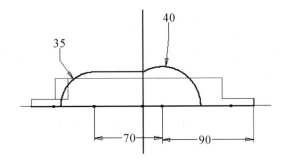

图 12-23　轴承座草图 1

(2)使用"拉伸"命令,对上一步所得二维草图进行拉伸,选择拉伸方向为"对称",设置拉伸长度为 104,点击"确定",生成如图 12-24 所示的拉伸特征。

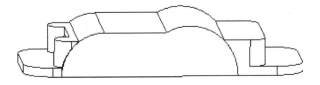

图 12-24　轴承座特征 1

4. 创建箱体特征

(1)单击"创建二维草图",选择 yz 平面创建二维草图,绘制如图 12-25 所示的二维草图,按照图中所示标注尺寸(圆的尺寸均为半径),完成草图并退出草绘模式。

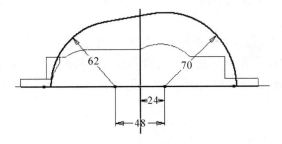

图 12-25　箱体草图

（2）使用"拉伸"命令，对上一步所得二维草图进行拉伸，选择拉伸方向为"对称"，拉伸长度为 52，创建拉伸特征。

（3）依然选择 yz 平面创建二维草图，绘制如图 12-26 所示的二维草图，按照图中所示标注尺寸（圆的尺寸均为半径），完成草图并退出草绘模式。

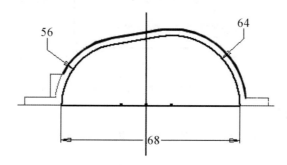

图 12-26　截面草图

（4）使用"拉伸"命令对二维草图进行拉伸，选择拉伸方向为"对称"，拉伸长度为 40，拉伸类型为"求差"，创建拉伸特征。

5. 创建轴承座特征 2

（1）选择轴承座的实体表面作为工作平面，创建二维草图。绘制如图 12-27 所示的二维草图后，退出草绘界面。

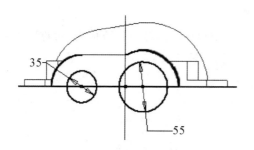

图 12-27　轴承座草图 2

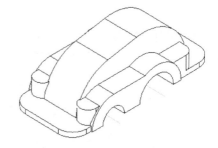

图 12-28　轴承座特征 2

（2）使用"拉伸"命令，选择拉伸范围为"贯通"，拉伸类型为"求差"，创建如图 12-28 所示的轴承座特征。

6. 创建窥视孔特征

（1）以之前箱盖顶部平整的平面作为工作平面，创建二维草图，绘制如图 12-29 所示的二维草图。

（2）使用"拉伸"命令，先选取外围轮廓为拉伸截面，选择拉伸方向为"不对称"，第一项拉伸距离设置为 2，第二项设置为 6，建立不含通孔的拉伸特征。再使用"拉伸命令"，选择草图上通孔位置为拉伸截面，选择拉伸范围为"贯通"，创建如图 12-30 所示特征。

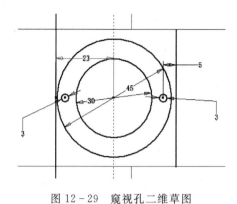

图 12-29　窥视孔二维草图

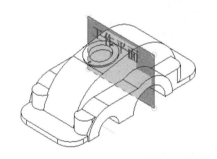

图 12-30　窥视孔特征

7.创建加强筋特征 1

(1)使用定位特征工具栏"平面"工具下拉菜单"从平面偏移",选择 xy 平面为参考面,偏移距离为 20,调整偏移方向,得到如图 12-31 所示的工作平面。

(2)在上一步所创建的工作平面上创建二维草图,绘制如图 12-32 所示的二维草图。

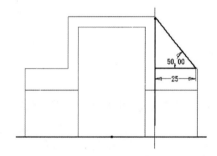

图 12-31　加强筋特征 1 所用工作平面　　　　图 12-32　加强筋特征 1 草图截面

(3)使用工具栏中的"加强筋"工具,选择上面的二维草图,将加强筋厚度设定为 6,调整创建加强筋的方向,直至出现创建特征的预览图,点击确定,创建如图 12-33 所示的加强筋特征。

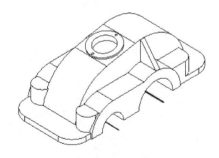

图 12-33　加强筋特征 1

8.创建加强筋特征 2

(1)使用定位特征工具栏"平面"工具下拉菜单"从平面偏移",选择 xy 平面为参考面,偏移距离为 50,调整偏移方向,得到如图 12-34 所示的工作平面。

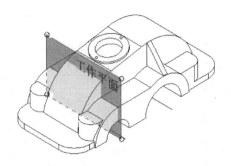

图 12-34　加强筋特征 2 所用的工作平面

（2）在创建的工作平面中绘制如图 12-35 所示的二维草图。

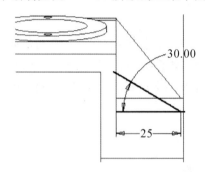

图 12-35　加强筋特征 2 截面草图

（3）重复之前创建加强筋的步骤，建立如图 12-36 所示的加强筋特征。

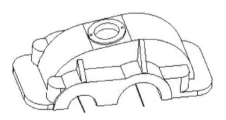

图 12-36　加强筋特征 2

9. 镜像加强筋

选择之前两步得到的加强筋，以 yz 平面作为镜像平面，得到的镜像结果如图 12-37 所示。

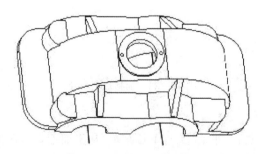

图 12-37　加强筋镜像结果

10. 创建孔特征

使用"孔"命令,选择放置方式为"同心",孔径设置为 10,终止方式为贯穿,依次选择适当的放置平面及同心参考,添加孔特征。最终的减速器上箱盖如图 12 - 38 所示。

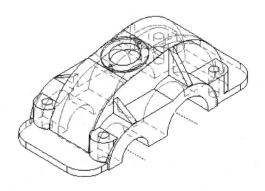

图 12 - 38　减速器上箱盖零件

第13章　复杂实体建模

在 Inventor 中,创建模型除了拉伸(Extrude)、旋转(Revolve)等基本建模命令以外,还有扫掠(Sweep)、螺旋扫掠、加强筋、放样、衍生等命令,如图 13 - 1 所示。一些复杂的零件造型只通过基本特征建模是无法完成的,因此 Inventor 引入了修改模型特征功能,常用的修改模型特征命令如图 13 - 2 所示。本章内容主要介绍扫掠(Sweep)、放样、螺旋扫掠(Coil)、抽壳(Shell)等模型创建方式。

图 13 - 1　常用的创建特征命令

图 13 - 2　常用的修改特征命令

13.1　常用的特征造型命令简介

本节简单地介绍实体建模过程中常用的特殊建模命令及模型修改功能。

13.1.1　扫掠(Sweep)

扫掠(Sweep)特征的创建原则是:建立一条轨迹路径(Trajectory),令草图截面沿此轨迹路径扫掠形成实体。扫掠对话框如图 13 - 3 所示。

图 13 - 3　扫掠对话框

创建扫掠特征的主要操作步骤如下:

首先要求确定扫掠轨迹和截面草图。其方式有两种:

➡草绘轨迹与截面:选择绘图面,绘制轨迹形状(即二维曲线)。扫掠轨迹绘制完成后,选择轨迹上一点建立平面,进行二维截面的绘制。

➡选取轨迹、草图截面:选择已存在的曲线(Curve)或实体上的边(Edge)作为轨迹路径,该曲线可为空间的三维曲线,系统会询问水平参考面的方向。再选择轨道上一点来建立平面,进行二维截面的绘制。

扫掠轨迹可为开放型或封闭型轨迹。扫掠可以创建实体,同时也可以创建曲面。

示例:

(1)选择创建二维草图→选取平面,进入草图绘制,绘制如图 13 - 4 所示的扫掠轨迹→完成草图并退出。在原始坐标系中选择与轨迹相交的面(也可以利用定位特征中的"平面"菜单创建新的面),创建二维草图,绘制如图 13 - 5 所示的封闭截面→完成草图并退出。

(2)点击"扫掠",选择截面后点击对话框中的"路径"选择路径,单击确定(OK),即可生成扫掠的模型,如图 13 - 6 所示。

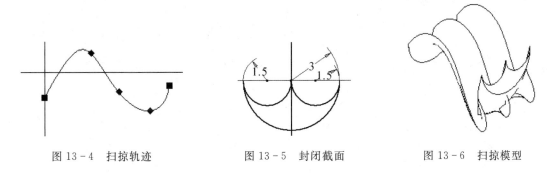

图 13 - 4　扫掠轨迹　　　　　　图 13 - 5　封闭截面　　　　　　图 13 - 6　扫掠模型

13.1.2　放样

放样特征利用两个或者多个截面来创建特征,在截面与截面之间创建表面光滑的过渡形状。放样对话框如图 13 - 7 所示。

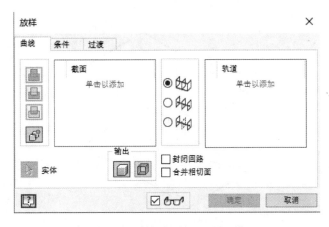

图 13 - 7　放样对话框

示例:

(1)先选择一个平面建立如图 13 - 8 所示的平面草图,完成后使用"平面"中的"从平面偏移"在原平面的同侧建立两个等间距且间距为 5 的平面,分别在这两个平面上绘制如图

13-8、13-9 所示的草图。

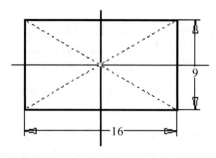

图 13-8　第一个、第三个截面草图

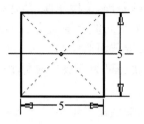

图 13-9　第二个截面草图

（2）使用"放样"命令，先选取第一个、第二个草图进行放样，再选取第二个、第三个草图进行放样，可得到如图 13-10 所示的实体模型。如果依次选取三个草图进行放样，可得到如图 13-11 所示的实体模型。

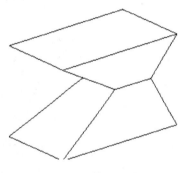

图 13-10　第一种放样

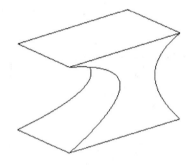

图 13-11　第二种放样

（3）用另外的模式，可以得到特殊的立体模型：依次选择三个截面之后点选"过渡"菜单，取消"自动映射"后依次点选"集合"1-2-3-4，调整映射点的位置，点"确定"后生成如图 13-12 所示的模型。

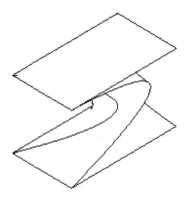

图 13-12　生成特殊立体模型

13.1.3　螺旋扫掠

螺旋扫掠命令主要用于创建由螺旋类特征构成的零件，例如弹簧或螺纹，其对话框如图

13 - 13 所示。

图 13 - 13　螺旋扫掠对话框

下面以弹簧的创建为例说明螺旋扫掠的使用。

选择"创建二维草图",选取平面→进入草图绘制环境→绘制创建弹簧的截面和螺旋放样所需的轴线(如图 13 - 14 所示)→完成草图并退出。

(1)螺旋扫掠→出现如图 13 - 13 所示的菜单,点选小矩形为截面轮廓,直线为旋转轴。

(2)点击"螺旋规格",选择"类型"中的"螺距和高度",在消息栏中输入螺距 10,旋转高度为 50,点击确定按钮,完成如图 13 - 15 所示的弹簧模型。

说明:由螺旋扫掠创建的不是标准的弹簧文件,标准的弹簧文件需要使用到部件中的设计加速器并输入必要参数来创建。设计加速器的使用在第 8 章介绍。

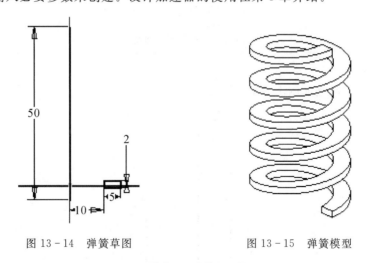

图 13 - 14　弹簧草图　　　　　　　图 13 - 15　弹簧模型

13.1.4　抽壳(Shell)命令

抽壳命令主要是从零件内部去除材料,创建一个具有指定厚度的空腔。

创建步骤如下:

创建立体特征如图 13 - 16 所示的二维草图→拉伸,长度为 5 mm,生成立体。然后选择"抽壳",选择开口面为上表面,选择"向外",厚度设置为 1 mm,即可创建如图 13 - 17 所示的模型。

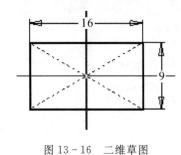
图 13 - 16　二维草图

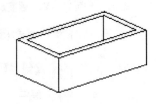
图 13 - 17　抽壳模型

13.2　零件造型实例

13.2.1　矩形断面锥弹簧

绘制图 13 - 18 所示矩形断面锥弹簧,进一步掌握螺旋扫掠命令的使用。

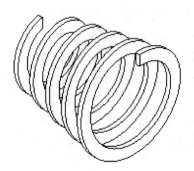
图 13 - 18　矩形断面锥弹簧

1. 建立草图

新建零件文件,绘制如图 13 - 19 的草图。

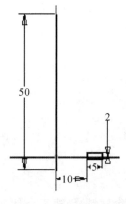
图 13 - 19　矩形断面锥弹簧草图

2. 进入螺旋扫掠菜单

点击"螺旋扫掠",在"螺旋规格"中设置螺距为 10mm,高度为 50mm,锥度为 10deg,即可创建如图 13 - 18 所示的矩形断面锥弹簧。

13.2.2　托杯

绘制图 13 - 20 所示的托杯,掌握抽壳、放样等命令的使用。

图 13 - 20　托杯模型

1. 建立新文件

新建零件文件。

2. 绘制锥台

绘制平面,绘制草图如图 13 - 21 所示,完成草图并退出。使用"旋转"命令,创建如图 13 - 22 所示的回转体模型。

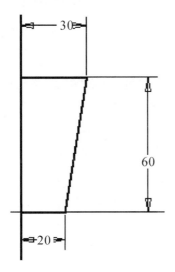

图 13 - 21　托杯的旋转截面图

图 13 - 22　托杯回转体

3. 抽壳

使用"抽壳"命令,选取回转体上表面开口面→设置壁厚为 2,即可创建如图 13 - 23 所示的壳体模型。

图 13 - 23　抽壳

4. 切割杯体

先在杯体中部绘制如图 13 - 24 所示的二维草图。使用"拉伸"命令,选择范围为"贯通",方向为"对称",类型为"求差",确定后切割模型,结果如图 13 - 25 所示。

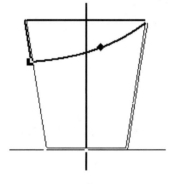

图 13 - 24　建立切割草图

图 13 - 25　切割杯体

5. 扫掠制作杯缘

在杯体中部绘制如图 13 - 26 所示的二维草图。使用"扫掠"命令,路径选择杯子的边缘,截面轮廓选择所绘二维草图,制作如图 13 - 27 所示的杯缘。

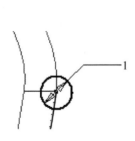

图 13 - 26　杯缘扫掠截面

图 13 - 27　杯缘

6. 扫掠制作杯把

先绘制如图 13 - 28 所示的草图作为扫掠轨迹,并投影杯体右侧截线作为辅助轴。使用"平面"工具中的"与平面相切且过轴",选择杯体外表面和所作辅助轴创建平面。创建二维草图,以曲线与平面所交点为圆心绘制直径为 2 mm 的圆。使用"扫掠"命令,以该圆为截面轮廓,曲线为路径,创建如图 13 - 29 所示的杯把。

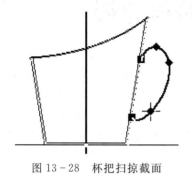

图 13 - 28　杯把扫掠截面

图 13 - 29　杯把

第 14 章 曲面建模

曲面建模是用曲面构成物体形状的建模方法,曲面建模增加了有关边和表面的信息,可以进行面与面之间的相交、合并等方法。与实体建模相比,曲面建模具有控制更加灵活的优点,有些功能是实体建模不能做到的,另外,曲面建模在逆向工程中发挥着巨大的作用。Inventor 作为一款中端软件,对于复杂曲面问题在处理上优势不明显,但是其在创建简单曲面时十分方便。

14.1 曲面建模简介

曲面建模主要是用曲面特征来创建复杂零件。曲面之所以被称为面就是因为它没有厚度。在 Inventor 中首先采用各种方法构建曲面;然后对曲面进行修剪、切削等处理;再将多个单独的曲面进行合并,得到一个完整的曲面;最后对合并得来的曲面进行实体化,即将曲面加上厚度,使之变为实体。

14.2 曲面基础特征常用的造型方法简介

本节介绍曲面建模过程中常用的命令。由操作可以看出,许多操作既可以生成实体,同时也可以生成曲面,所以说曲面和实体在 Inventor 中类似于一种数据的不同表达手段,大部分的特征生成方法也支持曲面结果,同时其也有部分独特的曲面特征。

14.2.1 拉伸(Extrude)

拉伸(Extrude)是指一条直线或者曲线沿着垂直于绘图平面的一个或者两个方向拉伸所生成的曲面。这是常用的生成曲面的一种方法,其具体建立步骤如下:

(1)单击"创建二维草图",选择一个面作为草绘平面。系统自动进入草图绘制,利用"点"和"样条曲线"绘制曲线,如图 14-1 所示。如果初始绘制的草图形状不够准确,可以右键点击,选择"转换为 CV 样条曲线"后拖曳控制点进行调整。

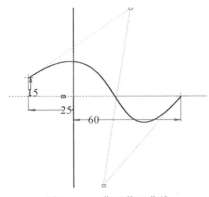

图 14-1 曲面截面曲线

（2）选择特征生成方式为拉伸，将拉伸方式确定为曲面。在信息区输入长度为 20，创建的曲面如图 14-2 所示。

图 14-2　生成的曲面

14.2.2　旋转（Revolve）

旋转（Revolve）是一条直线或者曲线绕一条中心轴线，旋转一定角度（0°～360°）而生成的曲面特征。

（1）选择一个基准面，单击"创建二维草图"进入草绘界面，绘制如图 14-3 所示的草图及旋转中心轴线。

（2）选择特征生成方式为旋转，单击曲线 ，将拉伸方式确定为曲面。

（3）选择旋转角度为 270→确定，创建曲面如图 14-4 所示。

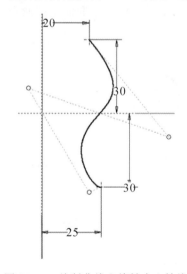

图 14-3　绘制曲线和旋转中心轴线

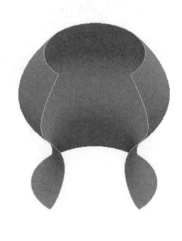

图 14-4　旋转曲面

14.2.3　扫掠（Sweep）

扫掠（Sweep）曲面是指一条直线或者曲线沿着另外一条扫描路径的直线或曲线扫描所生成的曲面。和实体特征扫描一样，扫掠曲面的方式比较多，过程比较复杂。

（1）创建二维草图，草绘轨迹→系统自动进入草图绘制模式，绘制如图 14-5 所示的曲线。

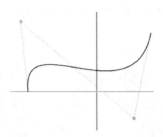

图 14-5　扫描的曲线轨迹

（2）任选曲线上一点，创建过该点且与曲线垂直的面，绘制如图 14-6 所示的截面，注意两圆弧要相切，不可在路径中间存在相交。

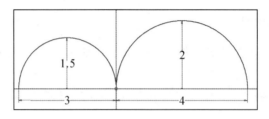

图 14-6　截面曲线

（3）使用"扫掠"，注意"输出"菜单应为"曲面 "。点选图 14-6 中曲线为轮廓，图 14-5 中的曲线为路径，创建的曲面如图 14-7 所示。注意，如果半透明的曲面不方便观察，可以用鼠标点选浏览器中对应的曲面，去掉对"半透明"的勾选。

图 14-7　生成扫掠曲面

14.2.4　放样

放样曲面的绘制方法与放样实体方式相似，是指由一系列直线或曲线（可以是封闭的）串连所生成的曲面。步骤如下：

（1）创建二维草图，草绘截面（如图 14-8 所示）→完成。

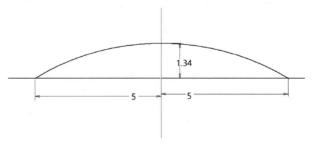

图 14-8　草图 1

（2）选择"面"中的"从平面偏移"，建立一个与第一个面间距为 10 mm 的面。同样创建与第二个面间距为 10 mm 的面。

（3）在第二个面创建如图 14 - 9 所示的草图，在第三个面创建如图 14 - 10 所示的草图。依次点选这三个草图进行放样，生成的模型如图 14 - 11 所示。

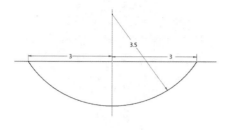

图 14 - 9　草图 2

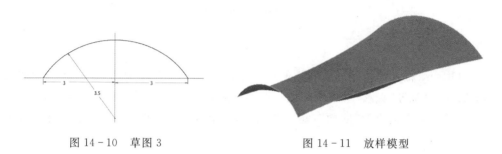

图 14 - 10　草图 3　　　　　　　　图 14 - 11　放样模型

14.2.5　边界嵌片

边界嵌片是指在指定的平面上绘制一个封闭的草图，或者利用已经存在的模型的边线来形成封闭草图，之后在其中嵌入面片的方式来生成曲面。在 Inventor 中是采用边界嵌片来创建平整平面的。注意，这样的截面必须是封闭的。

（1）选择一个平面进入草图绘制模式，绘制截面如图 14 - 12 所示。可以通过先在原点创建一个直径为 100 mm 的圆，再以其与坐标轴的四个交点作为圆心创建四个直径为 50 mm 的圆。再利用"修剪"工具来剪掉内部多余的线条。

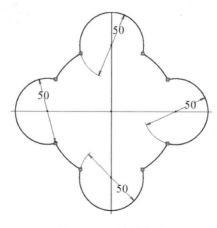

图 14 - 12　绘制草图

（2）点击"曲面"菜单中的"面片"，选择好曲线后生成曲面，如图 14-13 所示。

图 14-13　生成曲面

14.2.6　偏移（Offset）

偏移（Offset）曲面是指将一个曲面偏移一定的距离，而产生与原曲面相似造型的曲面。

"修改"中的"加厚/偏移"可以用来创建偏移的曲面，如图 14-14 所示。点选该选项，再选取一个曲面。点选输出为"曲面"，输入距离，即可生成另一个曲面。"加厚/偏移"同样可以生成实体。

以图 14-15 所示的曲面为例，偏移可以向内（如图 14-16 所示），也可以向外（如图 14-17 所示）。

图 14-14　偏移菜单

图 14-15　拉伸形成的曲面

图 14－16　向内偏移

图 14－17　向外偏移

14.2.7　衍生

图 14－18　填料盖

衍生操作与"加厚/偏移"搭配,可以从实体中得到与实体外形完全相同的曲面。以图 14－18 所示中填料盖为例,可以看到,对于这样的复杂零件,要得到其曲面模型,如果通过直接构造的方法将会十分繁琐。而如果有其实体零件,或者创建了一个实体零件,通过"加厚/偏移"以及"衍生"可以直接得到其曲面结果。(Inventor 创建实体的功能比创建曲面更加强大,对于一些曲面问题,先创建实体,再生成曲面也是一种可选的方法。)

步骤如下:

(1)点击"加厚/偏移",点击生成"曲面",距离调整为 0,点选所需的曲面,确定,保存文件。

(2)新建一个零件文件,选择"衍生",选择刚才保存的填料盖文件,在如图 14－19 所示的弹出菜单中点击"实体",使其前面的图标为"排除选定的对象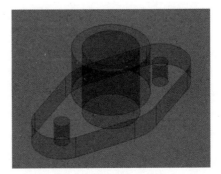",确定后即可生成曲面,结果如图 14－20 所示。(为了更好地显示其曲面性,图中选择了半透明并更换了背景颜色。)

图 14－19　衍生菜单

图 14－20　曲面结果

衍生除了生成曲面,还有生成原实体或曲面按比例放大或缩小的实体或曲面等功能,设计者可以自行体会一下。

14.2.8　圆角(Fillet)

圆角可以在实体上生成,同样也可以在曲面上生成。通过创建圆角或倒圆角曲面可以生成一个独立的面组。

(1)首先创建草图,如图 14-21 所示,再利用拉伸的方式来生成如图 14-22 所示的曲面,拉伸距离为 10 mm。

(2)选择"修改"中的"圆角",点选图 14-21 加点处生成的边,输入圆角半径为 2mm。倒圆角之后的模型如图 14-23 所示。

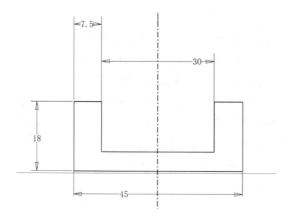

图 14-21　草图

图 14-22　拉伸曲面

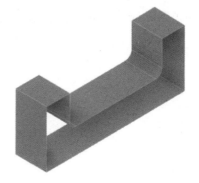

图 14-23　倒圆角后的模型

14.3　曲面建模实例

14.3.1　灯罩

制作如图 14-24 所示的灯罩,练习曲面建模的方法。

图 14-24　灯罩模型

1. 创建曲面

绘制如图 14-25 所示的草图,使用"旋转"曲面命令创建曲面。

输入旋转角度 60,确定,创建旋转曲面,如图 14-26 所示。

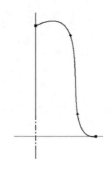

图 14-25　截面曲线和中心线

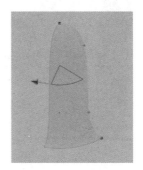

图 14-26　生成曲面

2. 曲面变成实体

将曲面变成实体。选择"加厚/偏移",选择 2 中生成的曲面→选择方向为"向内"或者"向外",输入厚度 0.5 mm→单击确定,即可生成部分的立体模型,如图 14-27 所示。

3. 切半圆边

单击"创建二维草图",选择底面所在平面进入草绘界面,绘制如图 14-28 所示的草图。

图 14-27　实体模型

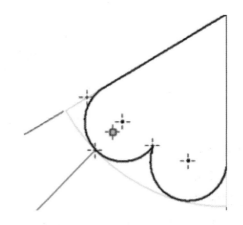

图 14-28　草图

4.拉伸

选择图 14 - 27 所示的草图进行拉伸,"范围"选择"到",点选显示的模型的上部,选择"求交",如图 14 - 29 所示。

5.阵列

在浏览器的"原始坐标系"中点选 X、Y、Z 轴中适合作旋转轴的轴(取决于创建草图时选择的平面)后右键勾选可见性。点击"阵列"中的"环形阵列",选择之前三步所生成的模型,选择旋转轴,生成灯罩,如图 14 - 30 所示。

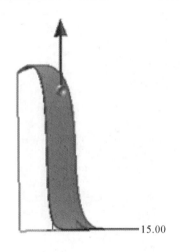

15.00

图 14 - 29　生成半圆花边

图 14 - 30　阵列

14.3.2　简易风扇叶片

制作如图 14 - 31 所示的简易风扇叶片,综合练习曲面建模的方法。

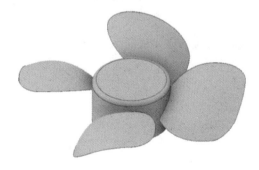

图 14 - 31　简易风扇叶片

1.新建文件

新建零件文件。

2.创建轴套

选取一个平面作草绘平面,绘制如图 14 - 32 所示的截面曲线和中心线→使用 Revolve(旋转)曲面命令来创建轴套:选择"旋转"→绘制旋转方式为曲面,点击截面曲线和中心线。

确定,创建旋转曲面如图 14 - 33 所示。

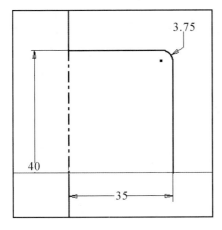

图 14 - 32　截面线和中心线

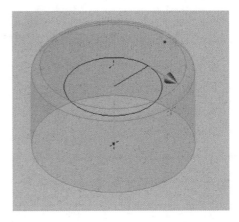

图 14 - 33　轴套旋转曲面

3. 拉伸面

使用 Extrude(拉伸)命令来创建两个投影圆柱面。

选取轴套底面的面作为草图创建平面,进入草绘界面→绘制如图 14 - 34 所示两个同心半圆。点击"拉伸",选择与轴套相同的方向,高度为 60 mm。创建拉伸曲面。

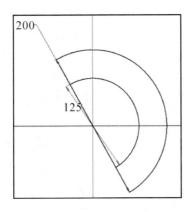

图 14 - 34　两个同心半圆截面

4. 创建草图平面

在浏览器中选择原始坐标系中过轴套轴的面并勾选其可见性,选择"面"中的"从平面偏移",输入距离为 120 mm。

5. 绘制曲线草图

在刚刚建立的草绘平面上,草绘如图 14 - 35 所示的三条曲线。绘制时可以先用草图中的"点"在面上创建点并约束尺寸,再绘制圆弧。

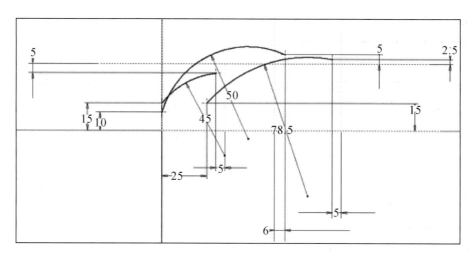

图 14 - 35　绘制三条圆弧曲线

6. 在三维草图中投影曲线

将三条圆弧曲线在三维草图环境下通过 Projected(投影)命令分别投影到三个圆柱曲面上。单击功能区"三维模型"左上角的草图创建模块,点击箭头打开二级菜单(如图 14 - 36所示),选择"开始创建三维模型"→点击投影到曲面,选取最短的曲线 R45 的圆弧曲线,选取轴套面作为投影面,如图 14 - 37 所示。

图 14 - 36　三维草图菜单

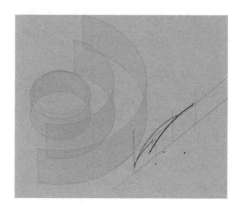

图 14 - 37　投影第一条曲线

重复命令,将其他两条圆弧曲线也投影到相应的圆柱曲面上,其中 R50 的圆弧曲线投影到中间 Ø125 的圆柱曲面上,R75.5 的圆弧曲线投影到最大的 Ø125 的圆柱曲面上,完成三维草图,得到空间曲线如图 14 - 38 所示。

图 14 - 38　投影三条曲线

7. 生成空间曲面

使用"放样"来生成空间曲面。

单击三维模型中的"放样"→依次点选这三条曲线→Done（完成），如图 14 - 39 所示（为了更好地体现曲面，取消了其默认的半透明的勾选）。

8. 创建裁剪叶片曲面用草图

使用草图、拉伸命令来细化叶片曲面。

选择初始坐标系中轴套底面的面来绘制如图 14 - 40 所示的两圆弧曲线。注意在利用草图工具中的"投影几何图元"投影刚刚生成的扇叶的边缘同时，绘制的草图要是两个回路，这样才能符合拉伸的条件。

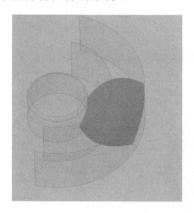

图 14 - 39　放样生成曲面

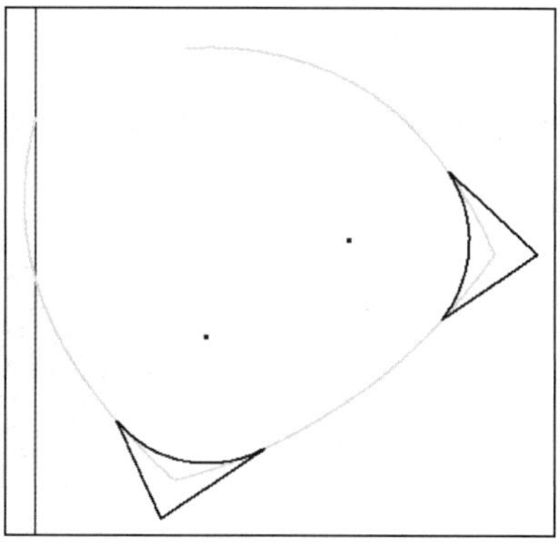

图 14 - 40　相切的两圆弧曲线

9. 加厚创建实体、拉伸修剪

由于 Inventor 不能对曲面拉伸进行求交、求差、求并等运算。这里先利用"加厚/偏移"将其转化为实体。如果想要再得到曲面，可以利用"加厚/偏移"再衍生的方法，设计者可以参考本章前面讲述的方法，这里不再赘述。

先选择"加厚/偏移"，厚度选择 0.1 mm，得到实体如图 14 - 41 所示。

点击"拉伸",选择刚刚创建的草图,范围选择"到"并点击扇叶上部,选择"求差",如图 14-42 所示。

图 14-41　利用"加厚/偏移"创建实体

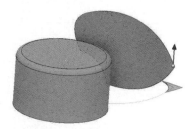

图 14-42　拉伸修剪

10. 阵列特征

先点击"轴"中的"通过圆形和椭圆形边的中心",点选轴套上表面的圆创建轴。选择"环形阵列",点击"阵列实体 💡",点选叶片实体,再点选菜单中"旋转轴"并点击刚刚创建的旋转轴,选择阵列数目为 4,确定后生成如图 14-43 所示的模型。

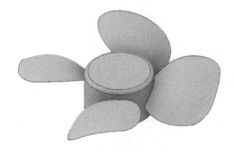

图 14-43　风扇叶片模型

14.3.3　车轮骨架

制作如图 14-44 所示的车轮骨架,综合练习复杂曲面建模的方法。

图 14-44　车轮骨架

1. 创建二维草图

创建如图 14-45 所示的二维草图,草图应包含一条中心线。

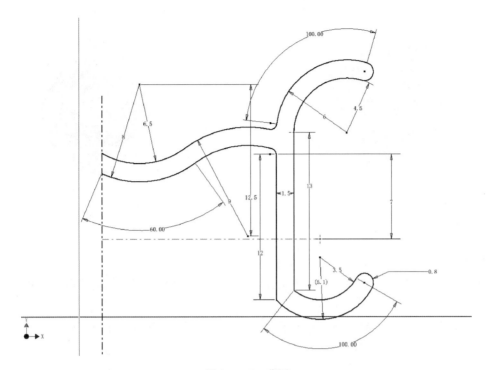

图 14-45　草图

2. 旋转生成主体

以该中心线为对称轴,旋转生成曲面结果。

3. 绘制曲线

选择"面"中的"从平面偏移",选择与车轮底面平行的原始坐标面,偏移一定距离使其在实体之外,如图 14-46 所示。在该面上创建如图 14-47 所示的二维草图。

图 14-46　偏移平面

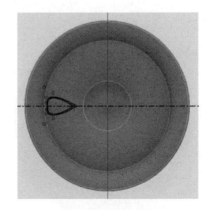

图 14-47　创建二维草图

4. 修剪曲面

选择"拉伸",以刚创建的草图中外围形状作草图,拉伸至贯穿原曲面模型。,如图 14-48 所示。选择"分割面",以刚拉伸的平面为分割工具,分割中心的外围面,如 14-49 所示。

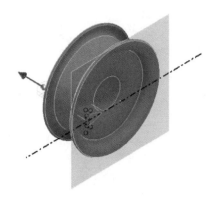

图 14 - 48　拉伸曲面

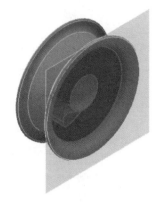

图 14 - 49　分割曲面

5.删除面

点击"删除面",先删除分割后在车轮曲面上形成的小不规则孔,再取消所使用的分割工具面的可见性。

重复步骤 3、4、5 的操作,但将拉伸的平面换为草图的外围形状,分割车轮的内围面然后删除该面,取消分割工具面的可见性。

6.阵列,重复操作

选择"轴"中的"通过旋转面或特征",点选创建的旋转面,创建一个旋转轴。

勾选刚刚创建的外围分割平面的可见性,选择"环形阵列",以该分割平面为特征,该旋转轴为中心,阵列次数为 6,如图 14 - 50 所示。再利用这些曲面进行同样的切割,然后取消这些面的可见性,删除分割出来的车轮的外围面的部分。

同样,勾选创建的内围分割平面的可见性,选择"环形阵列",以该分割平面为特征,该旋转轴为中心,阵列次数为 6。再利用这些曲面进行同样的切割,然后取消这些面的可见性,删除分割出来的车轮的内围面的部分,最终得到的情况如图 14 - 51 所示。

图 14 - 50　环形阵列

图 14 - 51　修剪出的双重曲面情况

7.边界嵌片

选择"曲面"中的"面片",在每个双层结构中,点选外边界和内边界以在中间的空隙中嵌片,再点选"缝合",对曲面一一进行缝合,使其成为一个面。完成模型如图 14 - 52 所示。

图 14 - 52　车轮模型

第 15 章　投影平面工程图

目前,虽然 3D 造型的工程软件有了很多的应用,但平面工程图纸在生产一线仍旧是重要的加工、装配和检验的依据。我国企业网络化和工程软件应用的程度参差不齐,在许多企业中平面工程图仍然是主要的工程语言,具有广泛的应用。所以掌握从三维零件图(3D)到平面工程图(2D)的转换是极其必要的。

Inventor 的工程图模块用于绘制零件或装配件的详细工程图,在工程图模块中可以方便地建立各种视图,包括剖面图和辅助视图等。Inventor 和 AutoCAD 都属于 Autodesk 公司,Inventor 不仅可以直接打开 AutoCAD 的文件,还有许多人性化的特点。为了保证工程图能符合我国的国家标准、生产规格、行业习惯,本章将首先介绍如何设置模板图,设置一些参数及一些每图都必不可少的基础知识,以便提高绘图效率。同时,本章主要通过实例介绍创建各种视图及尺寸标注、注释和明细表的方法。但是在 Inventor 的平面投影图中,很多地方不能直接投影成为符合我国国标的图纸,只能经过复杂修改,因此笔者建议,如果需要符合中国国标的工程图,可以在投影后,保存成为.dwg 格式图纸,调入 AutoCAD 修改更简单。

应该注意的是,在中文版中,Inventor 默认选择第一视角画法,与我国标准一致。

15.1　创建平面工程图

点击 File(文件)→New(新文件),打开如图 15-1 所示 New(新建文件)对话框,点选 Type(类型)下的工程图选项,即表示选择绘制工程图,创建工程图时还可以选择 Inventor 专有的.idw 格式或者 Auto CAD 常用的.dwg 格式。中文版默认模板即为国标模板,在左侧"Metric"菜单中还有许多不同标准的模板,例如 ISO 国际标准(ISO.idw)、ANSI 美国国家标准(ANSI.idm)等,点击确定即可进入绘制工程图。

图 15-1　新建绘图文件对话框

15.1.1　调整格式

点击 File(文件)→New(新文件)→Type(类型)→工程图,就会弹出如图 15 - 2 所示的工程图界面。

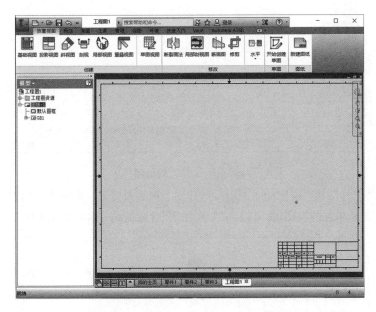

图 15 - 2　自动建立三视图的工程图界面

点击浏览器中的"图纸",右键点击后选择"编辑图纸",可以打开如图 15 - 3 所示的窗口以编辑图纸的名称、大小、方向等,"不予计数"可以使该图纸不算在图纸的计数中,"不予打印"可以使在打印工程图时不打印勾选的图纸。

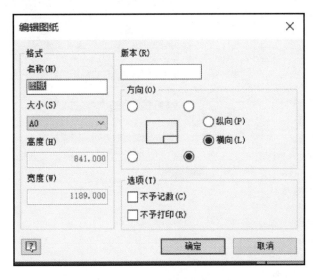

图 15 - 3　编辑图纸

如果要对工程图环境进行更加具体、特定的设定,可以点击"管理"中的"样式编辑器"进行具体编辑,如图 15 - 4 所示。

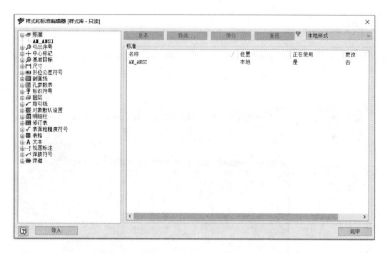

图 15 - 4　样式编辑器

　　同样,点击"工具"中的"应用程序选项",打开到工程图面板可以进行默认设置,如图 15 - 5 所示。注意,对于每个单独的视图,都可以在"工程视图"对话框的"选项"选项卡中替代这些控制。

图 15 - 5　工程图选项

工程图选项如下：

"放置视图时检索所有模型尺寸"可以设置在工程图中放置视图时检索所有模型尺寸的默认设置。如果选中此复选框，则在放置工程视图时，将向各个工程视图添加适用的模型尺寸。清除此复选框则可在放置视图后手动检索尺寸。

"创建标注文字时居中对齐"可以设置标注文字的默认位置。选中该复选框，在创建线性尺寸或角度尺寸时可以使尺寸文本居中对齐，清除该复选框可以使尺寸文本的位置由放置尺寸时的鼠标位置决定。要临时切换此设置，可以在放置尺寸时按住 Ctrl 键。松开 Ctrl 键即返回默认方式。

"在创建后编辑尺寸"可以设定"编辑尺寸"对话框的默认显示。选中此选项后，使用"通用尺寸"命令放置尺寸时将显示"编辑尺寸"对话框。

"允许从工程图修改零件"可以启用或禁用从工程图内进行零件修改。更改工程图上的模型尺寸可更改对应的零件尺寸。

"视图对齐"可以选择"居中"或"固定"。对几何图元进行修改后，居中对齐可在所有方向上放大或缩小视图尺寸。固定对齐可相对于几何图元修改在模型中发生的位置来放大或缩小视图。

"标题栏插入"可以指定插入标题栏时使用的插入点。定位点对应于标题栏的最外角。单击适当控件以设置所需的位置。要注意，修改该设置不会影响先前插入的标题栏。要更改现有标题栏的位置，应在浏览器中相应的工程图纸上单击鼠标右键并选择"编辑图纸"。

"标注类型配置"可以设置线性标注、直径标注和半径标注的首选类型。

"默认工程图文件类型"可以使用快速访问工具栏中的"新建工程图"创建工程图时，设定默认工程图文件类型（.idw 或 .dwg）。

此外，设置在零件环境中搜索工程图时使用的默认工程图文件类型。若要搜索工程图，应在浏览器中选择零件、部件或表达视图，单击鼠标右键，然后选择"打开工程图"。

搜索在当前文件夹中执行，最深可搜索至三级子文件夹。

如果未找到具有匹配名称的工程图文件，则将显示"打开"对话框。"文件类型"选项设定为"Autodesk Inventor 工程图（.idw 或 .dwg）"。

"非 Inventor DWG 文件"可以设置打开非 Inventor DWG 文件时"打开选项"对话框中的默认行为。

"默认对象样式"中，"按标准"可以将对象样式默认指定为采用当前标准的"对象默认值"中指定的样式；"按上次使用的样式"可以指定在关闭并重新打开工程图文档时，默认使用上次使用的对象和尺寸样式。该设置可在任务之间继承。

"预览显示为"可以设置预览图像的配置。默认设置为"着色"，单击箭头可选择"着色"或"边框"。预览对生成的工程视图没有影响。

"以未剖形式预览剖视图"可以通过剖切或不剖切零部件来控制剖视图的预览。选中此复选框将以未剖切形式预览模型；清除此复选框（默认设置）将以剖切形式预览。预览对生成的工程视图没有影响。

"启用后台更新"可以启用或禁用光栅工程视图显示。

处理为大型部件创建的工程图时，光栅视图可提高工作效率。可以在工程视图精确计算完成之前查看工程图或创建工程图标注。使用光栅视图时，将在后台执行精确的工程视图计算。

编辑标题栏：如果 Inventor 自带的标题栏不能满足需要，可以对其进行编辑。点击“工程图资源”下的“标题栏”，选择“GB1”，右键点击“编辑”即可进入编辑模式，如图 15－6 点选对应的模块后右键选择“编辑文本”可以对内容进行编辑，例如修改字高等。注意其中被符号括起来的内容是直接引用零件或部件的 iPorperty 的，如图 15－7 所示。设计者也可以自定义文本。

80
50
16
10
10
16
12
<单位>
<名称>
<零件代号>
阶段标记
重量(Kg)
比例
20
56
7
12
16
12
12
6.5
6.5
6.5
6.5
12
12
180

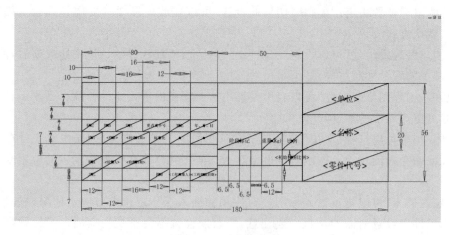

图 15－6 编辑标题栏

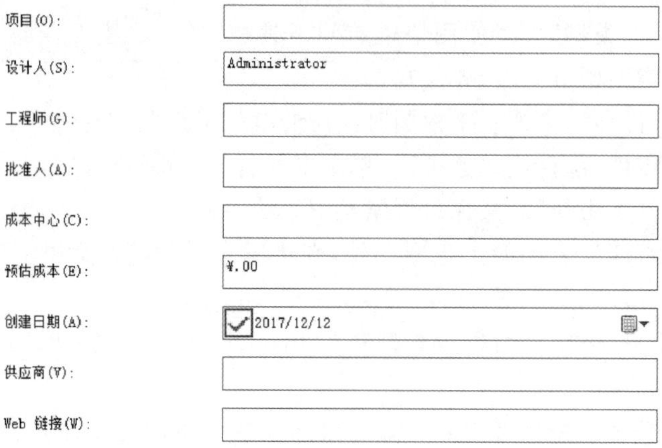

项目(O):
设计人(S):
Administrator
工程师(G):
批准人(A):
成本中心(C):
预估成本(E):
¥.00
创建日期(A):
2017/12/12
供应商(V):
Web 链接(W):

图 15－7 iPorperty 有关面板

编辑明细栏：在工程图创建完成后要创建明细栏。点击“标注”中的“明细栏”，先选择一个视图，点击“确定”后放置明细栏。如果要填写或者修改明细栏，可以双击已经创建的明细栏。

15.1.2 管理图纸

在浏览器内点击右键，选择“新建图纸”可以创建新的图纸。

点击一个图纸后右键选择“删除图纸”可以对该图纸进行删除。

点击一个图纸后右键选择“复制图纸”可以对该图纸进行复制。

应该注意的是,虽然一幅工程图可以有多张图纸,但是只能同时对一张图纸进行操作,即使其处于"激活"状态,选择图纸后右键选择"激活"即可激活该图纸。

15.1.3　创建工程图

工程图常用功能区有"放置视图"和"标注",如图 15-8 和 15-9 所示。

图 15-8　放置视图功能区

图 15-9　标注功能区

Inventor 可以创建以下类型的工程视图:

①基础视图:是创建的第一个视图,后续视图在此视图基础上创建。基础视图可用来创建投影视图、斜视图、剖视图和局部视图。

②投影视图:从基础视图或任何其他现有视图生成的平行视图或等轴测视图。

③斜视图:沿与选定的边或直线垂直的方向投影得到的视图。

④剖视图:通过绘制一条线来定义用于切割零件(或者部件)的平面而创建的视图。视图表示剖切的曲面区域。可以创建过整个部件的剖视图,也可以从剖切中排除一些零部件。要排除零部件,请在创建剖视图之前,先选择父视图中的零部件,然后清除剖切选项。

⑤局部视图:另一个工程视图中某部分的放大视图。局部视图用于提供更清晰、更准确的标注。

⑥重叠视图:从多个位置表达创建的单个视图。重叠视图可从各个位置显示部件。

⑦草图视图:包含一个或多个关联二维草图的视图。它不是从三维零件创建的。

设计者可以打断、局部剖、修剪或剖切工程图:

⑧打断:通过删除或"打断"不相关的部分,减小较长模型的大小。跨越打断的尺寸反映正确的长度。

⑨局部剖:去除所定义区域的材料,以显示现有工程视图中被遮挡的零件或特征。

⑩修剪:对现有工程视图中的视图边界进行控制。

⑪切片:从现有工程视图生成零深度截面

15.2　工程图实例

因为工程图制作的过程比较繁琐,为了设计者方便,将在实例制作的过程中对流程进行介绍。

15.2.1　轴承座的工程图

制作如图 15 - 10 所示的轴承座的工程图。

图 15 - 10　轴承座

1. 新建文件

新建（New）→工程图→选择格式，使用默认模板→确定→调整图纸为 A4 大小。进入绘制工程图的界面。

2. 创建基础视图

基础视图是工程图创建的第一个视图，它是创建其他视图的基础。点击"基础视图"，弹出工程师图对话框，如图 15 - 11 所示，先在目录中选择文件，这时会在工程图图纸上显示零件的一个投影和 ViewCube，如图 15 - 12 所示，其默认显示零件创建时定义的前面，设计者可以通过点选 ViewCube 上的箭头来选择要创建的基础视图的投影方向。

图 15 - 11　绘制视图菜单栏

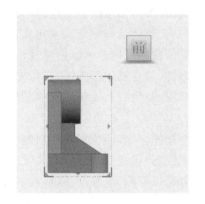

图 15 - 12　自动显示的投影

样式菜单可以设置视图的显示样式，有" 显示视图中的隐藏线"" 从视图中删除隐藏线"" 显示视图中的着色模型"三种，以一个阀盖为例，三种样式的效果如图 15 - 13 所示。

"标签"可以编辑视图标识符号字符串。

" "：可以打开或关闭视图标签的可见性。

" "：可以在"文本格式"对话框中编辑视图标签文本

"比例"：可以调整视图与原零件的比例大小。

值得注意的是，在 Inventor 2018 中，设计者可以直接在"基础视图"的窗口创建投影视图。点选基础投影边缘上的三角形或者把鼠标放在距离基础视图特定角度的位置上再点击都可以生成相对于基础视图的该方向上的视图。

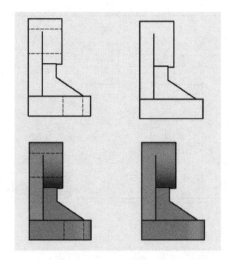

图 15 - 13　三种样式的效果图
左上:显示隐藏线,不着色;右上:不显示隐藏线,不着色;
左下:显示隐藏线,着色;右下:不显示隐藏线,着色

　　选择好视图方向后,点击"确定"则生成视图。鼠标移动到视图上时如果有边缘出现,则选定该视图可以将视图移动到设计者选定的地方,如图 15 - 14 所示。

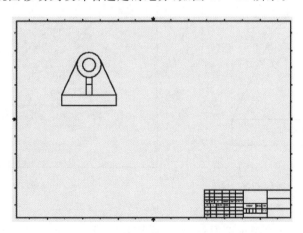

图 15 - 14　创建基础视图

　　如果需要修改视图的创建,可以在浏览器中找到该视图,右键点击后选择"编辑视图"进行编辑。

　　同样,如果需要删除一个视图,则可以选定该视图后右键选择"删除",同样也可以在浏览器上操作。

3. 创建投影视图

　　点击"投影视图",再点选要作为基准的视图,之后移动鼠标可以看到不同方向投影的预览,选择好方向和位置后点击鼠标,进行下一个方向视图的创建。一共可以创建八个方向的视图。创建完成后右键点击"创建"则生成投影视图。投影视图同样是可移动的。创建投影视图如图 15 - 15 所示。

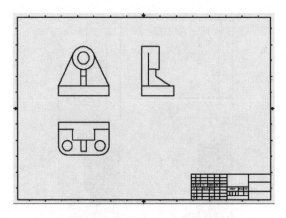

图 15 - 15　创建投影视图

4. 创建全剖右视图

选择"剖视",点击主视图,先选择剖切线的一段,再选择另一段,如图 15 - 16 所示。选择好后,右键选择"继续",在弹出的菜单中可以设置剖切符号、样式等,如图 15 - 17 所示。选择好位置后按回车键或者点击"确定"即可生成投影,如图 15 - 18 所示。

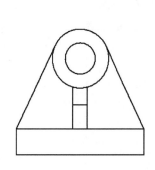

图 15 - 16　剖切设置

图 15 - 17　剖切菜单

对于剖视标注,可用鼠标点选后,对其长度、位置等进行修改。

注意,此时肋板部分绘制了剖面线,而不是按我国国标规定不绘制剖面线。如果绘制剖面线时绕过筋板,则如图 15 - 19 所示。

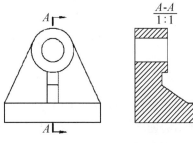

图 15 - 18　剖切结果

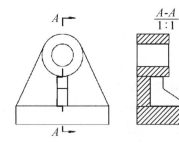

图 15 - 19　绕开筋板剖视图

5. 创建半剖视图

Inventor 工程图模块没有半剖功能, 半剖是利用"局部剖视图"实现的。

要创建"局部剖视图", 实现要创建有自交回路的草图。鼠标点击"草图", 选择"开始创建草图"并点击俯视图, 即进入该视图的草图编辑中。鼠标点击"投影几何图元", 投影上下边缘和右边缘。再利用"线"创建一个矩形, 选择"重合约束", 约束矩形的左上角顶点与上边缘的中点重合, 右上角和上边缘的右顶点重合, 左下角和下边缘的中点重合, 如图 15 - 20 所示。

完成草图后, 选择"放置特征"中的"局部剖视图", 点击俯视图, 选择刚刚创建的草图, 由零件我们可知外圆的直径为 30 mm, 所以"深度"选择"自点", 点选菜单中红色的箭头(红色箭头即是待选状态), 选择圆的最高点(最高点会有绿色显示), 输入 15, 确定, 即得半剖视图, 如图 15 - 21 所示。

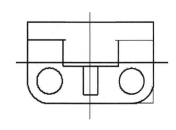
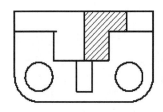

图 15 - 20　半剖草图　　　　　　　　　　图 15 - 21　半剖视图

6. 增加局部视图

为了观看和标注局部圆角等细小结构, 可以增加局部放大视图(详图视图)。

点击"局部视图", 先选择一个视图, 再选择轮廓的中点, 如图 15 - 22 所示。(这里应该注意, Inventor 的局部视图只能是圆形或者矩形的。)然后拖动选择局部视图的范围大小, 如图 15 - 23 所示, 在此菜单中还可以进行其他设置, 如比例等。选择好后单击左键, 选择放置位置, 选择好后单击左键确定, 如图 15 - 24 所示。

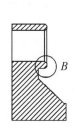

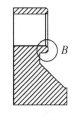

图 15 - 22　参考点位置　　　　图 15 - 23　局部视图菜单　　　　图 15 - 24　局部视图

双击生成的局部视图, 可以弹出绘制视图菜单栏, 可以对视图进行设置。对于其他视图, 该快捷方法同样适用。

注意, Inventor 在生成剖面图的局部视图时有错误:局部结构放大的同时, 剖面线也随之放大了! 这时要进行手动修改。点选局部视图中的剖面线, 右键选择"编辑", 对其进行比例调整, 比例系数与放大比例成倒数关系, 修改后剖面线形式统一。

局部视图的显示随着创建局部视图的视图而改变。例如, 如果父视图显示详图视图区域中的隐藏线,则局部视图(仅仅是其父视图的一部分)也同样显示那些隐藏线。同样,如果从父视图中拭除特征,则系统也将从局部视图中将其删除。

7. 旋转视图

将鼠标移动到主视图上,点击鼠标右键出现快捷菜单栏。选择"旋转"项目,此时就可以用鼠标调整视图方向。如图 15-25 所示,选择"边"并设定水平或者垂直,则点选视图上的边则可使其水平或垂直。选择"旋转视图"以仅旋转选定视图,并使子视图保持原始方向。选择"旋转照相机"可将旋转动作传播给所有从属视图。

选择"绝对角度"选项可相对于图纸的坐标系旋转视图,选择"相对角度"选项可相对于视图的当前方向按指定角度旋转视图。可以设定角度是顺时针还是逆时针,如图 15-26 所示。

图 15-25　依据边旋转视图

图 15-26　依据角度旋转视图

15.2.2　支座的工程图

制作如图 15-27 所示的支座的工程图。

1. 新建工程图

新建(New)→工程图→选择格式,使用默认模板→确定→调整图纸为 A4 大小,进入绘制工程图的界面。

2. 创建主视图

基础视图→浏览选择要打开的零件文件,确定样式为无隐藏线、不着色,比例确定为 1∶2 等→选择好视图方向,应用。生成主视图如图 15-28 所示。

图 15-27　支座

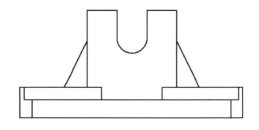

图 15-28　支座主视图

3. 创建半剖左视图

点击"投影视图"→选择主视图,对其进行左视图投影。

点击"草图",选择左视图,选择"投影几何图元"投影底边、上边以及右转向轮廓线,点击"矩形"。先在底边中点点击作为对角线上一个顶点,再在图像外创建另一个顶点,如图 15 - 29 所示。然后选择约束中的"重合约束",约束矩形上边与右边的交点与投影上边重合,同样再约束矩形右边与投影右边中心重合,如图 15 - 30 所示。然后选择"局部剖视图",选择好视图后点击回转体边缘,Inventor 会默认剖至回转体边缘的位置。产生的半剖左视图如图 15 - 31 所示。

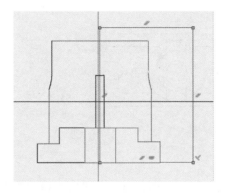

图 15 - 29　创建矩形

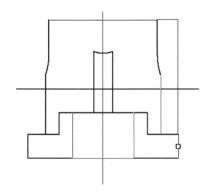

图 15 - 30　约束矩形

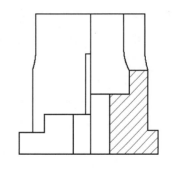

图 15 - 31　半剖视图

4. 修改主视图

创建主视图的半剖视图,方法和前相同,如图 15 - 32 所示。

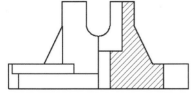

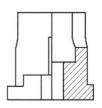

图 15 - 32　半剖主视图

6. 创建俯视图

点击"投影视图",选择主视图,下拉点击确定位置,点击右键,选择"创建"来创建俯视图。如图 15 - 33 所示。

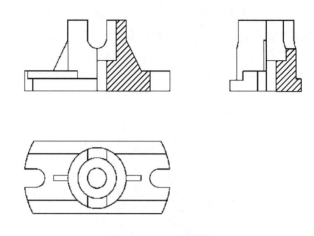

图 15 - 33　俯视图

7. 创建斜视图

斜视图是将物体向不平行于基本投影面的面投射所得的视图。斜视图通常用来表达机件倾斜结构的形状。Inventor 只能以与选定边或直线垂直或平行的对齐方式放置视图。若要使用视图几何图元外部的投影线来创建斜视图,可以使用"剖视图"。在样式和标准编辑器中可以设置斜视图标注的默认样式。

点击"斜视图",选择主视图右侧肋板的倾斜部分,在弹出的如图 15 - 34 所示的菜单中调整比例等。单击确定斜视图位置即可生成该视图,如图 15 - 35(a)所示的轴测图或如图 15 - 35(b)所示任意方向视图。

图 15 - 34　斜视图菜单

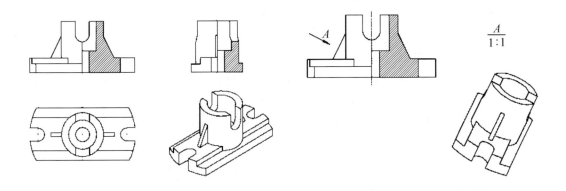

(a)轴测图　　　　　　　　　　　　　　　　　(b)任意方向视图

图 15-35　支座的工程图及斜视图

15.3　尺寸标注

15.3.1　尺寸标注功能简介

Inventor 可以自动进行尺寸检索。选择工程图的一个视图,点击右键,选择"检索模型标注",Inventor 会自动检索出零件在创建时的所有尺寸,单击即可保留并显示该尺寸,如图 15-36 所示。

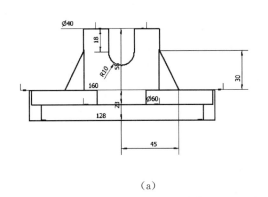

(a)　　　　　　　　　　　　　　　　　(b)

图 15-36　自动检索尺寸

除了自动检索,也可以手动标注尺寸,标注菜单如图 15-37 所示。可以通过该菜单标注尺寸、形位公差、粗糙度、基准、文本等。

图 15-37　注释菜单栏

应该注意的是,尺寸应尽量选取自动检索的尺寸而非在工程图中再标注尺寸,因为这样在模型有修改时尺寸会自动修改,更加准确和便捷。

15.3.2 尺寸标注实例

(1)打开轴承座工程图,右键点击,选择"检索模型尺寸",显示如图 15－38 所示,尺寸标注较乱,且标出小圆角等不必要的尺寸。

(2)直接在视图中选中想要保留的尺寸,点击确定即可保留。如图 15－39 所示。

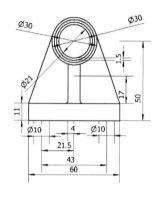

图 15－38　选择要保留的尺寸

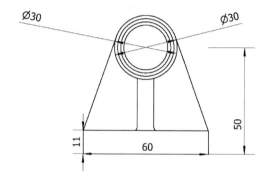

图 15－39　自动尺寸轴承座工程图主视图

(3)选中尺寸,用鼠标左键将选取的尺寸数值拖动到合适的位置。

(4)在俯视图和左视图上同样进行尺寸检索和位置拖动,如图 15－40 所示。

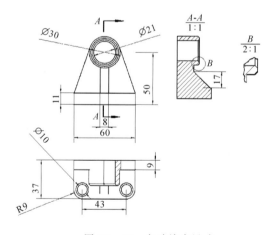

图 15－40　自动检索尺寸

(5)有时候自动检索的尺寸不全面或者不满足标准要求,就需要进行尺寸手动标注。注意回转体的尺寸只能在平行于回转体草图的面才能得到。点击"标注"中的尺寸,点击肋板两边即可标注肋板厚度。标注完成的工程图如图 15－41 所示。

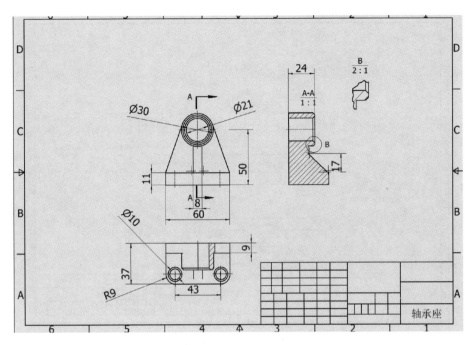

图 15 - 41　标注完成的轴承座

(6)打开支座工程图,右键选择"检索模型尺寸",系统自动进行尺寸标注,调整位置后显示如图 15 - 42 所示,尺寸同样不全。

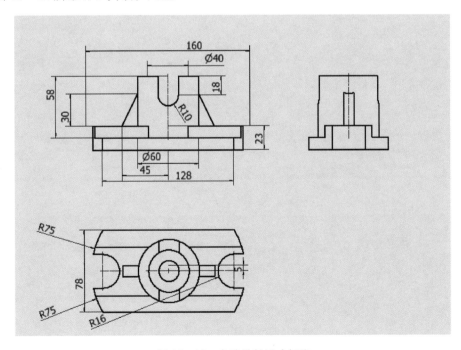

图 15 - 42　自动进行尺寸标注

(7)手动补全尺寸,如图 15 - 43 所示,注意内部孔深只有在显示隐藏线的模式下可以进行检索或者手动标注。

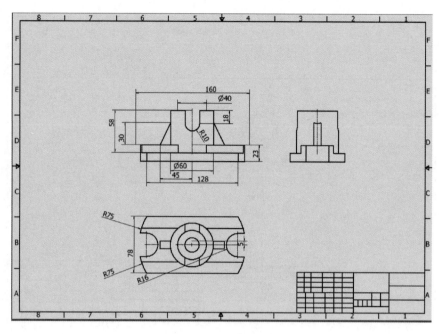

图 15 - 43　支座工程图

第 16 章　零件装配

Inventor 提供了零件的装配工具,装配模块支持大型和复杂组件的装配。设计完成的零件可以装配成部件,部件可以进一步组装成整部机器。不仅可以自动将装配完成的组件的零件分离开,产生爆炸图,查看装配组件的零件的分布,而且可以分析零件之间的配合状况以及干涉情况。

16.1　装配模块简介

16.1.1　装配菜单简介

新建装配文件,确定,进入装配界面。

零件装配的过程实际是给零件在组件中定位的过程,所以对零件定位中的各种配合命令的理解和使用就成为该部分的核心。

装配菜单如图 16-1 所示。

图 16-1　装配菜单

单击"放置"可以选择放置已经创建好的零件或者部件(支持放置非 Inventor 文件),如图 16-2 所示。点击"放置"下的三角,选择"从资源中心装入"可以放置资源中心中的标准件,如图 16-3 所示,可以选择或者搜索所需要的标准件,选择好类型后可以选择尺寸。

图 16-2　Inventor 支持导入的文件类型

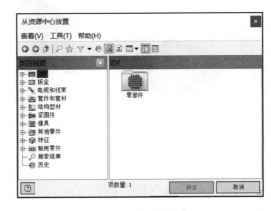

图 16-3　资源中心

左侧的浏览器中显示出已经装入的零部件,设计者可以对其进行修改或者删除。值得注意的是,设计者可以直接在装配的浏览器中打开零件并对其进行修改,修改会自动应用到零件文件、装配文件以及工程图文件中。

16.1.2　放置约束

放置约束就是指定元件参照,限制元件在装配体中的自由度,从而使元件完全定位到装配体中。准确的约束还可以为干涉、冲突检查等提供必要的信息,也可以通过驱动来观察零部件的移动。约束菜单如图 16-4 和图 16-5 所示。

图 16-4　联接和约束菜单

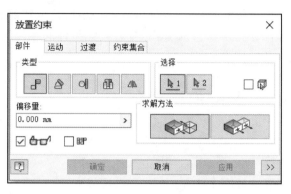

图 16-5　约束菜单

16.1.3　约束类型简介

约束的类型有:配合、角度、相切、插入、对称、运动和过渡约束。约束完成后会有声音提示。

"配合"约束将零部件面对面放置,或者将零部件相邻放置并使表面齐平。删除平面之间的一个线性平移自由度和两个角度旋转自由度。配合菜单下的"配合 "将选定面彼此垂直放置且面发生重合。而"表面齐平 "将选定的零部件两面相邻对齐以使表面齐平。配合使用举例如图 16-6 和图 16-7 所示。

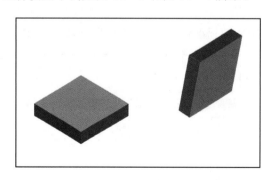

图 16-6　约束以前

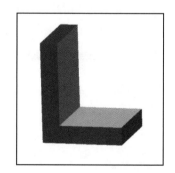

图 16-7　应用了两个表面齐平和
一个配合以达到全约束

"角度"约束在两个结构成员上以指定角度放置边或平面来定义枢轴点。约束后将会删除平面之间的一个旋转自由度或两个角度自由度。"角度"菜单中常用的"定向角度 "始终应用右手规则。而"未定向角度 "可以定向(以解决在约束驱动过程中零部件反向的情况),也可以拖动。为了让角度符合要求,可以先进行其他约束关系再进行角度约束,举例如图 16 - 8 和图 16 - 9 所示。

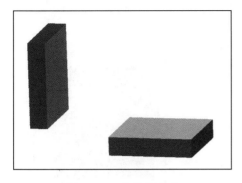

图 16 - 8　未约束角度

图 16 - 9　约束了 30°角度

　　"相切"约束可以使面、平面、柱面、球面和锥面在切点处接触。相切可能在曲线内部，也可能在外部，具体取决于选定曲面的法向。相切约束将删除一个线性平动自由度。在圆柱和平面之间，它将删除一个线性自由度和一个转动自由度。其菜单下的"内部 "将在第二个选中的零件内部切点处放置第一个选中的零件，而"外部 "将在第二个选中的零件外部切点处放置第一个选中的零件。外部相切是默认的方式。示例如图 16 - 10 和图 16 - 11 所示。

图 16 - 10　未约束

图 16 - 11　放置相切约束后

　　"插入"约束是平面之间的面对面配合约束和两个零部件的轴之间的配合约束的组合。"插入"菜单下的"反向 "会反转第一个选定零部件的配合方向，"对齐 "反转第二个选定零部件的配合方向。示例如图 16 - 12 和图 16 - 13 所示。

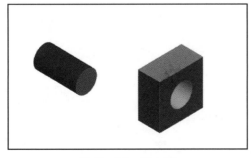

图 16 - 12　插入前

图 16 - 13　放置插入约束

　　"对称"约束可以根据平面对称地放置两个对象。

示例如图 16-14 所示,点击"约束"中的"对称约束",先点选想要施加约束的对象,再点选有目标约束的对象,再点选对称面,即可施加约束,如图 16-15 所示。

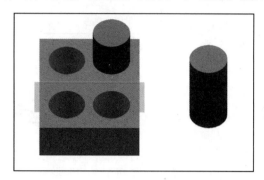

图 16-14　约束前　　　　　　　　　图 16-15　施加对称约束后

"运动"约束可以驱动齿轮、带轮、齿条与齿轮等的相互运动。

・"转动约束 "可以指定选择的第一个零件按指定传动比相对于另一个零件转动。通常用于轴承、齿轮和皮带轮。示例如图 16-16 所示。

・"转动—平动约束 📷"可以约束指定选择的第一个零件按指定距离相对于另一个零件的平动而转动。通常用于显示平面运动,例如齿条和小齿轮。示例如图 16-17 所示。

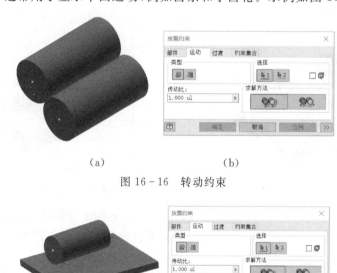

(a)　　　　　　　　　　　　　(b)

图 16-16　转动约束

(a)　　　　　　　　　　　　　(b)

图 16-17　转动—平动约束

16.2　利用零件装配关系组装装配体

16.2.1　装配千斤顶

将如图 16-18 所示的几个已做好的零件装配成如图 16-19 所示的千斤顶。零件尺寸建模见习题一第 27 题。

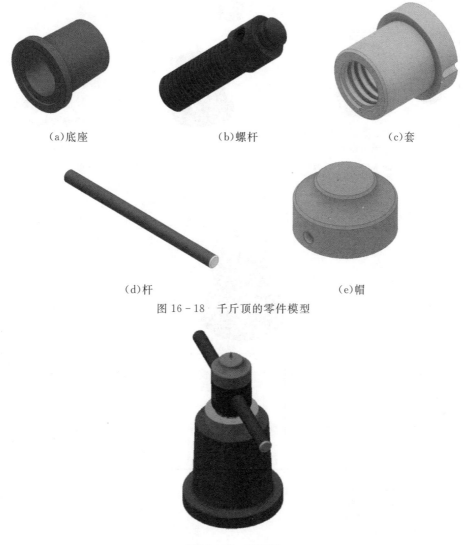

(a)底座　　　　　　(b)螺杆　　　　　　(c)套

(d)杆　　　　　　　　　(e)帽

图 16 - 18　千斤顶的零件模型

图 16 - 19　千斤顶

新建装配文件。

1. 放置第一个零件

点击"放置",在对话框中选择底座文件,点击打开调入零件。

2. 放置第二个零件

点击"放置",在"打开"对话框中,选择套文件,点击打开,如图 16 - 20 所示。

改变第二个零件的位置:可以点击零件后右键选择"自由旋转"来改变零件的视图,零件在未施加约束时可以自由移动,在施加约束后右键点击"自由移动"可以对零件做超出现有自由度的移动,但是约束依然存在。

新建约束→约束类型:插入→选择套的外圆表面→再选择底座内圆表面,如图 16 - 21所示,装配好的安装套如图 16 - 22 所示。

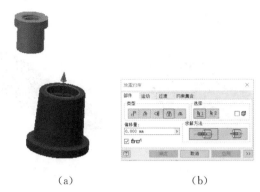

(a)   (b)

图 16 - 20   调入套相对位置   图 16 - 21   插入菜单

图 16 - 22   插入安装套

3. 放置第三个零件

新建约束→插入→选择螺杆的外圆面→选择底座的内圆面,安装螺杆,如图 16 - 23、图 16 - 24、图 16 - 25 所示。

图 16 - 23   预览打开螺杆模型

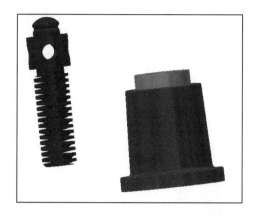

图 16 - 24　螺杆的放置位置

图 16 - 25　螺杆插入安装

4. 放置第四个零件

放置杆,如图 16 - 26 所示。选择约束中的"配合",点击杆的轴向,再点击螺杆的孔处,如图 16 - 27 所示。

图 16 - 26　杆放置

图 16 - 27　杆装配

5. 放置第五个零件

放置帽,如图 16 - 28 所示。选择约束中的"插入",点击帽的下表面中的内圆边缘,再点击螺杆上部螺旋部分的最下部,如图 16 - 29 所示。

图 16 - 28　帽的放置位置

（a）

（b）

图 16 - 29　帽安装

注意,Inventor 并不能在装配界面直接生成爆炸图,爆炸图的制作见第 9 章表达式图。

6. 保存视图

保存装配图。

16.2.2　装配阀门

将如图 16 - 30 所示的三个已做好的零件装配成如图 16 - 31 所示的阀门。

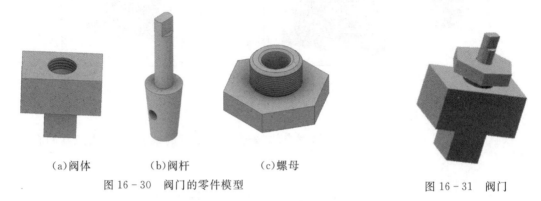

(a)阀体　　　　　(b)阀杆　　　　　(c)螺母

图 16 - 30　阀门的零件模型　　　　　　　　　图 16 - 31　阀门

1. 新建文件

新建装配文件,进入装配界面。

2. 安装第一个零件

放置要装配的第一个零件,单击"放置",在"打开"对话框中,选择 fati. prt(阀体)文件,点击打开调入零件,如图 16 - 32 所示。

3. 安装第二个零件

在"放置"对话框中,选择 fagan. prt(阀杆),点击打开,如图 16 - 33 所示。

图 16 - 32　阀体　　　　　　　　　　图 16 - 33　阀杆

约束→插入→选择阀杆的外锥面→选择阀体孔的内面插入,调节偏移量,如图 16 - 34 所示。

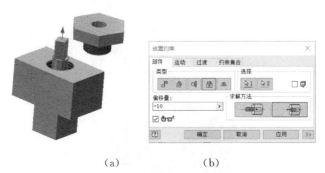

(a)　　　　　　　　　　　(b)

图 16 - 34　阀杆插入阀体

4. 安装第三个零件

约束→插入→选择螺母六方的下平面→选择阀体上面,显示如图 16 - 35 所示,并在提示框中输入偏移量,螺母移动调整后如图 16 - 36 所示。

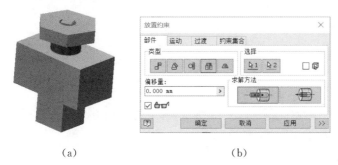

(a)　　　　　　　　　　　　　　　(b)

图 16 - 35　螺母插入

图 16 - 36　螺母安装完成

16.2.3　装配球阀

将如图 16 - 37 所示的几个已做好的零件装配成如图 16 - 38 所示的球阀。

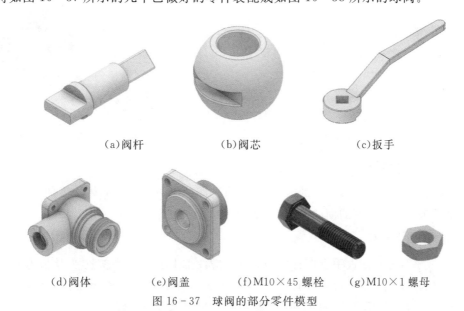

(a)阀杆　　　　　　　　(b)阀芯　　　　　　　(c)扳手

(d)阀体　　　　(e)阀盖　　　(f)M10×45 螺栓　　(g)M10×1 螺母

图 16 - 37　球阀的部分零件模型

图 16-38　球阀效果图

1. 新建文件

新建部件文件。

2. 安装第一个零件

放置"阀杆"。

3. 安装第二个零件

放置"阀芯"。选择"联接"中的"刚性"，如图 16-39 所示，选中阀杆长方形一头的面，再选中阀芯长方形槽的正对面，联接，如图 16-40 所示。

图 16-39　联接菜单

图 16-40　阀芯和阀杆联接

4. 安装第三个零件

放置"阀体"。点击"约束"中的"插入"，先点选阀杆的圆柱和长方体交界的圆面边缘，再点选阀体内螺纹段最上面的面的内边缘，如图 16-41 所示。

5. 安装第四个零件

放置"扳手"，先约束扳手上圆柱面与阀体内螺纹部上表面表面齐平，偏移值为 6 mm；再约束圆柱内部的四个长方体面中的两个与阀杆的长方体部分的两个侧面分别配合，如图 16-42 所示。将阀体右键勾选"固定"后，用鼠标拉动扳手可以使其转动。

图 16-41　安装阀体　　　　　　　　　图 16-42　安装扳手

6. 安装第五个零件

放置"阀盖"。点击"约束"中的"插入",先点选阀盖没有外螺纹的一段中突出的圆柱的底端圆,再点击阀体对应的孔的边缘,选择"对齐",如图 16-43 所示。

注意此时阀盖和阀体是没有对齐的,点击"约束"中的"配合"下的"表面齐平",先点选阀盖的一个侧边平面,再点选阀体的一个侧边平面,如图 16-44 所示。

图 16-43　插入　　　　　　　　　　图 16-44　表面齐平

7. 安装第六个零件

点击"从资源中心装入",点击"紧固件"下的"螺栓",点选"六角头",使用其中的"螺栓GB/T 5782—2000",如图 16-45 所示。在空白处点击后在弹出的菜单中选择"M10""45",如图 16-46 所示。

确定后在空白处点击一次,即载入一个标准件,共载入四个。

图 16-45　调用资源中心

图 16-46　选择螺栓类型

　　同样,再载入四个 M10×1 的螺母。先点击约束中的"插入",把四个螺栓插入到阀体和阀盖的孔中,再点击"插入"把四个螺母插入到螺栓在另一面露出的部分,如图 16-47 所示。完成如图 16-48 所示。

图 16-47　螺栓和螺母的连接

图 16-48　完成模型装配

16.3　设计加速器

　　设计加速器是 Inventor 的一个特色功能。在装配界面下,用户可以实现参数化地定制许多零件,如图 16-49 所示。可以用设计加速器定制的零件包括紧固件、结构件、动力传动件、弹簧四类。

图 16-49　设计加速器

进入装配界面后,点击功能区中的"设计"即可看到设计加速器界面。下以正齿轮的创建为例进行介绍。

(1)点击"正齿轮",如果该部件文件存在未保存的修改,Inventor 会弹出如图 16 - 50 所以的提示窗口。

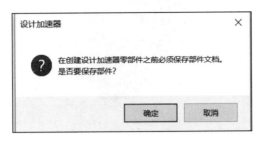

图 16 - 50　提示保存界面

(2)保存后进入如图 16 - 51 所示的正齿轮设计界面。

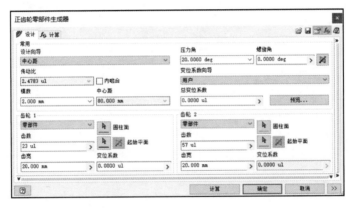

图 16 - 51　正齿轮设计主界面

(3)设计向导允许在仅输入部分参数时通过计算得出其他必要参数数值,从而简化设计流程。设计者先在设计向导中选择需要由 Inventor 计算的参数,再输入其他必要参数,点击右下角"计算"即可自动生成参数。如果参数输入不合理导致计算失败,界面会出现红色半边框。此时点击"确定",会弹出如图 16 - 52 所示的"设计加速器医生"来说明设计失败原因。

图 16 - 52　设计加速器医生

（4）输入必要参数后点击"确定"，如果参数输入正确，即可生成如图 16 - 53 所示的正齿轮。

图 16 - 53　正齿轮

第三部分　习　题

习题一　制图基础题

1.字体练习

一	二	三	四	五	六	七	八	九	十	士	土	千	干	工

孔	比	材	料	机	械	栓	核	柱	轴	线	施	础	部	旋

钢	铁	铜	铝	银	锌	镁	钛	钉	钻	铸	铣	惚	镗	锯

ABCDEFGHIJKLMNOPQRSTUVWXYZ

1234567890Ø δ α β γ θ ω

班级		姓名		成绩		审核	

2.在指定位置处，照样画出各种图线、箭头和图形

线型：粗实线粗为 0.4~0.5 mm,虚线长度约为 3~4 mm,间隙小于 1 mm,点画线长约为 12~15 mm,间隙及点共约 3 mm。

箭头：宽约为 0.5~0.7 mm,长为 3~4 mm。

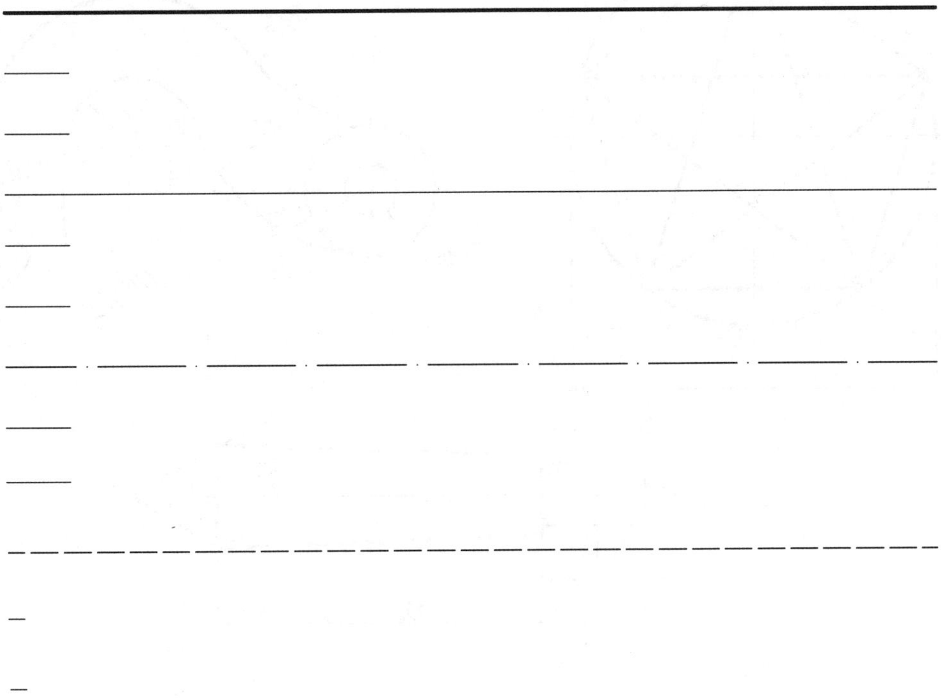

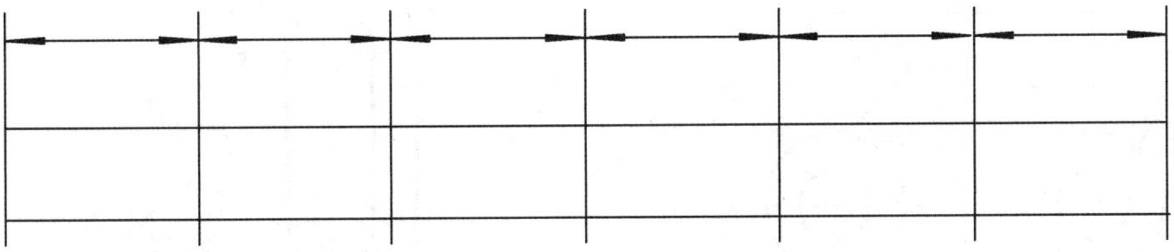

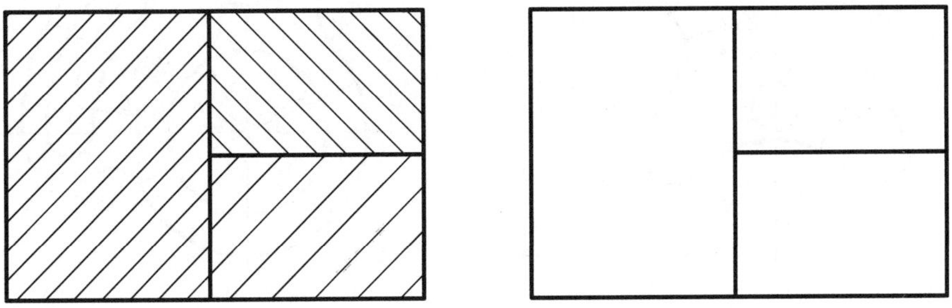

| 班级 | | 姓名 | | 成绩 | | 审核 | |

3.抄绘平面图形

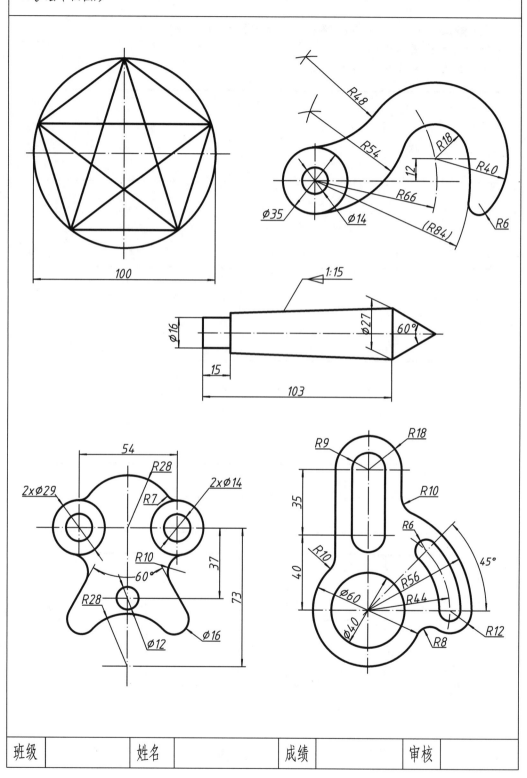

4. 根据立体轴测图及所注尺寸，用适当比例绘制立体的三视图

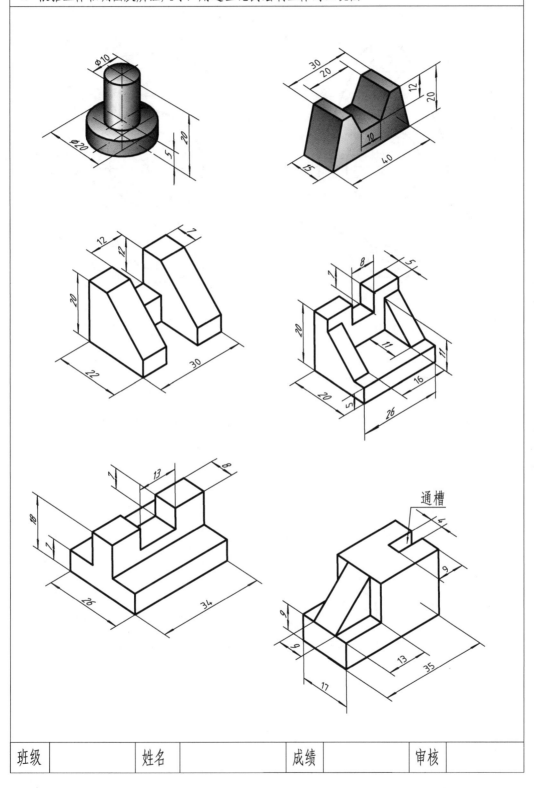

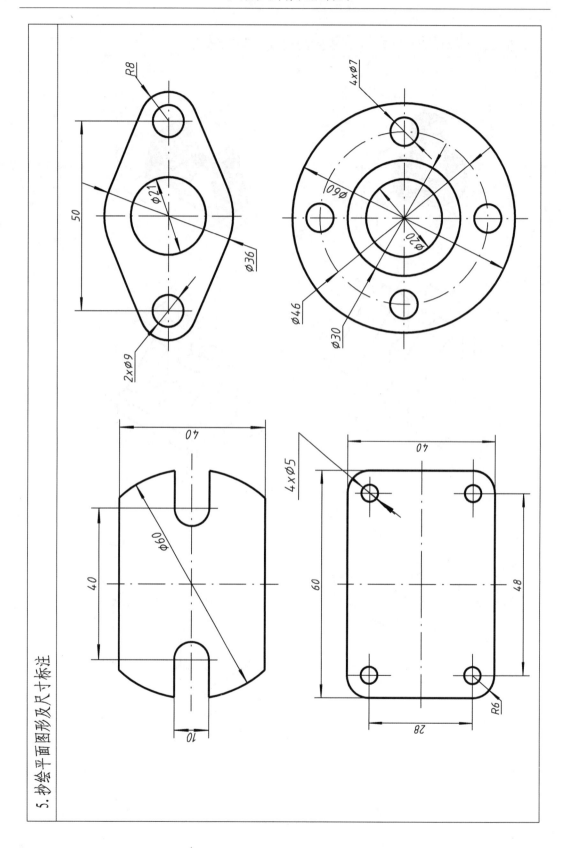

5. 抄绘平面图形及尺寸标注

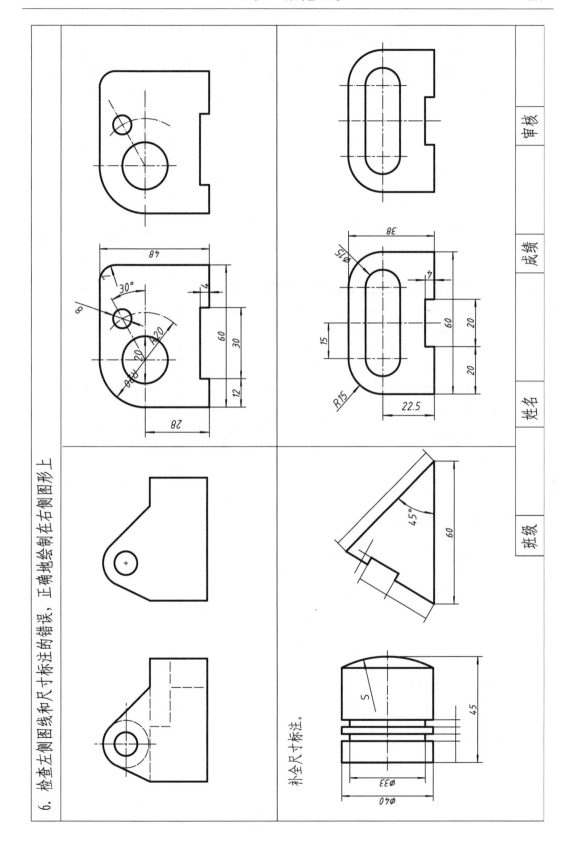

6. 检查左侧图线和尺寸标注的错误，正确地绘制在右侧图形上

7. 点、线、面的投影及其对投影面的相对位置

（1）已知点A、B的两投影，求它们的第三个投影。　　　（2）作点A（30，20，10）、B（15，10，25）的投影。

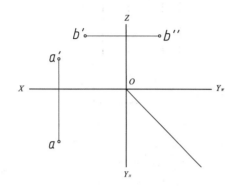 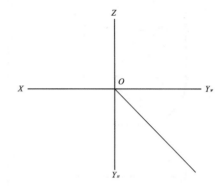

（3）已知平面的两个投影，求作第三个投影，并指出它是什么位置的平面。

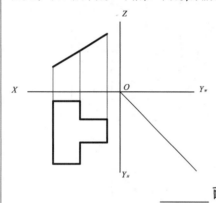

_____ 面　　　　　　　　　　　　　　　　　　_____ 面

（4）判断下列各直线和平面相对于投影面的位置。

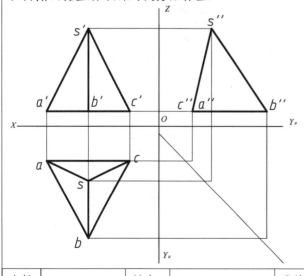

SA是_____线；SB是_____线；

AB是_____线；AC是_____线。

平面ABC是（　　）面

平面SAB是（　　）面

平面SBC是（　　）面

平面SAC是（　　）面

班级		姓名		成绩		审核	

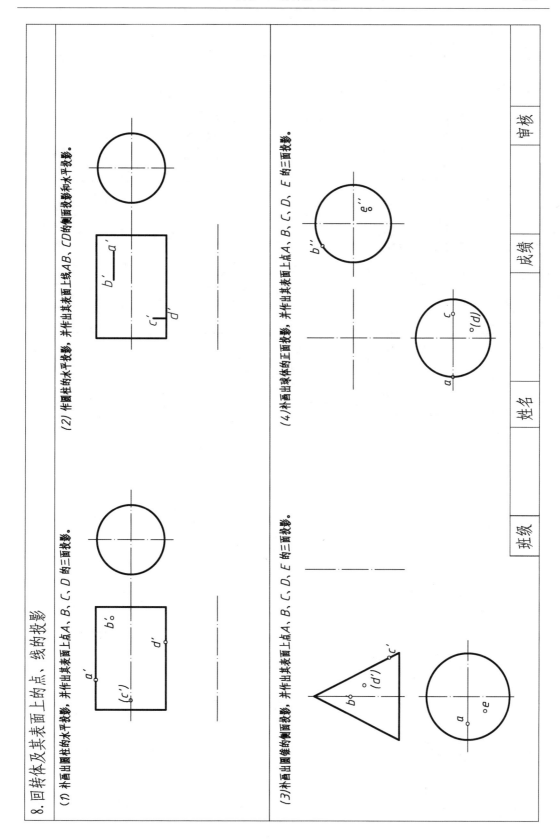

8. 回转体及其表面上的点、线的投影

(1) 补画出圆柱的水平投影，并作出其表面上点A、B、C、D的三面投影。

(2) 作圆柱的水平投影，并作出表面上线AB、CD的侧面投影和水平投影。

(3) 补画出圆锥的侧面投影，并作出其表面上点A、B、C、D、E的三面投影。

(4) 补画出球体的正面投影，并作出其表面上点A、B、C、D、E的三面投影。

9.求立体表面的交线，完成三视图

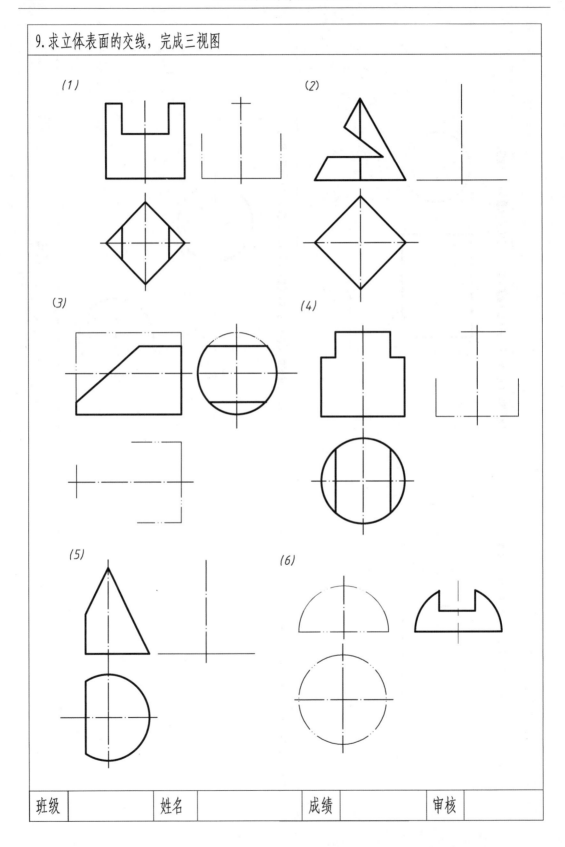

(1)　(2)　(3)　(4)　(5)　(6)

班级		姓名		成绩		审核	

10.已知立体的两投影，它们的第三个投影

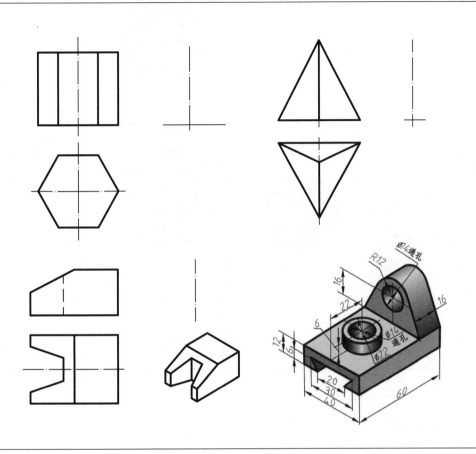

11.根据立体轴测图及所注尺寸，用适当比例绘制立体的三视图。

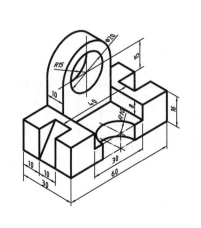

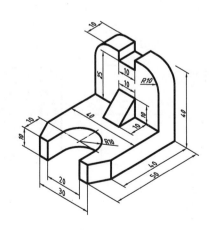

| 班级 | | 姓名 | | 成绩 | | 审核 | |

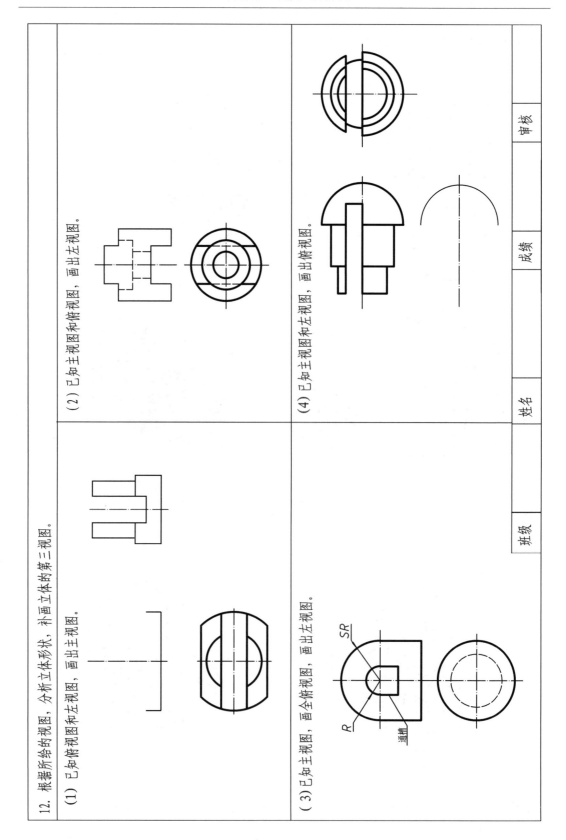

12. 根据所绘的视图，分析立体形状，补画立体的第三视图。

(1) 已知俯视图和左视图，画出主视图。

(2) 已知主视图和俯视图，画出左视图。

(3) 已知主视图，画全俯视图，画出左视图。

(4) 已知主视图和左视图，画出俯视图。

| 班级 | 姓名 | 成绩 | 审核 |

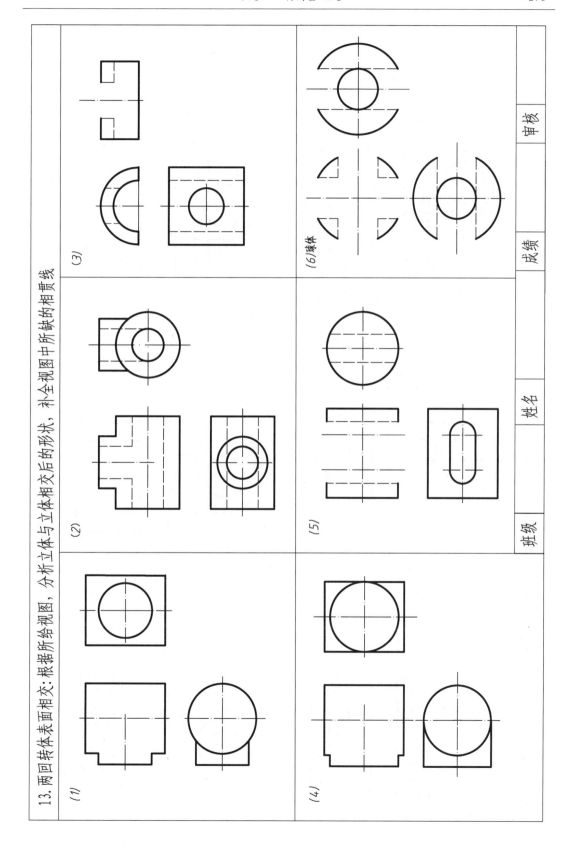

13. 两回转体表面相交：根据所给视图，分析立体与立体相交后的形状，补全视图中所缺的相贯线

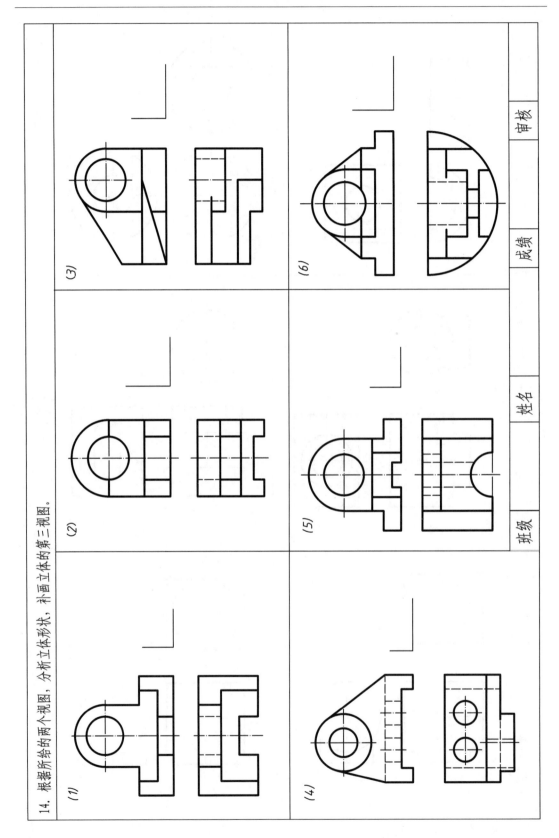

14. 根据所给的两个视图，分析立体形状，补画立体的第三视图。

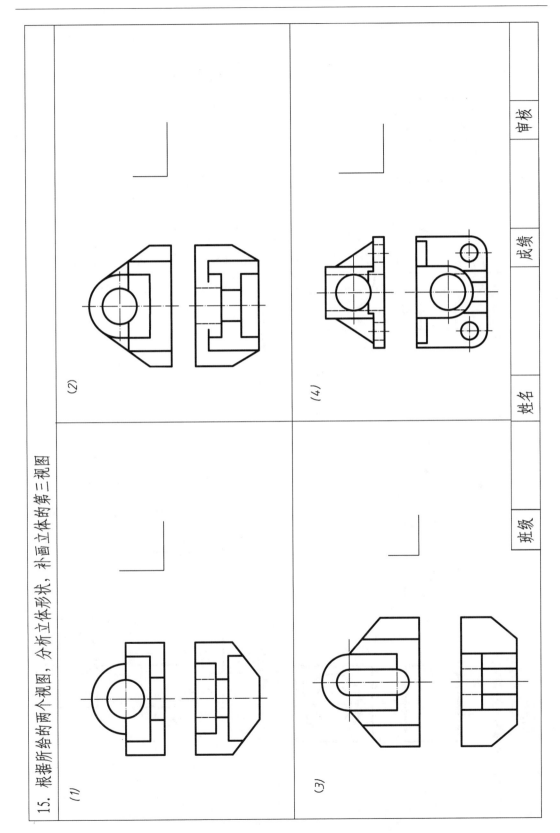

15. 根据所给的两个视图，分析立体形状，补画立体的第三视图

16. 补全立体图线

(1) 已知俯视图和左视图, 画全主视图。

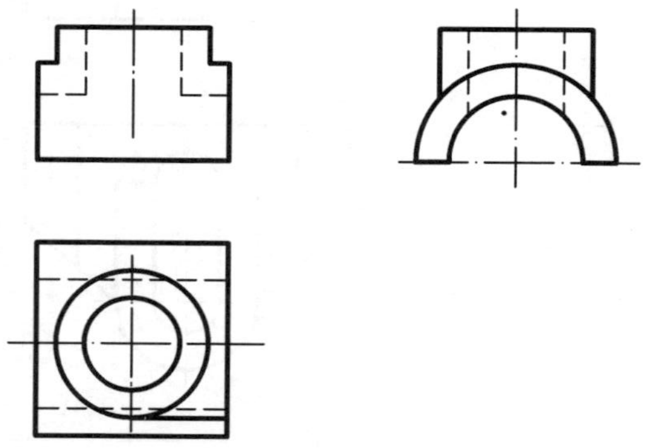

(2) 已知左视图, 画全主视图和俯视图。

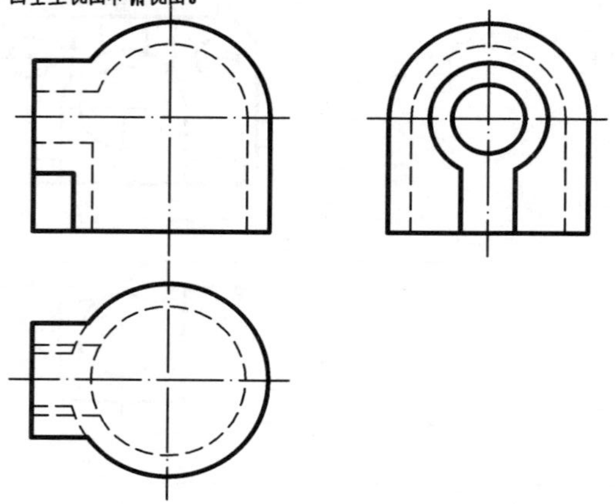

(3) 已知俯视图, 画全主视图和左视图。

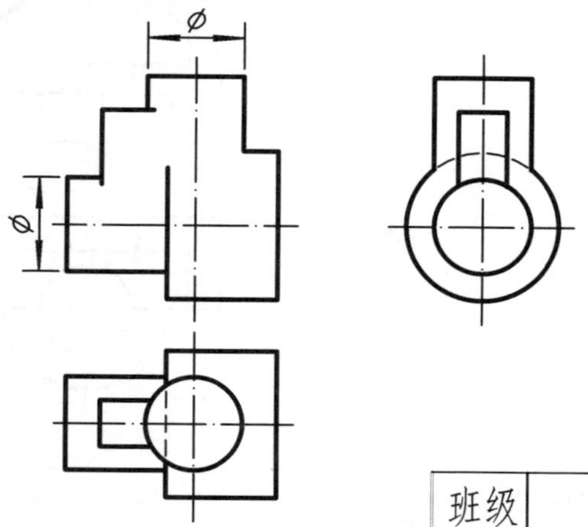

(4) 补全三个视图中的虚线。

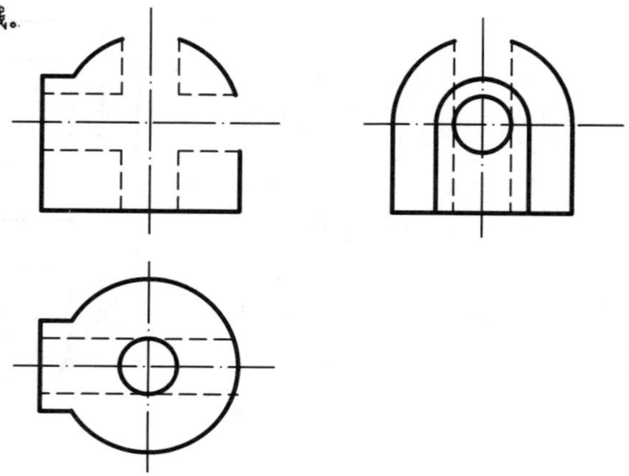

班级　　姓名　　审核　　成绩

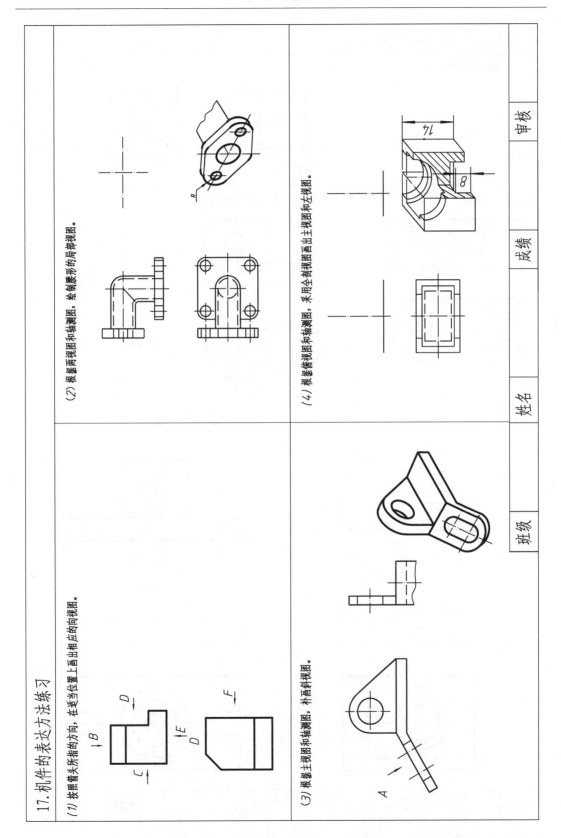

17. 机件的表达方法练习

(1) 按照箭头所指的方向，在适当位置上画出相应的向视图。

(2) 根据两视图和轴测图，绘制蜗形的局部视图。

(3) 根据主视图和轴测图，补画斜视图。

(4) 根据俯视图和轴测图，采用全剖视图画出主视图和左视图。

班级　　姓名　　成绩　　审核

18. 对下列视图进行合理地剖视

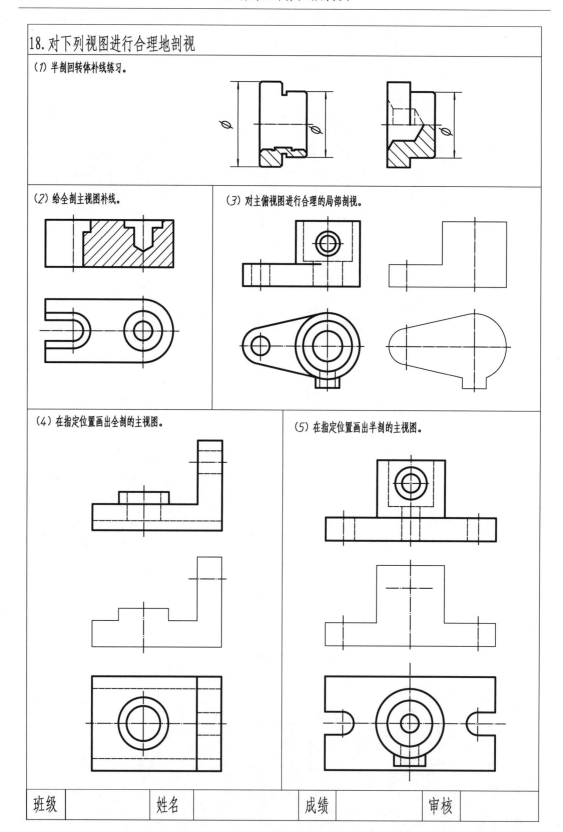

（1）半剖回转体补线练习。

（2）给全剖主视图补线。

（3）对主俯视图进行合理的局部剖视。

（4）在指定位置画出全剖的主视图。

（5）在指定位置画出半剖的主视图。

班级		姓名		成绩		审核	

19.对下列视图进行合理地剖视

(1) 根据俯视图和A向视图，将主视图画成B-B半剖视图，将左视图画成C-C全剖视图，并标注全部尺寸。

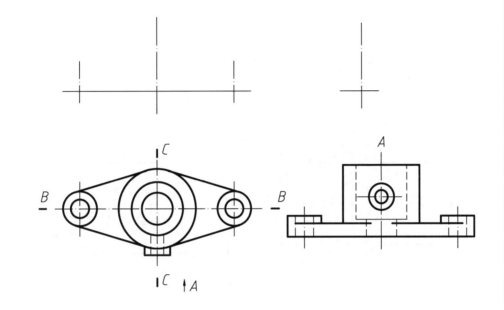

(2) 在下面指定位置画出轴上键槽（查表）及通孔Φ5等的断面图及图形标注。

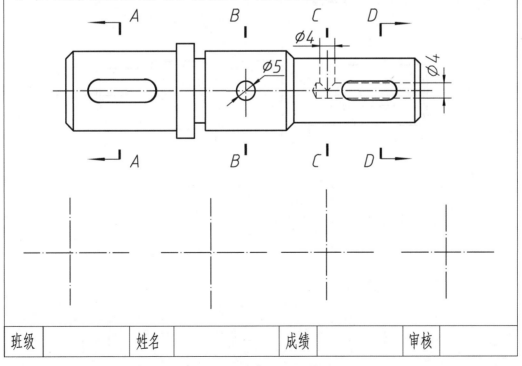

| 班级 | | 姓名 | | 成绩 | | 审核 | |

20. 对下列视图进行合理地剖视

根据俯视图和A向视图，将主视图画成B-B全剖视图，将左视图画成C-C半剖视图。

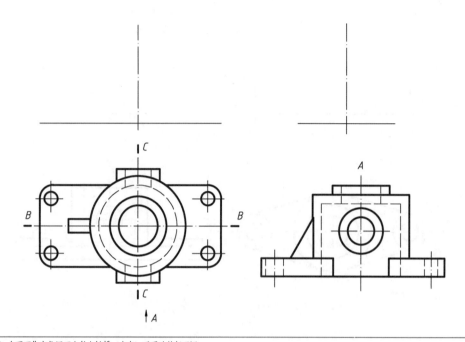

(1) 在下面指定位置画出轴上键槽（查表）及通孔的断面图；
(2) 标注全轴尺寸，尺寸数值按1：1从图中量取（取整数）。

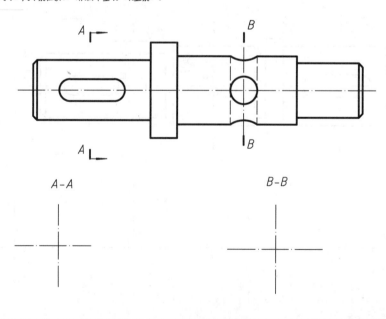

| 班级 | | 姓名 | | 成绩 | | 审核 | |

21.标准件和常用件的基本练习

(1) 指出图中画错的地方，并将正确的图形绘制在下面。

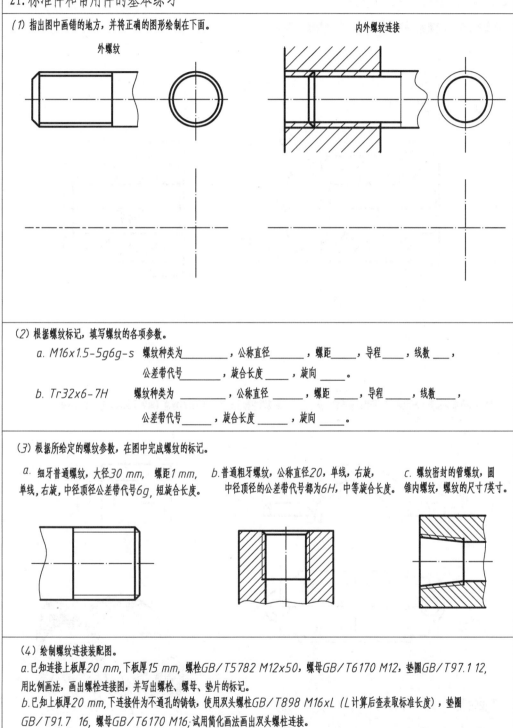

外螺纹

内外螺纹连接

(2) 根据螺纹标记，填写螺纹的各项参数。

　　a. M16x1.5-5g6g-s　螺纹种类为＿＿＿＿＿，公称直径＿＿＿＿，螺距＿＿＿＿，导程＿＿＿＿，线数＿＿＿，
　　　　　　　　　　　　公差带代号＿＿＿＿，旋合长度＿＿＿＿，旋向＿＿＿＿。

　　b. Tr32x6-7H　　　 螺纹种类为＿＿＿＿＿，公称直径＿＿＿＿，螺距＿＿＿＿，导程＿＿＿＿，线数＿＿＿，
　　　　　　　　　　　　公差带代号＿＿＿＿，旋合长度＿＿＿＿，旋向＿＿＿＿。

(3) 根据所给定的螺纹参数，在图中完成螺纹的标记。

　　a. 细牙普通螺纹，大径30 mm，螺距1 mm，
单线，右旋，中径顶径公差带代号6g，短旋合长度。

　　b.普通粗牙螺纹，公称直径20，单线，右旋，
中径顶径的公差带代号都为6H，中等旋合长度。

　　c. 螺纹密封的管螺纹，圆
锥内螺纹，螺纹的尺寸1英寸。

(4) 绘制螺纹连接装配图。

　　a.已知连接上板厚20 mm，下板厚15 mm，螺栓GB/T5782 M12x50，螺母GB/T6170 M12，垫圈GB/T97.1 12，
用比例画法，画出螺栓连接图，并写出螺栓、螺母、垫片的标记。

　　b.已知上板厚20 mm，下连接件为不通孔的铸铁，使用双头螺柱GB/T898 M16xL（L计算后查表取标准长度），垫圈
GB/T91.7 16，螺母GB/T6170 M16，试用简化画法画出双头螺柱连接。

　　c.已知螺钉连接中的二个零件，上板厚25 mm，下板为钢，不通孔，螺钉GB/T68 M16xL（L计算后查表确定），绘制螺钉连接图。

班级		姓名		成绩		审核	

22.零件表面结构：粗糙度的标注

(1) 检查左图表面粗糙度标注中的错误，在右图中重新标注一次。

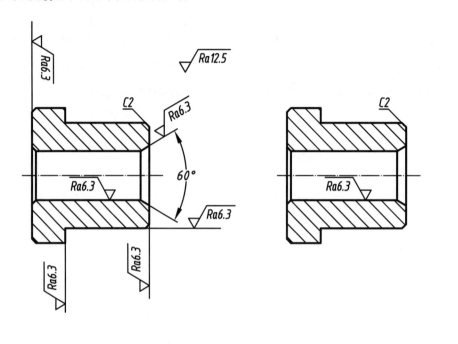

(2)根据轴承盖轴测图上所指定的表面粗糙度要求（见下表），在视图中标注出相应的表面粗糙度（对称面的表面粗糙度代号也应标出）。

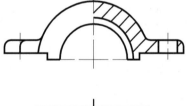

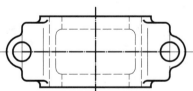

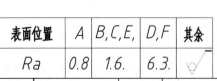

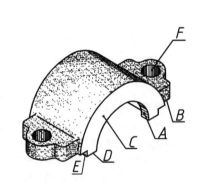

表面位置	A	B,C,E,	D,F	其余
Ra	0.8	1.6.	6.3.	√

班级		姓名		成绩		审核	

23.零件间的公差与配合

(1) 解释配合尺寸∅16H7/f6的含义:

(a) ∅16表示是_____;

(b) f表示_____;

(c) 此配合是_____制_____配合;

(d) 7、6表示_____.

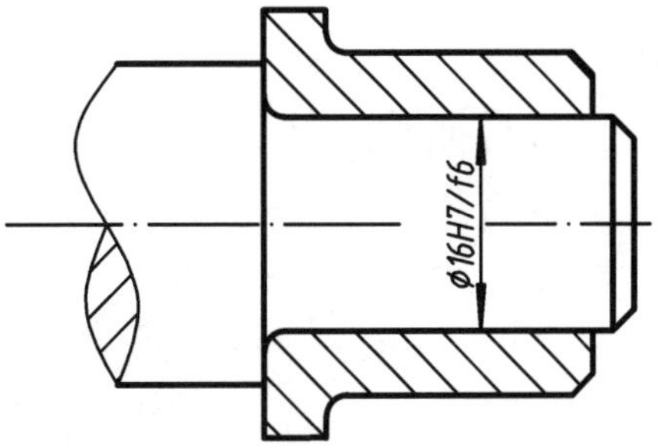

(2) 根据装配图中所注的配合尺寸,分别在零件图的相应部位注出公称尺寸和极限差值。

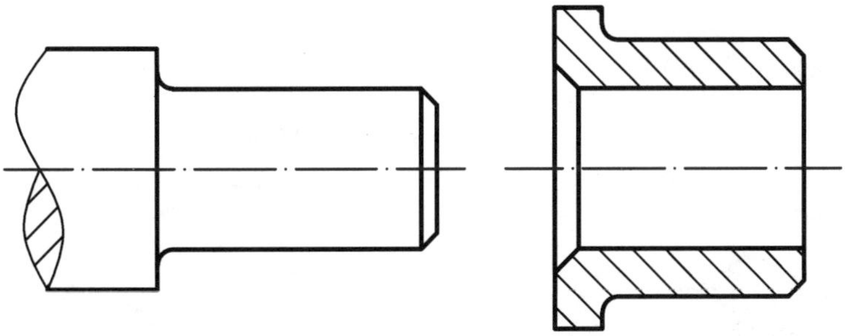

(3) 算出配合尺寸∅16H7/f6的极限尺寸。

孔: 上极限尺寸为_____,   轴: 上极限尺寸为_____,

下极限尺寸为_____.   下极限尺寸为_____.

(4) 画出配合尺寸∅16H7/f6中孔与轴的公差带图。

| 班级 | | 姓名 | | 成绩 | | 审核 | |

24. 绘制零件图

(1) 根据轴测图, 画出轴的零件图, 并标注尺寸 (螺纹退刀槽查表), 试标注粗糙度。

建议参考该轴, 根据轴的传动作用, 具有输入输出位置、两个支撑位置, 及退刀槽、倒角等常见结构, 自行设计一根轴。

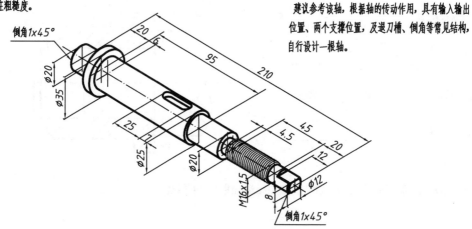

(2) 根据连杆的轴测图, 画出零件图并标注粗糙度。

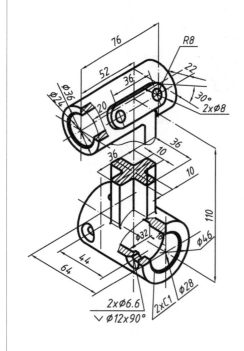

25. 绘制展开图

(1) 完成四节圆柱弯管的展开图。

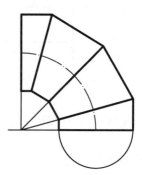

(2) 画出天圆地方的展开图。

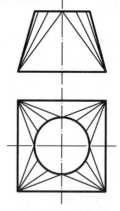

班级		姓名		成绩		审核	

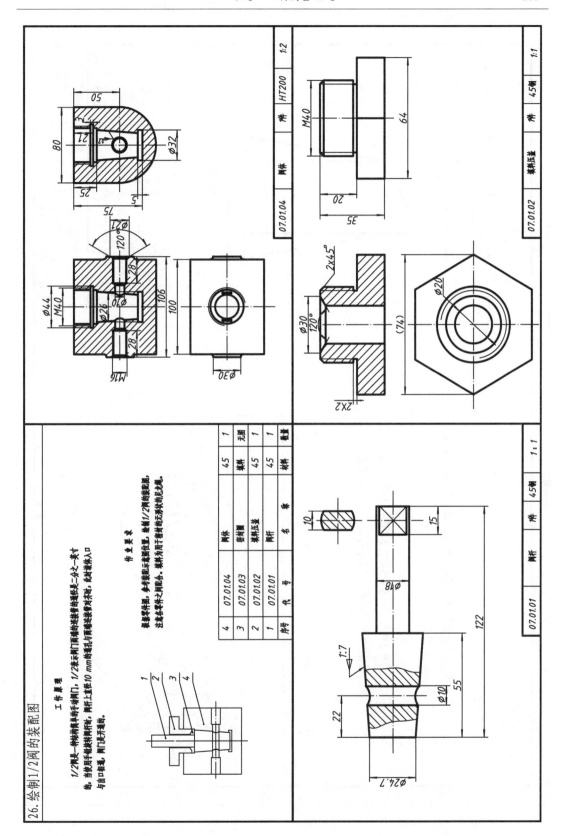

26. 绘制 1/2 阀的装配图

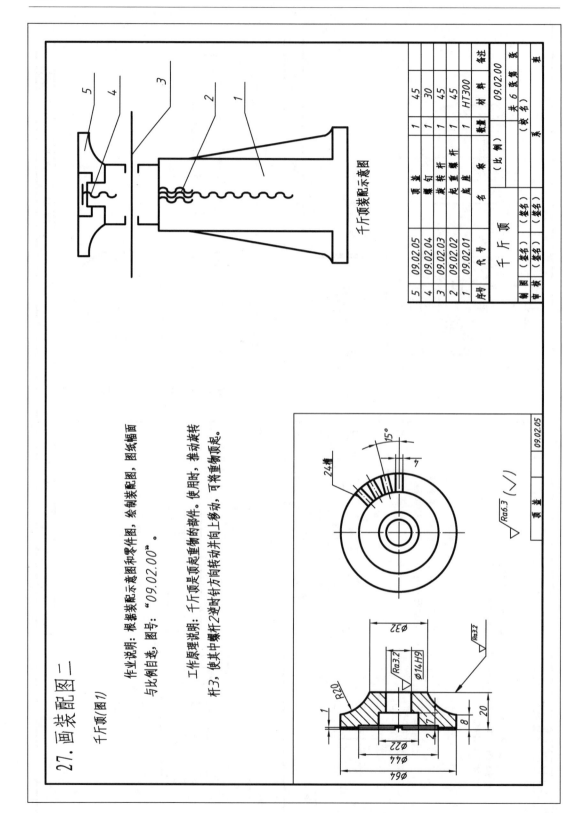

27. 画装配图二

千斤顶(图1)

作业说明：根据装配示意图和零件图，绘制装配图。图纸幅面与比例自选，图号："09.02.00"。

工作原理说明：千斤顶是顶起重物的部件。使用时，推动旋转杆3，使其中螺杆2逆时针方向转动并向上移动，可将重物顶起。

千斤顶装配示意图

5	09.02.05	顶盖	1	45	
4	09.02.04	螺钉	1	30	
3	09.02.03	旋转杆	1	45	
2	09.02.02	起重螺杆	1	45	
1	09.02.01	底座	1	HT300	
序号	代 号	名 称	数量	材 料	备注
	千 斤 顶		(比 例)	09.02.00	
			(共 6 张 第 张)		
制图	(签名)				
审核	(签名)	(校名)	系	班	

顶 盖   09.02.05

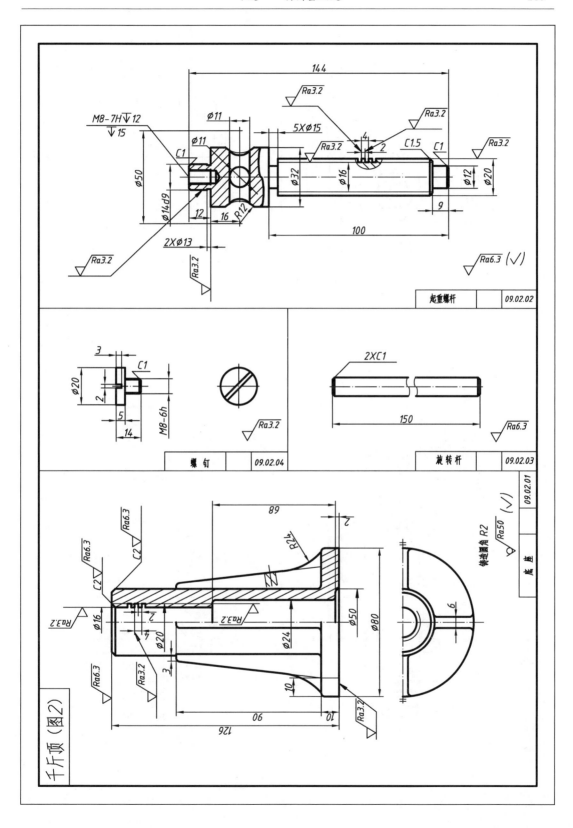

144

Ra3.2

Ra3.2

M8-7H▽12
▽15

Ø11

5XØ15

Ra3.2

C1.5 C1

Ra3.2

C1

Ø50

Ø11

Ra3.2

4
2

Ø32

Ø16

Ø12

Ø20

Ø14d9

12   16   R12

2XØ13

9

100

Ra3.2

Ra3.2

Ra6.3 (√)

起重螺杆 | 09.02.02

3

Ø20

C1

2

M8-6h

5

14

Ra3.2

螺钉 | 09.02.04

2XC1

150

Ra6.3

旋转杆 | 09.02.03

千斤顶(图2)

89

2

R24

Ra6.3

Ra6.3

C2

C2

Ø16

2

Ø20

4

Ra3.2

Ø50

Ø80

Ø24

3

Ra3.2

Ra6.3

10

90

126

10

6

铸造圆角 R2

Ra50 (√)

底座 | 09.02.01

Ra3.2

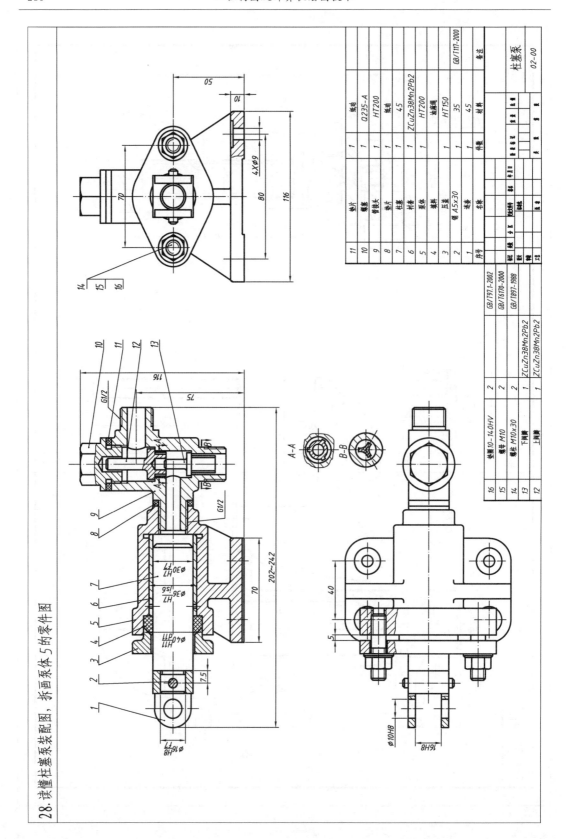

28. 读懂柱塞泵装配图, 拆画泵体 5 的零件图

29. 读懂"手压油泵"的装配图，拆画零件1泵体的零件图（包括尺寸和粗糙度）

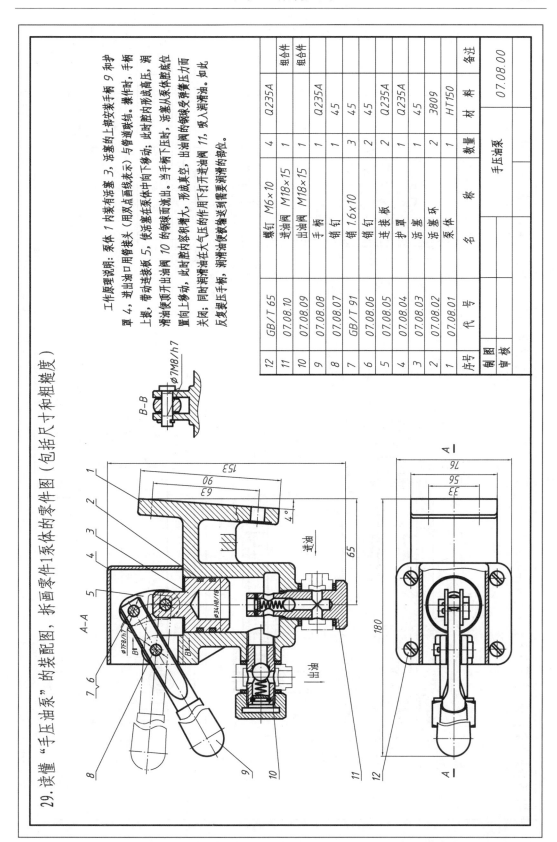

工作原理说明：泵体 1 内装有活塞 3，活塞的上部安装手柄 9 和护罩 4，进、出油口用管接头（用双点画线表示）与管道联结。手柄上提，带动连接板 5，使活塞在泵体内向下移动，此时腔内形成高压，润滑油便顶开出油阀 10 的钢珠而流出。当手柄下压时，活塞从泵体腔底部置向上移动，此时腔内容积增大，形成真空，出油阀的钢珠受弹簧压力而关闭；同时润滑油在大气压的作用下打开进油阀 11，吸入润滑油。如此反复提压手柄，润滑油被数输送到需要润滑的部位。

12	GB/T 65	螺钉 M6×10	4	Q235A	
11	07.08.10	进油阀 M18×15	1		组合件
10	07.08.09	出油阀 M18×15	1		组合件
9	07.08.08	手柄	1	Q235A	
8	07.08.07	销钉	1	45	
7	GB/T 91	销 1.6×10	3	45	
6	07.08.06	销钉	2	45	
5	07.08.05	连接板	2	Q235A	
4	07.08.04	护罩	1	Q235A	
3	07.08.03	活塞	1	45	
2	07.08.02	活塞环	2	3809	
1	07.08.01	泵体	1	HT150	
序号	代号	名 称	数量	材 料	备注

		手压油泵		07.08.00	
制图					
审核					

B-B

∅7M8/h7

∅34H8/f8

∅7B8/h7

∅7B8/h7

进油

出油

153
90
63
4°
65

76
56
33
180

A-A

A

A

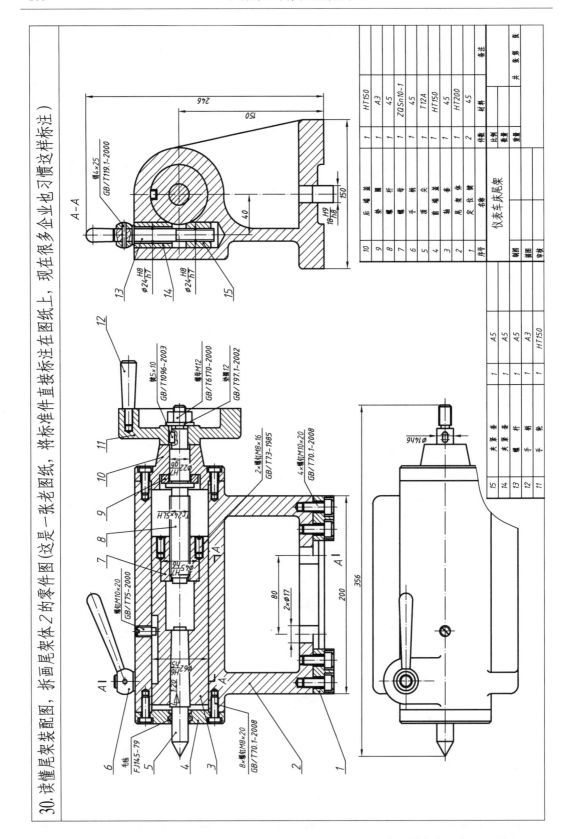

30. 读懂尾架装配图，拆画尾架体2的零件图（这是一张老图纸，将标准件直接标注在图纸上，现在很多企业也习惯这样标注）

15	夹紧套	1	A5
14	夹紧套	1	A5
13	螺杆	1	A5
12	手柄	1	A3
11	手轮	1	HT150

10	后端盖	1	HT150	
9	套筒	1	A3	
8	螺杆	1	45	
7	螺母	1	ZQSn10-1	
6	导向销	1	45	
5	顶尖	1	T12A	
4	前端盖	1	HT150	
3	螺套	1	45	
2	尾架体	1	HT200	
1	定位键	2	45	
序号	名称	数量	材料	备注
仪表车床尾架				
绘图		比例		
审图		重量	共 张 第 张
审核				

习题二　建模题

1.建模练习题

（1）

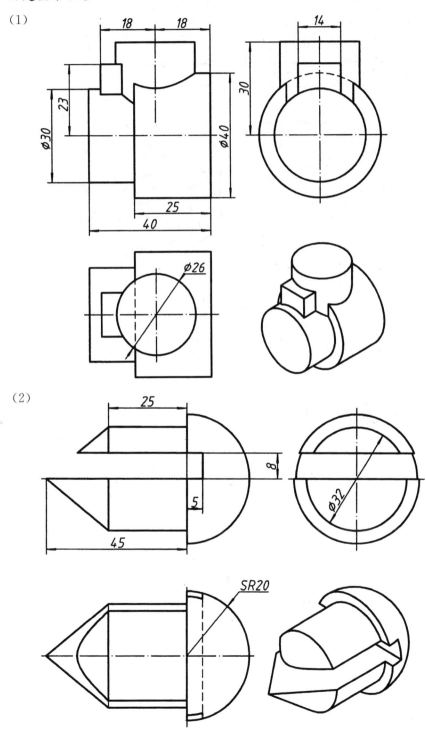

（2）

（3）

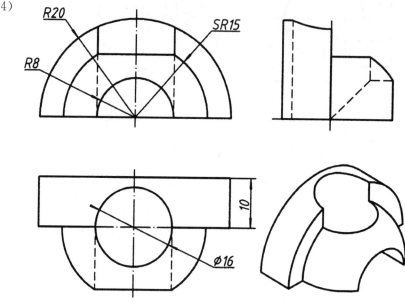

（4）

（5）

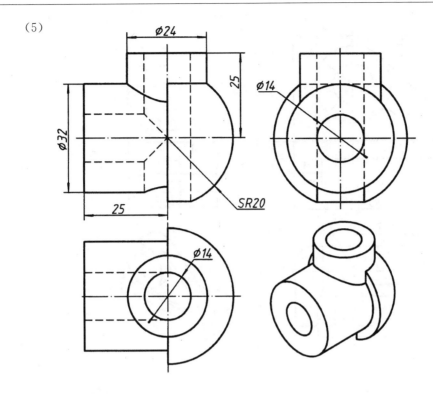

（6）

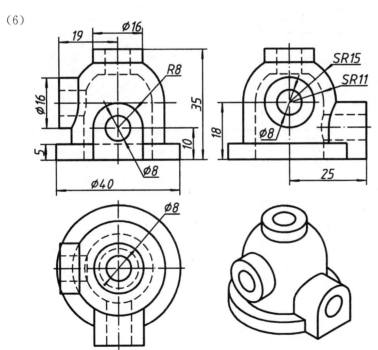

（7）

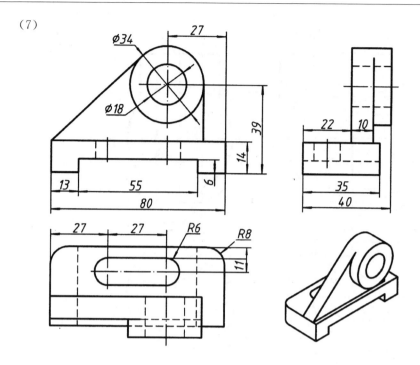

（8）

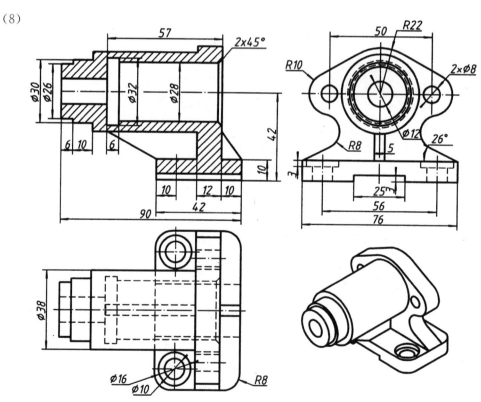

（9）

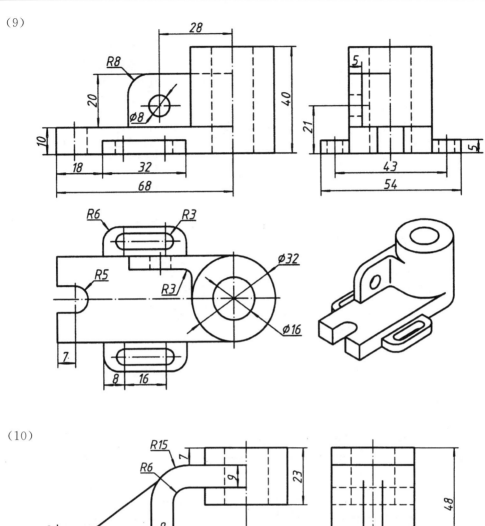

（10）

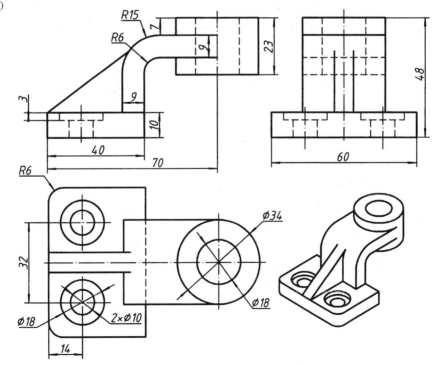

(11)

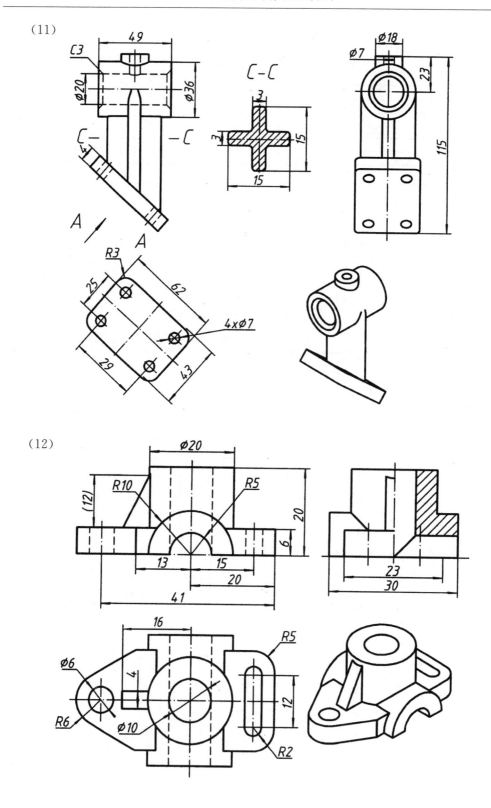

(12)

（13）

（14）

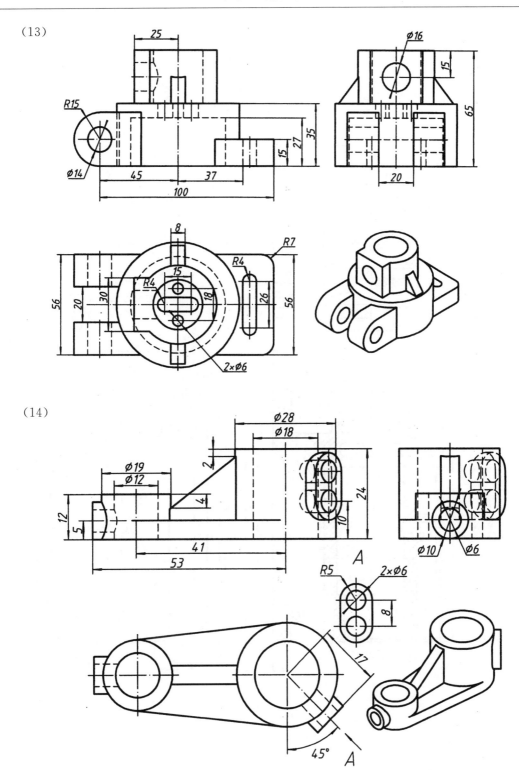

（15）

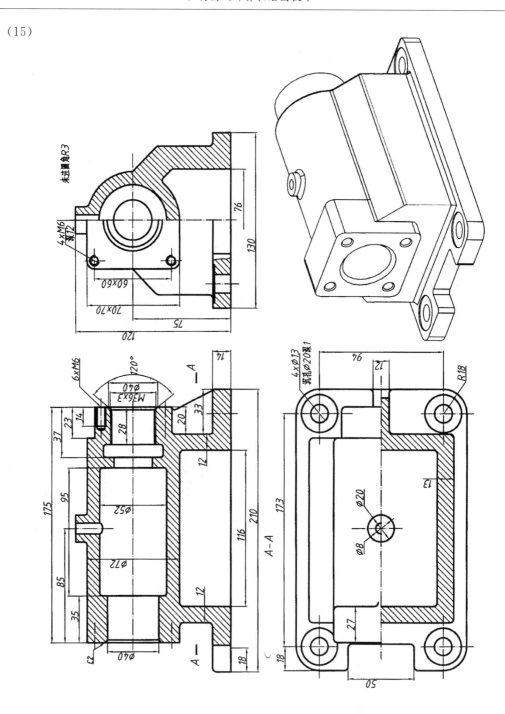

2. 画装配图或建模

作业说明：根据装配示意图和315～316页的零件图，绘制如图D-6所示的装配图，图纸幅面和比例自选。

回油阀工作原理：回油阀是液压回路中过压保护的一种部件，由13种零件构成。阀门2在弹簧3作用下通过90°锥面与阀体7搭合，液体由下端流入，右端流出，构成回路。当回路压力过高，液体对阀门2的作用力大于弹簧3对阀门2的作用力时，将阀门2顶起。左侧回路接油箱，液体经右侧阀门2处流入左侧回路回路到油箱。此时回路压力降低，阀门2下落，液体又从右侧回路回路流出。调节阀杆5可调弹簧3的压力大小，从而可以改变回油阀的额定工作压力值。

技术要求：
(1) 阀门装入阀体时，在自重作用下需缓慢下降。
(2) 回油阀装配完成后需经油压试验，在196 000 Pa压力下，各装配面无渗透现象。
(3) 阀体与阀门的密合面需经研磨配合。
(4) 调整回油阀弹簧使油路压力在147 000 Pa时回油阀即开始工作。
(5) 弹簧的主要参数：外径$\varnothing 2.5$，节距7，有效总圈数9，旋向右。

附零件图
6是螺钉，10,11,12是双头螺柱及螺母垫片，13是纸垫，均无图。

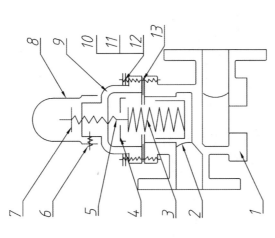

回油阀装配示意图

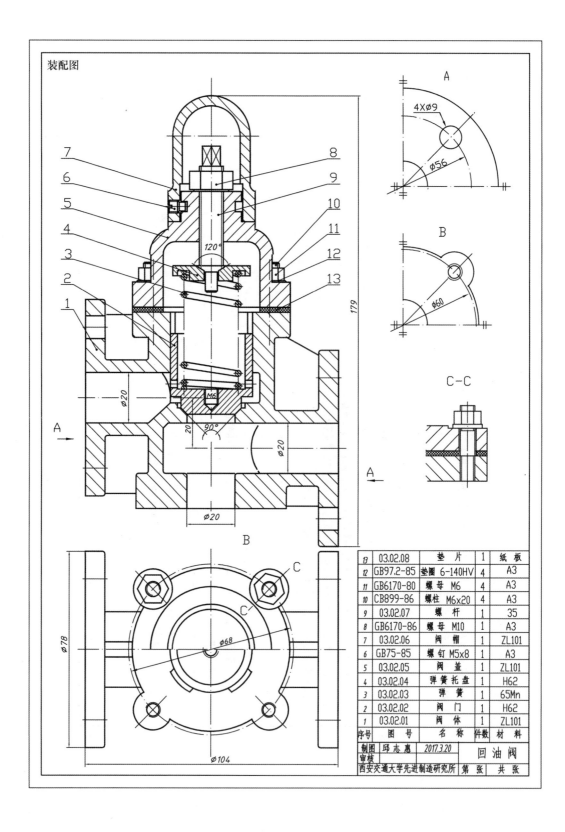

装配图

13	03.02.08	垫 片	1	纸 板
12	GB97.2-85	垫圈 6-140HV	4	A3
11	GB6170-80	螺 母 M6	4	A3
10	CB899-86	螺柱 M6x20	4	A3
9	03.02.07	螺 杆	1	35
8	GB6170-86	螺 母 M10	1	A3
7	03.02.06	阀 帽	1	ZL101
6	GB75-85	螺 钉 M5x8	1	A3
5	03.02.05	阀 盖	1	ZL101
4	03.02.04	弹簧托盘	1	H62
3	03.02.03	弹 簧	1	65Mn
2	03.02.02	阀 门	1	H62
1	03.02.01	阀 体	1	ZL101
序号	图 号	名 称	件数	材 料

制图	邱志惠	2017.3.20	回 油 阀
审核			
西安交通大学先进制造研究所		第 张	共 张

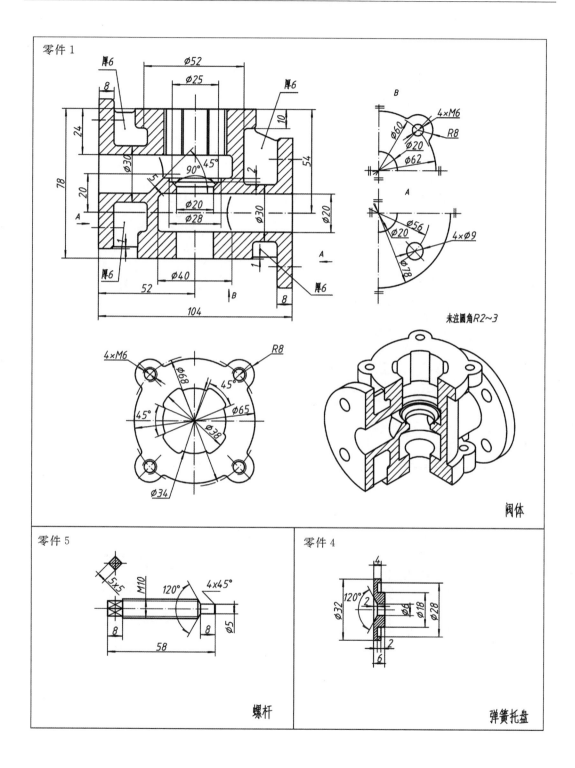

零件 1

阀体

未注圆角R2~3

零件 5

螺杆

零件 4

弹簧托盘

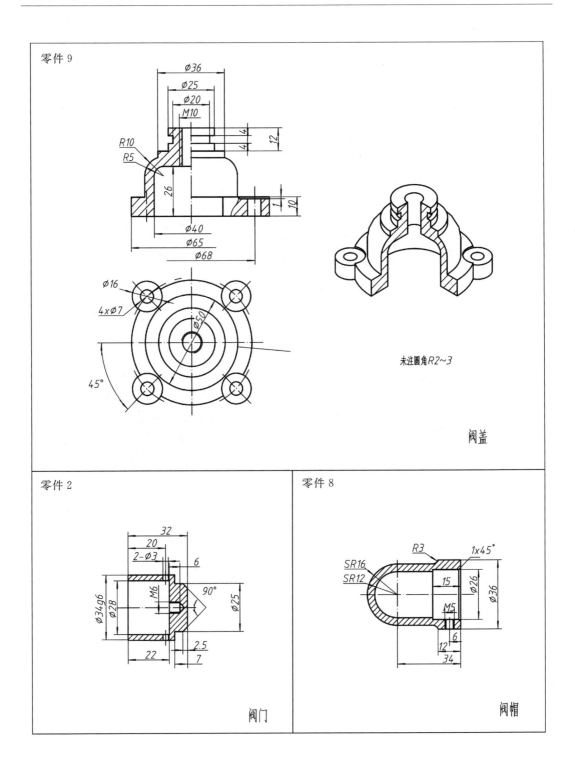

零件 9

R10
R5

Ø36
Ø25
Ø20
M10

4
4
12

26

1
10

Ø40
Ø65
Ø68

Ø16
4×Ø7
Ø50

45°

未注圆角R2~3

阀盖

零件 2

32
20
2-Ø3
6

Ø34g6
Ø28
M6
90°
Ø25

22
2.5
7

阀门

零件 8

SR16
SR12
R3
1×45°

15
Ø26
Ø36

M5
6
12
34

阀帽

3.滑动轴承装配图练习

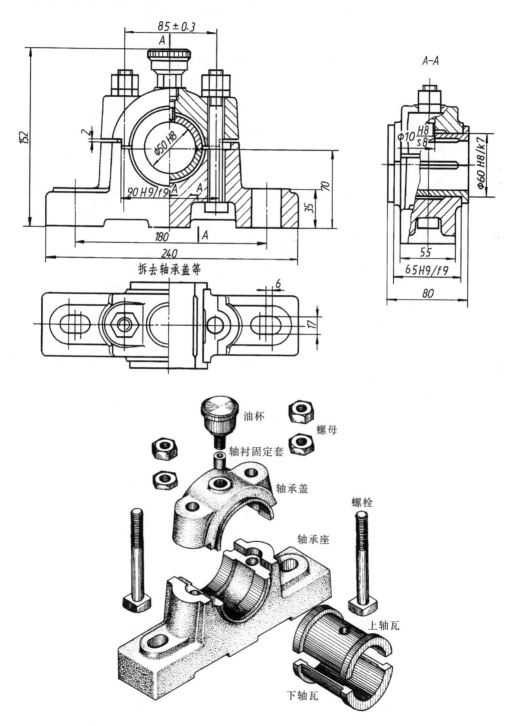

拆去轴承盖等

油杯

螺母

轴衬固定套

轴承盖

螺栓

轴承座

上轴瓦

下轴瓦

习题三　手工绘图或建模题

1. 用适当比例绘制平面立体的三视图或者计算机建立3D模型。

2. 用适当比例绘制层次类立体的三视图或者计算机建立3D模型。

3. 绘制具有截交线、相贯线模型的三视图或者计算机建立3D模型。

4. 绘制复杂组合立体的三视图或者计算机建立3D模型。

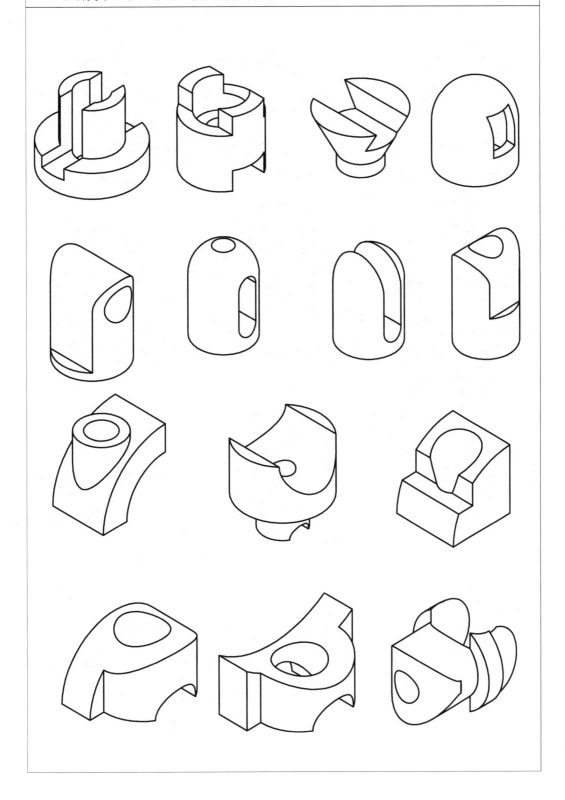

5. 绘制复杂组合立体的三视图或者计算机建立3D模型。

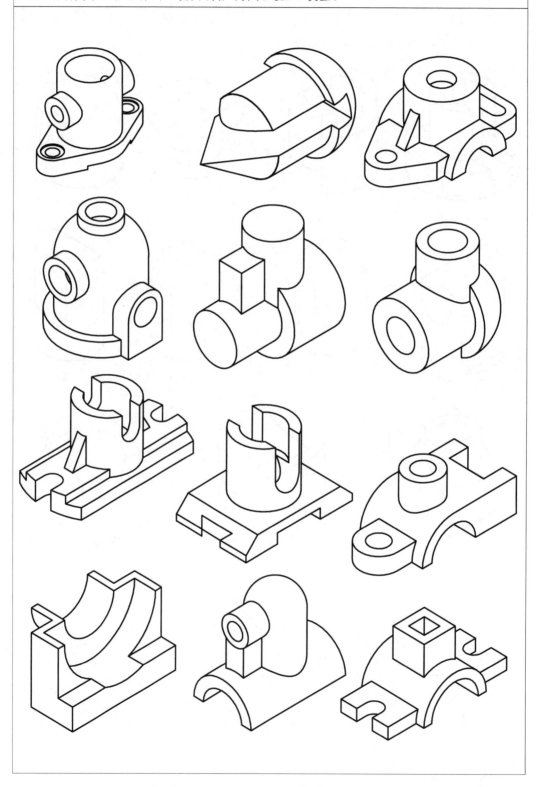

6. 绘制复杂组合体的三视图或者计算机建立3D模型。

7. 绘制简单组合体的三视图或者计算机建立3D模型。

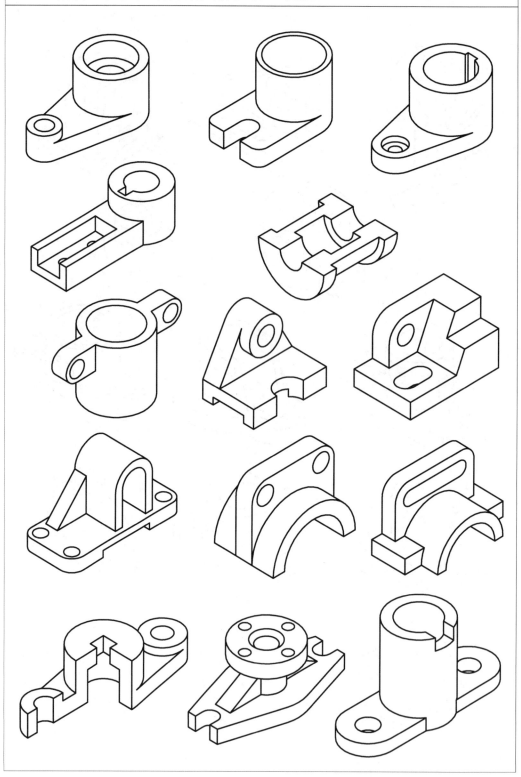

8. 绘制图示立体的三视图或者计算机建立3D模型。

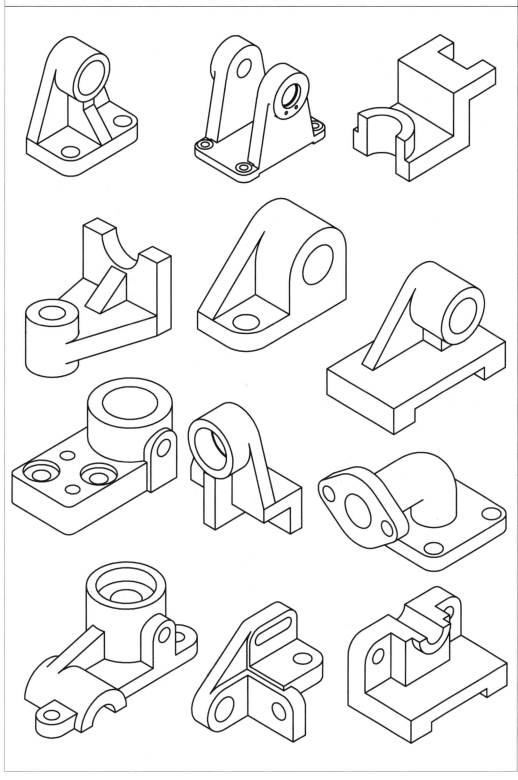

9. 绘制立体的三视图或者计算机建立3D模型。

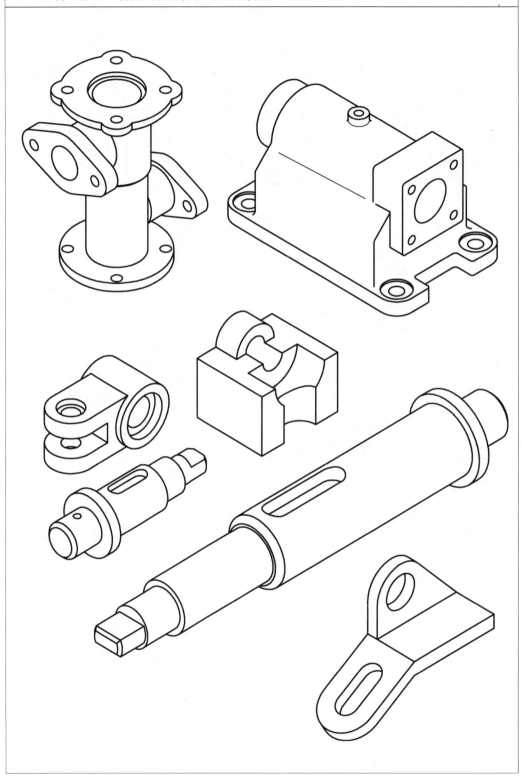

第四部分　附　　录

附录 A 计算机绘图国家标准

《机械制图用计算机信息交换制图规则》GB/T 14665-93 中的制图规则适用于在计算机及其外围设备中显示、绘制、打印机械图样和有关技术文件时使用。

1. 图线的颜色和图层

计算机绘图图线颜色和图层的规定参见表 A-1。

表 A-1 计算机绘图图线颜色和图层的规定

图线名称及代号	线型样式	图线层名	图线颜色
粗实线 A	——	01	白色
细实线 B	——	02	红色
波浪线 C	～～～	02	绿色
双折线 D	～∧～	02	蓝色
虚线 F	- - - - -	04	黄色
细点画线 G	—·—·—	05	蓝绿/浅蓝
粗点画线 J	—·—·—	06	棕色
双点画线 K	—··—··—	07	粉红/橘红
尺寸线、尺寸界线及尺寸终端形式	⊢——⊣	08	—
参考圆	○→	09	—
剖面线	////////	10	—
字体	ABCD 机械制图	11	—
尺寸公差	123±4	12	—
标题	KLMN 标题	13	—
其他用	其他	14、15、16	—

2. 图线

图线是组成图样的最基本要素之一,为了便于机械制图与计算机信息的交换,标准将 8 种线型(粗实线、粗点画线、细实线、波浪线、双折线、虚线、细点画线、双点画线)分为 5 组。一般 A0、A1 幅面采用第 3 组要求,A2、A3、A4 幅面采用第 4 组要求,具体数值参见表 A-2。

表 A-2 计算机制图线宽的规定

组 别	1	2	3	4	5	一般用途
线宽 mm	2.0	1.4	1.0	0.7	0.5	粗实线、粗点画线
	0.7	0.5	0.35	0.25	0.18	细实线、波浪线、双折线、虚线、细点画线、双点画线

3. 字体

字体是技术图样中的一个重要组成部分。标准(GB/T13362.4—92 和 GB/T13362.5—92)规定图样中书写的字体,必须做到:

字体端正 笔画清楚 间隔均匀 排列整齐

(1)字高:字体高度与图纸幅面之间的选用关系参见表 A-3,该规定是为了保证当图样缩微或放大后,其图样上的字体和幅面总能满足标准要求而提出的。

表 A-3 计算机制图字高的规定

图幅 / 字高 / 字体	A0	A1	A2	A3	A4
汉 字	7	5	3.5	3.5	3.5
字母与数字	5	5	3.5	3.5	3.5

(2)汉字:输出时一般采用国家正式公布和推行的简化字。

(3)字母:一般应以斜体输出。

(4)数字:一般应以斜体输出。

(5)小数点:输出时应占一位,并位于中间靠下处。

附录 B 机械设计手册节选

一、螺纹

1. 普通螺纹(摘自 GB/T 193—2003,GB/T 196—2003)

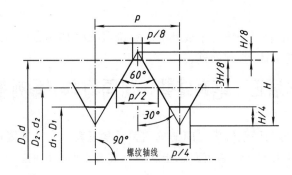

示例:公称直径为 24,螺距为 1.5 mm,右旋的细牙螺纹:M24×1.5

附表 1 普通螺纹直径与螺距系列、公称尺寸

单位:mm

公称直径 D、d		螺距 P		粗牙小径 D_1、d_1	公称直径 D、d		螺距 P		粗牙小径 D_1、d_1
第一系列	第二系列	粗牙	细牙		第一系列	第二系列	粗牙	细牙	
3		0.5		2.459	36		4	3,2,1.5,(1)	31.670
	3.5	(0.6)	0.35	2.850		39			34.670
4		0.7		3.242	42		4.5		37.129
	4.5	(0.75)	0.5	3.688		45		(4),3,2,1.5,(1)	40.129
5		0.8		4.134	48		5		42.587
6		1	0.75,(0.5)	4.917		52			46.587

续表

公称直径 D、d		螺距 P		粗牙小径 D_1、d_1	公称直径 D、d		螺距 P		粗牙小径 D_1、d_1
第一系列	第二系列	粗牙	细牙		第一系列	第二系列	粗牙	细牙	
8		1.25	1,0.75,(0.5)	6.647	56		5.5		50.046
10		1.5	1.25,1,0.75,(0.5)	8.376		60			54.046
12		1.75	1.5,1.25,1,(0.75),(0.5)	10.106	64			4,3,2,1.5,(1)	57.505
	14	2	1.5,(1.25),1,(0.75),(0.5)	11.835		68			61.505
16			1.5,1,(0.75),(0.5)	13.835	72				65.505
	18			15.294		76			69.505
20		2.5	2,1.5,(0.75),(0.5)	17.194	80		6		73.505
	22			19.294		85			78.505
24		3	2,1.5,1,(0.75)	20.752	90			4,3,2	83.505
	27			23.752		95			88.505
30		3.5	(3),2,1.5,1,(0.75)	26.211	100				93.505
	33		(3),2,1.5,(1),(0.75)	29.211		115			108.505

注:(1)优先选用第一系列,括号内尺寸尽可能不用。

(2)中径 D_2、d_2 未列入,第三系列未列入。

(3)第三系列公称直径 D、d 为:5.5、9、11、15、17、25、26、28、32、35、38、40、50、55、58、62、65、70、75 等。

(4)M14×1.25 仅用于火花塞。

2. 梯形螺纹(摘自 GB/T 5796.2—2005,GB/T 5796.3—2005)

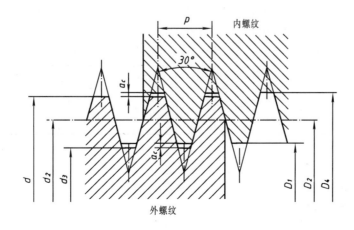

附表 2　梯形螺纹直径与螺距系列、基本尺寸

单位:mm

d 公称直径 第一系列	d 公称直径 第二系列	螺距 P	中径 $d_2=D_2$	大径 D_4	小径 d_3	小径 D_1	d 公称直径 第一系列	d 公称直径 第二系列	螺距 P	中径 $d_2=D_2$	大径 D_4	小径 d_3	小径 D_1
8		1.5 *	7.25	8.30	6.20	6.50		26	3	24.50	26.50	22.50	23.00
	9	1.5	8.25	9.30	7.20	7.5			5 *	23.50	26.50	20.50	21.00
		2 *	8.00	9.50	6.50	7.00			8	22.00	27.00	17.00	18.00
10		1.5	9.25	10.30	8.20	8.50	28		3	26.50	28.50	24.50	25.00
		2 *	9.00	10.50	7.50	8.00			5 *	25.50	28.50	22.50	23.00
	11	2 *	10.00	11.50	8.50	9.00			8	24.00	29.00	19.00	20.00
		3	9.50	11.50	7.50	8.00		30	3	28.50	30.50	26.50	29.00
12		2	11.00	12.50	9.50	10.00			6 *	27.00	31.00	23.00	24.00
		3 *	10.50	12.50	8.50	9.00			10	25.00	31.00	19.00	20.00
	14	2	13.00	14.50	11.50	12.00	32		3	30.50	32.50	28.50	29.00
		3 *	12.50	14.50	10.50	11.00			6 *	29.00	33.00	25.00	26.00
16		2	15.00	16.50	13.50	14.00			10	27.00	33.00	21.00	22.00
		4 *	14.00	16.50	11.50	12.00		34	3	32.50	34.50	30.50	31.00
	18	2	17.00	18.50	15.50	16.00			6 *	31.00	35.00	27.00	28.00
		4 *	16.00	18.50	13.50	14.00			10	29.00	35.00	23.00	24.00
20		2	19.00	20.50	17.00	18.00	36		3	34.50	36.50	32.00	33.00
		4 *	18.00	20.50	15.50	16.00			6 *	33.00	37.00	29.00	30.00
	22	3	20.50	22.50	18.50	19.00			10	31.00	37.00	25.00	26.00
		5 *	19.50	22.50	16.50	17.00		38	3	36.50	38.50	34.50	35.00
		8	18.00	23.00	13.00	14.00			7 *	34.50	39.00	30.00	31.00
24		3	22.50	24.50	20.50	21.00			10	33.00	39.00	27.00	28.00
		5 *	21.50	24.50	18.50	19.00	40		3	38.50	40.50	36.50	37.00
		8	20.00	25.00	15.00	16.00			7 *	36.50	41.00	32.00	33.00
									10	35.00	41.00	29.00	30.00

注:(1)牙顶间隙 a_c:当 $P=0.5$ 时,$a_c=0.15$;当 $P=2\sim5$ 时,$a_c=0.25$;当 $P=6\sim12$ 时,$a_c=0.5$;当 $P=14\sim40$ 时,$a_c=1$;

(2)优先选用第一系列,括号内尺寸尽可能不用。

(3)带" * "为优先选用的螺距。

3. 55°非螺纹密封的管螺纹(摘自 GB/T 7307—2001)

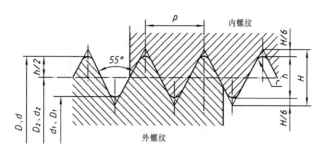

附表 3　55°非螺纹密封的管螺纹基本尺寸

单位:mm

尺寸标记	每 25.4 mm 内的牙数 n	螺距 P	牙高 H	圆弧半径 r	基本直径		
					大径 $d=D$	中径 $d_2=D_2$	小径 $d_1=D_1$
1/16	28	0.907	0.581	0.125	7.723	7.142	6.561
1/8	28	0.907	0.581	0.125	9.728	9.142	8.566
1/4	19	1.337	0.856	0.184	13.157	12.301	11.445
3/8	19	1.337	0.856	0.184	16.662	15.806	14.950
1/2	14	1.814	1.162	0.249	20.955	19.793	18.631
5/8	14	1.814	1.162	0.249	22.911	21.749	20.587
3/4	14	1.814	1.162	0.249	26.441	25.279	24.117
7/8	14	1.814	1.162	0.249	30.201	29.039	27.877
1	11	2.309	1.479	0.317	33.249	31.770	30.291
1 1/3	11	2.309	1.479	0.317	37.897	36.418	34.939
1 1/2	11	2.309	1.479	0.317	41.910	40.431	38.952
1 2/3	11	2.309	1.479	0.317	47.803	46.324	44.845
1 3/4	11	2.309	1.479	0.317	53.746	52.267	50.788
2	11	2.309	1.479	0.317	59.614	58.135	56.656
2 1/4	11	2.309	1.479	0.317	65.710	64.231	62.752
2 1/2	11	2.309	1.479	0.317	75.184	73.705	72.226
2 3/4	11	2.309	1.479	0.317	81.534	80.055	78.576
3	11	2.309	1.479	0.317	87.844	86.405	84.926
3 1/2	11	2.309	1.479	0.317	100.330	98.851	97.372
4	11	2.309	1.479	0.317	113.030	111.551	110.072
4 1/2	11	2.309	1.479	0.317	125.730	124.251	122.772
5	11	2.309	1.479	0.317	138.430	136.951	135.472
5 1/2	11	2.309	1.479	0.317	151.130	149.651	148.172
6	11	2.309	1.479	0.317	163.830	162.351	160.872

注:(1)本标准适用于管接头、旋塞、阀门及其附件。

　　(2)尺寸标记单位为英寸,是管子的内径。

4.锯齿形螺纹(摘自 GB/T 13576.1—2008,13576.2—2008)

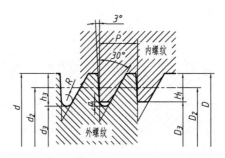

附表 4　锯齿形螺纹直径与螺距系列、基本尺寸

单位:mm

| d 公称直径 | | 螺距 | 中径 | 小径 | | d 公称直径 | | 螺距 | 中径 | 小径 | |
第一系列	第二系列	P	$d_2=D_2$	d_3	D_3	第一系列	第二系列	P	$d_2=D_2$	d_3	D_3
10		2 *	8.5	6.529	7			3	27.75	24.793	25.5
12		2	10.5	8.529	9		30	6 *	25.5	19.587	21
		3 *	9.75	6.793	7.5			10	22.5	13.645	15
	14	2	12.5	10.529	11			3	29.75	26.793	27.5
		3 *	11.75	8.793	9.5	32		6 *	27.5	21.587	23
16		2	14.5	12.529	13			10	24.5	15.645	17
		4 *	13	9.063	10			3	31.75	28.793	29.5
	18	2	16.5	14.529	15		34	6 *	29.5	23.587	25
		4 *	15	11.063	12			10	26.5	17.645	19
20		2	18.5	16.529	17			3	33.75	30.793	31.5
		4 *	17	13.063	14	36		6 *	31.5	25.587	27
	22	3	19.75	16.793	17.5			10	28.5	19.645	21
		5 *	18.25	13.322	14.5			3	35.75	32.793	33.5
		8	16	8.116	10	38		7 *	32.75	25.852	27.5
24		3	21.75	18.793	19.5			10	30.5	21.645	23
		5 *	20.25	15.322	16.5			3	37.75	34.793	35.5
		8	18	10.116	12	40		7 *	34.75	27.852	29.5
	26	3	23.75	20.793	21.5			10	32.5	23.645	25
		5 *	22.25	17.322	18.5			3	39.75	36.793	37.5
		8	20	12.116	14		42	7 *	36.75	29.852	31.5
28		3	25.75	22.793	23.5			10	34.5	25.645	27
		5 *	24.25	19.322	20.5			3	41.75	38.793	39.5
		8	22	14.116	16	44		7 *	38.75	31.852	33.5

注:带"＊"为优先选用的螺距。

二、常用的标准件

1.六角头螺栓

六角头螺栓—C 级(摘自 GB/T 5780—2000)　　　　六角头螺栓—A 和 B 级(摘自 GB/T 5782—2000)

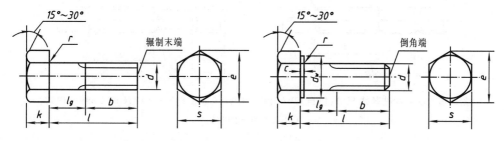

附表 5　六角头螺栓基本尺寸

单位:mm

螺纹规格 d			M3	M4	M5	M6	M8	M10	M12	M16	M20	M24	M30
b(参考)	$l \leqslant 125$		12	14	16	18	22	26	30	38	46	54	66
	$125 < l \leqslant 200$		18	20	22	24	28	32	36	44	52	60	72
	$l > 200$		31	33	35	37	41	45	49	57	65	73	85
c	min		0.15						0.2				
	max		0.4		0.5		0.6			0.8			
d_w	产品等级	A	4.57	5.88	6.88	8.88	11.63	14.63	16.63	22.49	28.19	33.61	—
		B、C	4.45	5.74	6.74	8.74	11.47	14.47	16.47	22	27.7	33.25	42.75
e	产品等级	A	6.01	7.66	8.79	11.05	14.38	17.77	20.03	26.75	33.53	39.98	—
		B、C	5.88	7.50	6.63	10.89	14.20	17.59	19.85	26.17	32.95	39.55	50.85
k(公称)			2	2.8	3.5	4	5.3	6.4	7.5	10	12.5	15	18.7
r			0.1	0.2	0.2	0.25	0.4	0.4	0.6	0.6	0.8	0.8	1
s(公称)			5.5	7	8	10	13	16	18	24	30	36	46
l(商品规格范围)			20～30	25～40	25～50	30～60	40～80	45～100	50～120	65～160	80～200	90～240	110～300
l(系列)			10,12,16,20,25,30,35,40,45,50,55,60,65,70,80,90,100,110,120,130,140,150,160,180,200,220,240,260,280,300,320,340,360,380,400,420,440,480,500										

注:(1)A 级用于 $d \leqslant 24, l \leqslant 10d$ 或 $l \leqslant 150$ mm 的螺栓,B 级用于 $d > 24, l > 10d$ 或 $l > 150$ mm 的螺栓。

　(2)螺纹规格 d 范围:GB/T 5780 为 M5～M64,GB/T 5782 为 M1.6～M64。

　(3)公称长度范围:GB/T 5780 为 25～500,GB/T 5782 为 12～500。

2. 双头螺柱

$b_m = 1d$　（GB/T897—1988）；$b_m = 1.25d$　（GB/T898—1988）；

$b_m = 1.5d$　（GB/T899—1988）；$b_m = 2d$　（GB/T900—1988）；

A 型　　　　　　　　　　　　　　　　　　　　　　　　　B 型

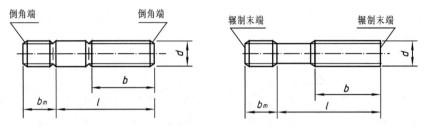

附表 6　双头螺柱基本尺寸（摘自 GB/T897—1988、GB/T 898—1988、GB/T 899—1988、GB/T 900—1988）

单位：mm

螺纹规格 d	b_m				l/b
	GB897 —1988	GB898 —1988	GB899 —1988	GB900 —1988	
M2			3	4	(12～16)/6,(18～25)/10
M2.5			3.5	5	(14～18)/8,(20～30)/11
M3			4.5	6	(16～20)/6,(22～40)/12
M4			6	8	(16～22)/8,(25～40)/14
M5	5	6	8	10	(16～22)/10,(25～50)/16
M6	6	8	10	12	(18～22)/10,(25～30)/14,(32～75)/18
M8	8	10	12	16	(18～22)/12,(25～30)/16,(32～90)/22
M10	10	12	15	20	(25～28)/14,(30～38)/16,(40～120)/26,130/32
M12	12	15	18	24	(25～30)/16,(32～40)/20,(45～120)/30,(130～180)/36
(M14)	14	18	21	28	(30～35)/18,(38～45)/25,(50～120)/34,(130～180)/40
M16	16	20	24	32	(30～38)/20,(40～55)/30,(60～120)/38,(130～200)/44
(M18)	18	22	27	36	(35～40)/22,(45～60)/35,(65～120)/42,(130～200)/48
M20	20	25	30	40	(35～40)/25,(45～65)/35,(70～120)/46,(130～200)/52
(M22)	22	28	33	44	(40～45)/30,(50～70)/40,(75～120)/50,(130～200)/56
M24	24	30	36	48	(45～50)/30,(55～75)/45,(80～120)/54,(130～200)/60
(M27)	27	35	40	54	(50～60)/35,(65～85)/50,(90～120)/60,(130～200)/66
M30	30	38	45	60	(60～65)/45,(70～90)/50,(95～120)/60,(130～200)/72,(210～250)/85

续表

螺纹规格 d	b_m				l/b
	GB897 —1988	GB898 —1988	GB899 —1988	GB900 —1988	
M36	36	45	54	72	$(65\sim75)/45,(80\sim110)/60,120/78,$ $(130\sim200)/84,(210\sim300)/97$
M42	42	52	63	84	$(70\sim80)/50,(85\sim110)/70,120/90,$ $(130\sim200)/96,(210\sim300)/109$
M48	48	60	72	96	$(80\sim90)/60,(95\sim110)/80,120/102,$ $(130\sim200)/108,(210\sim300)/121$
l(系列)	12,(14),16,(18),20,(22),25,(28),30,(32),35,(38),40,45,50,55,60,65,70,75,80,85,90, 95,100,110,120,130,140,150,160,170,180,190,200,210,220,230,240,250,260,280,300				

3. 螺钉

1）开槽螺钉

开槽圆柱头螺钉（GB/T 65—2000）

开槽盘头螺钉（GB/T 67—2000）　　　　　　　　开槽沉头螺钉（GB/T 68—2000）

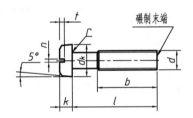
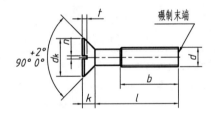

标记示例

螺纹规格 d＝M5，公称长度 l＝20 mm，性能等级为 4.8 级、不经表面处理的 A 级开槽圆柱头螺钉：

螺钉　GB/T65—2000　M5×20。

附表 7　开槽螺钉（摘自 GB/T 65—2000、GB/T 68—2000、GB/T 67—2000）

单位：mm

螺纹规格 d		M1.6	M2	M2.5	M3	M4	M5	M6	M8	M10
GB/T 65	d_{kmax}	3	3.8	4.5	5.5	7	8.5	10	13	16
	k_{max}	1.1	1.4	1.8	2.0	2.6	3.3	3.9	5	6
	T_{min}	0.45	0.6	0.7	0.85	1.1	1.3	1.6	2	2.4
	r_{min}	0.1				0.2		0.25	0.4	
	l	2~16	3~20	3~25	4~30	5~40	6~50	8~60	10~80	12~80

续表

螺纹规格 d		M1.6	M2	M2.5	M3	M4	M5	M6	M8	M10
GB/T 67	d_{kmax}	3.2	4	5	5.6	8	9.5	12	16	20
	k_{max}	1	1.3	1.5	1.8	2.4	3	3.6	4.8	6
	t_{min}	0.35	1.5	0.6	0.7	1	1.2	1.4	1.9	2.4
	r_{min}	0.1				0.2		0.25	0.4	
	l	2～16	2.5～20	3～25	4～30	5～40	6～50	8～60	10～80	12～80
GB/T 68	d_{kmax}	3	3.8	4.7	5.5	8.4	9.3	11.3	15.8	18.3
	k_{max}	1	1.2	1.5	1.65	2.7	2.7	3.3	4.65	5
	t_{min}	0.32	0.4	0.5	0.6	1	1.1	1.2	1.8	2
	r_{min}	0.4	0.5	0.6	0.8	1	1.3	1.5	2	2.5
	l	2.5～16	3～20	4～25	5～30	6～40	8～50	8～60	10～80	12～80
螺距 P		0.35	0.4	0.45	0.5	0.7	0.8	1	1.25	1.5
N		0.4	0.5	0.6	0.8	1.2	1.2	1.6	2	2.5
B		25				38				
l(系列)		2,2.5,3,4,5,6,8,10,12,(14),16,20,25,30,35,40,45,50,(55),60,(65),70, (75),80(GB/T 65 无 l=2.5;GB/T 68 无 l=2)								

注:(1)括号内规格尽可能不采用。

　　(2)M1.6～M3 的螺钉,当 l<30 时,制出全螺纹;对于开槽圆柱头螺钉和开槽盘头螺钉,M4～M10 的螺钉,当 l<40 时,制出全螺纹;对于开槽沉头螺钉,M4～M10 的螺钉,当 l<45 时,制出全螺纹。

2)内六角圆柱头螺钉(GB/T 70.1—2000)

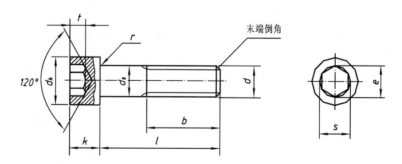

标记示例:

螺纹规格 d=M5,公称长度 l=20 mm,性能等级为 8.8 级、表面氧化的 A 级内六方圆柱头螺钉:

螺钉　GB/T 70.1—2000　M5×20

附表 8　内六角圆柱头螺钉(GB/T 70.1—2000)

单位:mm

螺纹规格 d	M2.5	M3	M4	M5	M6	M8	M10	M12	M16	M20	M24	M30
螺距 p	0.45	0.5	0.7	0.8	1	1.25	1.5	1.75	2	2.5	3	3.5
d_{kmax} (光滑头部)	4.5	5.5	7	8.5	10	13	16	18	24	30	36	45
d_{kmax} (滚花头部)	4.68	5.68	7.22	8.72	10.22	13.27	16.33	18.27	24.33	30.33	36.39	45.39
d_{kmin}	4.32	5.32	6.78	8.28	9.78	12.73	15.73	17.73	23.67	29.67	35.61	44.61
k_{max}	2.5	3	4	5	6	8	10	16	16	20	24	30
k_{min}	2.36	2.86	3.82	4.82	5.7	7.64	9.64	15.57	15.57	19.48	23.48	29.48
t_{min}	1.1	1.3	2	2.5	3	4	5	6	8	10	12	15.5
r_{min}	0.1	0.1	0.2	0.2	0.25	0.4	0.4	0.6	0.6	0.8	0.8	1
$S_{公称}$	2	2.5	3	4	5	6	8	10	14	17	19	22
e_{min}	2.3	2.9	3.4	4.6	5.7	6.9	9.2	11.4	16	19	21.7	25.2
$b_{参考}$	17	18	20	22	24	28	32	36	44	52	60	72
公称长度 l	4~25	5~30	6~40	8~50	10~60	12~80	16~100	20~120	25~160	30~200	40~200	45~200
l 系列	2.5,3,4,5,6,8,10,12,16,20,25,30,35,40,45,50,55,60,65,70,80,90,100,110,120,130,140,150,160,180,200											

注:(1)括号内规格尽可能不采用。

(2)M2.5~M3 的螺钉,当 $l<20$ 时,制出全螺纹;M4~M5 的螺钉,当 $l<25$ 时,制出全螺纹;M6 的螺钉,当 $l<30$ 时,制出全螺纹;对于 M8 的螺钉,当 $l<35$ 时,制出全螺纹;对于 M10 的螺钉,当 $l<40$ 时,制出全螺纹;M12 的螺钉,当 $l<50$ 时,制出全螺纹;M16 的螺钉,当 $l<60$ 时,制出全螺纹。

3)开槽紧定螺钉

开槽锥端紧定螺钉
(摘自 GB/T71—1985)

开槽平端紧定螺钉
(摘自 GB/T73—1985)

开槽长圆柱端紧定螺钉
(摘自 GB/T75—1985)

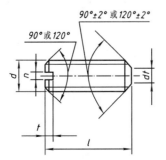

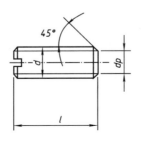

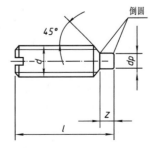

U(不完整螺纹长度)$<2P$,P——螺距

标记示例：

螺纹规格 $d=$M5,公称长度 $l=12$ mm,性能等级为 14H 级、表面氧化的 A 级开槽锥端紧定螺钉：

螺钉 GB/T 71—2008 M5×12

附表 9 开槽紧定螺钉(GB/T 71—1985、GB/T 73—1985、GB/T 74—1985、GB/T 75—1985)

单位:mm

螺纹规格 d		M1.2	M1.6	M2	M2.5	M3	M4	M5	M6	M8	M10	M12
螺距 P		0.25	0.35	0.4	0.45	0.5	0.7	0.8	1	1.25	1.5	1.75
n		0.2	0.25			0.4		0.6	0.8	1	1.2	1.6	2
d_f	max	≈螺纹小径										
t	max	0.52	0.74	0.84	0.95	1.05	1.42	1.63	2	2.5	3	3.6
	min	0.4	0.56	0.64	0.72	0.8	1.12	1.28	1.6	2	2.4	2.8
d_z	max	+	0.8	1	1.2	1.4	2	2.5	3	5	6	8
d_t	max	+	0.2	0.2	0.3	0.3	0.4	0.5	1.5	2	2.5	3
d_p	max	0.6	0.8	1	1.5	2	2.5	3.5	4	5.5	7	8.5
Z	max	+	1.05	1.25	1.50	1.75	2.25	2.75	3.25	4.30	5.30	6.30
公称长度范围 l	GB/T 71—2008	2～6	2～8	3～10	3～12	4～16	6～20	8～25	8～30	10～40	12～50	14～60
	GB/T 73—1985	2～6	2～8	2～10	2.5～12	3～16	4～20	5～25	6～30	8～40	10～50	12～60
	GB/T 74—1985	+	2～8	2.5～10	3～12	3～16	4～20	5～25	6～30	8～40	10～50	12～60
	GB/T 75—1985	+	2.5～8	3～10	4～12	5～16	6～20	8～25	8～30	10～40	12～50	14～60
l 系列		2,2.5,3、4,5,6,8,10,12,(14),16,20,25,30,35,40,45,50,(55),60										

4. 螺母

1) 六角螺母

1 型六角螺母—A 和 B 级(摘自 GB/T 6170—2000)

1 型六角螺母—细牙—A 和 B 级(摘自 GB/T 6171—2000)

1 型六角螺母—C 级(摘自 GB/T 41—2000)

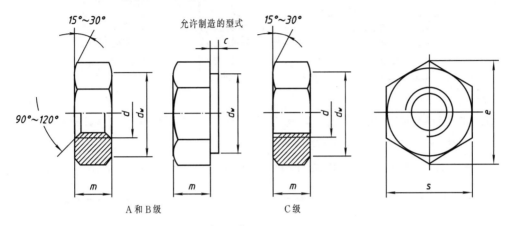

A 和 B 级　　　　　　　　　　C 级

标记示例:

螺纹规格 D=M12,性能等级为 10 级、不经表面处理、A 级的Ⅰ型六角螺母:

螺母 GB/T 6170—2000　M12

附表 10　六角螺母(摘自 GB/T 41—2000、GB/T 6170—2000、

GB/T 6172.1—2000、GB/T 6173—2000)

单位:mm

螺纹规格 d	d	M4	M5	M6	M8	M10	M12	M16	M20	M24	M30	M36	M42	M48
	$d×P$	—	—	—	M8×1	M10×1	M12×1.5	M16×1.5	M20×2	M24×2	M30×2	M36×3	M42×3	M48×3
c		0.4	0.5		0.6			0.8					1	
s_{min}		7	8	10	13	16	18	24	30	36	46	55	65	75
s_{max}	A、B 级	7.66	8.79	11.05	14.38	17.77	20.03	26.75	32.95	39.55	50.58	60.79	72.02	82.6
	C 级	—	8.63	10.89	14.2	17.59	19.85	26.17	32.95	39.55	50.85	60.79	72.02	82.6
m_{max}	A、B 级	3.2	4.7	5.2	6.8	8.4	10.8	14.8	18	21.5	25.6	31	34	38
	C 级	—	5.6	6.1	7.9	9.5	12.2	15.9	18.7	22.3	26.4	31.5	34.9	38.9
d_{wmin}	A、B 级	5.9	6.9	8.9	11.6	14.6	16.6	22.5	27.7	33.2	42.7	51.1	60.6	69.4
	C 级	—	6.9	8.7	11.5	14.5	16.5	22	27.7	33.2	42.7	51.1	60.6	69.4

注:(1) P—螺距。

(2) A 级用于 $d \leqslant 16$ 的螺母;B 级用于 $d > 16$ 的螺母;C 级用于 $d \geqslant 5$ 的螺母。

(3) 螺纹公差:A、B 级为 6H,C 级为 7H;力学性能等级:A、B 级为 6、8、10 级,C 级为 4、5 级。

2）六角开槽螺母

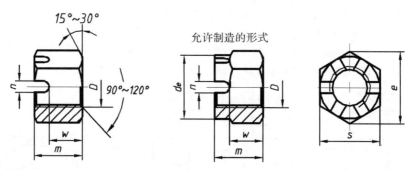

允许制造的形式

标记示例：

螺纹规格 D＝M12，性能等级为 8 级、表面氧化处理、A 级的 1 型六角开槽螺母：

螺母 GB/T 6178—1986 M12

附表 11　六角开槽螺母（摘自 GB/T 6178—1986、GB/T 6179—1986、GB/T 6181—1986）

单位：mm

螺纹规格 D		M4	M5	M6	M8	M10	M12	M16	M20	M24	M30	M36
n	min	1.2	1.4	2	2.5	2.8	3.5	4.5	4.5	5.5	7	7
e	min	7.66	8.79	11.05	14.38	17.77	20.03	26.75	32.95	39.55	50.85	60.79
d_e	max	—	—	—	—	—	—	—	28	34	42	50
	min	—	—	—	—	—	—	—	27.16	33	41	49
s	max	7	8	10	13	16	18	24	30	36	46	55
	min	6.78	7.78	9.78	12.73	15.73	17.73	23.67	29.16	35	45	53.8
m_{max}	GB/T6178	5	6.7	7.7	9.8	12.4	15.8	20.8	24	29.5	34.6	40
	GB/T6179	—	7.6	8.9	10.9	13.5	17.2	21.9	25	30.3	35.4	40.9
	GB/T6181	—	5.1	5.7	7.5	9.3	12	16.4	20.3	23.9	28.6	34.7
w_{max}	GB/T6178	3.2	4.7	5.2	6.8	8.4	10.8	14.8	18	21.5	25.6	31
	GB/T6179	—	5.6	6.4	7.9	9.5	12.17	15.9	19	22.3	26.4	31.9
	GB/T6181	—	3.1	3.5	4.5	5.3	7.0	10.4	14.3	15.9	19.6	25.7
开口销		1×10	1.2×12	1.6×14	2×16	2.5×20	3.2×22	4×28	4×36	4×40	6.3×50	6.3×65

注：1. A 级用于 $D \leqslant 16$ 的螺母。

　　2. B 级用于 $D > 16$ 的螺母。

5. 垫圈

1）平垫圈

平垫圈 A 级GB/T 97.1—2002　　　　　　　平垫圈倒角型 A 级 GB/T 97.2—2002

小垫圈 A 级GB/T 848—2002　　　　　　　平垫圈 C 级 GB/T 95—2002

大垫圈 C 级 GB/T 96.2—2002   特大垫圈 C 级 GB/T 5287—2002

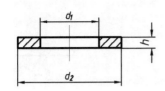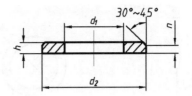

$$n=(0.25 \sim 0.5)h$$

标记示例：

标准系列、公称尺寸 $d=8$ mm、性能等级为 140HV 级、不经表面处理的平垫圈：

平垫圈 GB/T 97.2—2002 8～140HV

附表 12 平垫圈(摘自 GB/T 97.1—2002、GB/T 97.2—2002、GB/T 848—2002、

GB/T 95—2002、 GB/T 96.2—2002、 GB/T 5287—2002)

单位:mm

螺纹大径 d		1.6	2	2.5	3	4	5	6	8	10	12	16	20	24	30	36
GB/T 97.1	d_1	1.7	2.2	2.7	3.2	4.3	5.3	6.4	8.4	10.5	13	17	21	25	31	37
	d_2	4	5	6	7	9	10	12	16	20	24	30	37	44	56	66
	h	0.3			0.5		0.8	1		1.6	2	2.5	3		4		5
GB/T 97.2	d_1	—					5.3	6.4	8.4	10.5	13	17	21	25	31	37
	d_2	—					10	12	16	20	24	30	37	44	56	66
	h	—					1		1.6	2	2.5	3		4		5
GB/T 848	d_1	1.7	2.2	2.7	3.2	4.3	5.3	6.4	8.4	10.5	13	17	21	25	31	37
	d_2	3.5	4.5	5	6	8	9	11	15	18	20	28	34	39	50	60
	h	0.3			0.5		0.8	1		1.6	2	2.5	3		4		5
GB/T 95	d_1	—			3.2	4.5	5.5	6.5	9	11	13.5	17.5	22	26	33	39
	d_2	—			7	9	10	12	16	20	24	30	37	44	56	66
	h	—			0.5	0.8	1		1.6	2	2.5	3		4		5
GB/T 96.2	d_1	—			3.2	4.5	5.5	6.6	9	11	13.5	17.5	22	26	33	39
	d_2	—			9	12	15	18	24	30	37	50	60	72	92	110
	h	—			0.8	1		1.6	2.5		3		4	5	6	8
GB/T 5287	d_1	—					5.5	6.6	9	11	13.5	17.5	22	26	33	39
	d_2	—					18	22	28	34	44	50	72	85	105	125
	h	—					2		3		4	5	6			8

注:(1)垫圈上下面有表面粗糙度要求,其余表面无粗糙度要求。当 $h \leqslant 3$ 时,上下表面的 $Ra=1.6$ 时;

当 $3 \leqslant h \leqslant 6$,$Ra=3.2$;当 $h > 6$ 时,$Ra=6.3$。

(2)GB/T 848 垫圈主要用于带圆柱头的螺钉,其他用于标准的六角螺栓、螺钉和螺母。

(3)GB/T 97.2 和 GB/T 5287 垫圈,d 范围为 5～36 mm。

2)标准型弹簧垫圈(摘自 GB/T 93—1987、GB/T 859—1987)

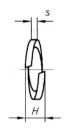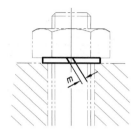

标记示例:

规格为 16 mm、材料为 65Mn,表面氧化的标准型弹簧垫圈:

垫圈 GB/T 93—1987　16

附表 13　弹簧垫圈

单位:mm

螺纹规格 d	d_1	s		H_{max}		b		$m \leqslant$	
		GB/T93	GB/T859	GB/T93	GB/T859	GB/T93	GB/T859	GB/T93	GB/T859
3	3.1	0.8	0.6	2	1.5	0.8	1	0.4	0.3
4	4.1	1.1	0.8	2.75	2	1.1	1.2	0.55	0.4
5	5.1	1.3	1.1	3.25	2.75	1.3	1.5	0.65	0.55
6	6.1	1.6	1.3	4	3.25	1.6	2	0.8	0.65
8	8.1	2.1	1.6	5.25	4	2.1	2.5	1.05	0.8
10	10.2	2.6	2	6.5	5	2.6	3	1.3	1
12	12.2	3.1	2.5	7.25	6.25	3.1	3.5	1.55	1.25
(14)	14.2	3.6	3	9	7.5	3.6	4	1.8	1.5
16	16.2	4.1	3.2	10.25	8	4.1	4.5	2.05	1.6
(18)	18.2	4.5	3.6	11.25	9	4.5	5	2.25	1.8
20	20.2	5	4	12.25	10	5	5.5	2.5	2
(22)	22.5	5.5	4.5	13.75	11.25	5.5	6	2.75	2.25
24	24.5	6	5	15	12.25	6	7	3	2.5
(27)	27.5	6.8	5.5	17	13.75	6.8	8	3.4	2.75
30	30.5	7.5	6	18.75	15	7.5	9	3.75	3
(33)	33.5	8.5	—	21.75	—	8.5	—	4.25	—
36	36.5	9	—	22.5	—	9	—	4.5	—
(39)	39.5	10	—	25	—	10	—	5	—
42	42.5	10.5	—	26.25	—	10.5	—	5.25	—
(45)	45.5	11	—	27.5	—	11	—	5.5	—
48	48.5	12	—	30	—	12	—	6	—

注:(1)括号内规格尽可能不采用。

　　(2)m 应大于 0。

6. 键(摘自 GB/T 1095—2003)

（1）键和键槽的剖面尺寸（GB/T 1095—2003）

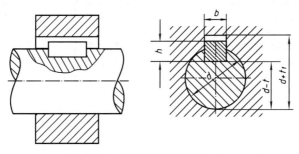

附表 14　键和键槽的剖面尺寸

轴	键	键槽										
			宽度 b					深度				
				偏差				轴 t		毂 t_1		
公称直径 d（参考）	公称尺寸 $b \times h$	公称	较松键连接		一般键连接		较紧键连接					半径 r
			轴 H9	毂 D10	轴 N9	毂 Js10	轴和毂 P9	公称	偏差	公称	偏差	
>6~8	2×2	2	+0.025	+0.060	−0.004	±0.0125	−0.006	1.2		1		0.08 ~ 0.16
>8~10	3×3	3	0	+0.020	−0.029		−0.031	1.8		1.4		
>10~12	4×4	4	+0.030	+0.078	0	±0.015	−0.012	2.5	+0.10	1.8	+0.10	
>12~17	5×5	5	0	+0.030	−0.030		−0.042	3.0		2.3		
>17~22	6×6	6						3.5		2.8		
>22~30	8×7	8	+0.036	+0.098	0	±0.018	−0.015	4.0		3.3		0.16 ~ 0.25
>30~38	10×8	10	0	+0.040	−0.036		−0.051	5.0		3.3		
>38~44	12×8	12						5.0		3.3		
>44~50	14×9	14	+0.043	+0.120	0	±0.0215	−0.018	5.5		3.8		0.25 ~ 0.40
>50~58	16×10	16	0	+0.050	−0.043		−0.061	6.0	+0.20	4.3	+0.20	
>58~65	18×11	18						7.0		4.4		
>65~75	20×12	20						7.5		4.9		
>75~85	22×14	22	+0.052	+0.149	0	±0.026	−0.022	9.0		5.4		0.40 ~ 0.60
>85~95	25×14	25	0	+0.065	−0.052		−0.074	9.0		5.4		
>95~110	28×16	28						10.0		6.4		

注:在工作图中,轴槽深用 $d-t$ 或 t 标注,轮毂槽深用 $d \pm t_1$ 标注。$(d-t)$ 和 $(d \pm t_1)$ 尺寸偏差按相应的 t 和 t_1 的极限偏差选取,但 $(d-t)$ 极限偏差选负号(−)。

2)普通平键的型式和尺寸(GB/T 1096—2003)

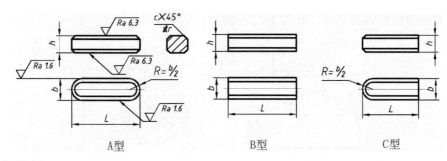

A型　　　　　　　B型　　　　　　　C型

标记示例:

圆头普通平键（A 型），$b = 18$ mm，$h = 11$ mm，$L = 100$ mm：键 A18 × 100 GB/T1096—2003

方头普通平键（B 型），$b = 18$ mm，$h = 11$ mm，$L = 100$ mm：键 B18 × 100 GB/T1096—2003

单圆头普通平键（C 型），$b = 18$ mm，$h = 11$ mm，$L = 100$ mm：键 C18 × 100 GB/T1096—2003

附表 15　普通平键的尺寸

单位:mm

b	2	3	4	5	6	8	10	12	14	16	18	20	22	25
h	2	3	4	5	6	7	8	8	9	10	11	12	14	14
C 或 r	0.16~0.25			0.25~0.40			0.40~0.60					0.60~0.80		
L	6~20	6~36	8~45	10~56	14~70	18~90	22~110	28~140	36~160	45~180	50~200	56~220	63~250	70~280
L 系列	6、8、10、12、14、16、18、20、22、25、28、32、36、40、45、50、56、63、70、80、90、100、110、125、140、160、180、200、220、250、280、320、330、400、450													

7. 销

1)圆柱销(摘自 GB/T 119.1—2000)

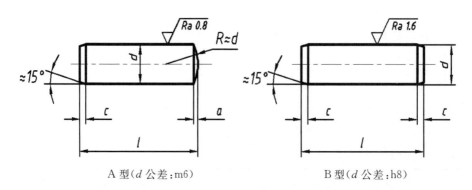

A 型(d 公差:m6)　　　　　　　B 型(d 公差:h8)

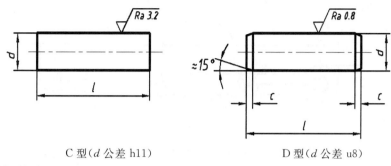

C 型(d 公差 h11)　　　　　　D 型(d 公差 u8)

2)圆锥销(摘自 GB/T 117—2000)

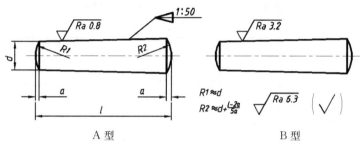

A 型　　　　　　B 型

标记示例:

公称直径 $d＝8$ mm,长度 $l＝30$ mm,材料为 35 钢,热处理硬度 HRC28～38,表面氧化处理的 A 型圆柱销:

销 GB/T 119.1—2000　8×30

公称直径 $d＝10$ mm,长度 $l＝60$ mm,材料为 35 钢,热处理硬度 HRC28～38,表面氧化处理的 A 型圆锥销:

销 GB/T 117—2000　10×60

附表 16　圆柱销(摘自 GB/T 119.1—2000)、圆锥销(摘自 GB/T 117—2000)

单位:mm

d(公称)	0.6	0.8	1	1.2	1.5	2	2.5	3	4	5
$a≈$	0.08	0.10	0.12	0.16	0.20	0.25	0.30	0.40	0.50	0.63
$c＝$	0.12	0.16	0.20	0.25	0.30	0.35	0.40	0.50	0.63	0.80
l(商品规格范围公称长度)	2～6	2～8	4～10	4～12	4～16	6～20	6～24	8～30	8～40	10～50
d(公称)	6	8	10	12	16	20	25	30	40	50
$a≈$	0.80	1.0	1.2	1.6	2.0	2.5	3.0	4.0	5.0	6.3
$c≈$	1.2	1.6	2.0	2.5	3.0	3.5	4.0	5.0	6.3	8.0
l(商品规格范围公称长度)	12～60	14～80	18～95	22～140	26～180	35～200	50～200	60～200	80～200	95～200
l(系列)	2,3,4,5,6,8,10,12,14,16,18,20,22,24,26,28,30,32,34,35,40,45,50,55,60,65,70,75,80,85,90,95,100,120,140,160,180,200									

3)开口销(摘自 GB/T 91—2000)

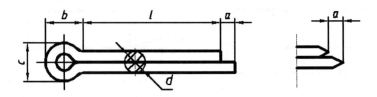

标记示例：

公称直径 $d=5$ mm,长度 $l=50$ mm,材料为低碳钢,不经表面处理的开口销：

销 GB/T 91—2000　5×50

附表 17　开口销(摘自 GB/T 91—2000)

单位:mm

d(公称)		0.6	0.8	1	1.2	1.6	2	2.5	3.2	4	5	6.3	8	10	12
c	max	1	1.4	1.8	2	2.8	3.6	4.6	5.8	7.4	9.2	11.8	15	19	24.8
	min	0.9	1.2	1.6	1.7	2.4	3.2	4	5.1	6.5	8	10.3	13.1	16.6	21.7
$b\approx$		2	2.4	3	3	3.2	4	5	6.4	8	10	12.6	16	20	26
a_{max}		1.6	1.6	1.6	2.5	2.5	2.5	2.5	3.2	4	4	4	4	6.3	6.3
l(商品规格范围公称长度)		4~12	5~16	6~20	8~26	8~32	10~40	12~50	14~65	18~80	22~100	30~120	40~160	45~200	70~200
l(系列)		4,5,6,8,10,12,14,16,18,20,22,24,26,28,30,32,36,40,45,50,55,60,65,70,75,80,85,90,95,100,120,140,160,180,200													

注:(1)销孔的公称直径等于 d(公称);d_{max}、d_{min} 可查阅 GB/T 91—2000,都小于 d(公称)。

(2)根据使用需要,由供需双方协议,可采用 d(公称)为 3 mm、6 mm 的规格。

三、极限与配合

1.标准公差

附表 18　标准公差数值(摘自 GB/T 1800.3—2009)

基本尺寸 mm		标准公差等级									
大于	至	IT01	IT0	IT1	IT2	IT3	IT4	IT5	IT6	IT7	IT8
		μm									
—	3	0.3	0.5	0.8	1.2	2	3	4	6	10	14
3	6	0.4	0.6	1	1.5	2.5	4	5	8	12	18
6	10	0.4	0.6	1	1.5	2.5	4	6	9	15	22
10	18	0.5	0.8	1.2	2	3	5	8	11	18	27
18	30	0.6	1	1.5	2.5	4	6	9	13	21	33
30	50	0.6	1	1.5	2.5	4	7	11	16	25	39
50	80	0.8	1.2	2	3	4	8	13	19	30	46

续表

基本尺寸 mm		标准公差等级									
		IT9	IT10	IT11	IT12	IT13	IT14	IT15	IT16	IT17	IT18
大于	至	μm			mm						
80	120	1	1.5	2.5	4	6	10	15	22	35	54
120	180	1.2	2	3.5	5	8	12	18	25	40	63
180	250	2	3	4.5	7	10	14	20	29	46	72
250	315	2.5	4	6	8	12	16	23	32	52	81
315	400	3	5	7	9	13	18	25	36	57	89
400	500	4	6	8	10	15	20	27	40	63	97
—	3	25	40	60	0.1	0.14	0.25	0.4	0.6	1	1.4
3	6	30	48	75	0.12	0.18	0.30	0.48	0.75	1.2	1.8
6	10	36	58	90	0.15	0.22	0.36	0.58	0.9	1.5	2.2
10	18	43	70	110	0.18	0.27	0.43	0.7	1.1	1.8	2.7
18	30	52	84	130	0.21	0.33	0.52	0.84	1.3	2.1	3.3
30	50	62	100	160	0.25	0.39	0.62	1	1.6	2.5	3.9
50	80	74	120	190	0.3	0.46	0.74	1.2	1.9	3	4.6
80	120	87	140	220	0.35	0.54	0.87	1.4	2.2	3.5	5.4
120	180	100	160	250	0.4	0.63	1	1.6	2.5	4	6.3
180	250	115	185	290	0.46	0.72	1.15	1.85	2.9	4.6	7.2
250	315	130	210	320	0.52	0.81	1.3	2.1	3.2	5.2	8.1
315	400	140	230	360	0.57	0.89	1.4	2.3	3.6	5.7	8.9
400	500	155	250	400	0.63	0.97	1.55	2.5	4	6.3	9.7

注:(1)IT01 和 IT02 的标准公差未列入。

(2)基本尺寸≤1 mm 时,无 IT14 至 IT18。

2. 优先配合中孔的极限偏差

附表 19　公称尺寸≤500 mm 优先配合中孔的极限偏差(摘自 GB/T 1800.4—2009)

单位:μm

基本尺寸 mm		公差带											
		C	D	F	G	H				K	N	P	S	U
大于	至	11	9	8	7	7	8	9	11	7	7	7	7	7
—	3	+120 +60	+45 +20	+20 +6	+12 +2	+10 0	+14 0	+25 0	+60 0	0 −10	−4 −14	−6 −16	−14 −24	−18 −28
3	6	+145 +70	+60 +30	+28 +10	+16 +4	+12 0	+18 0	+30 0	+75 0	+3 −9	−4 −16	−8 −20	−15 −27	−19 −31
6	10	+170 +80	+76 +40	+35 +13	+20 +5	+15 0	+22 0	+36 0	+90 0	+5 −10	−4 −19	−9 −24	−17 −32	−22 −37

续表

基本尺寸 mm		公差带												
		C	D	F	G	H				K	N	P	S	U
10	14	+205 / +95	+93 / +50	+43 / +16	+24 / +6	+18 / 0	+27 / 0	+43 / 0	+110 / 0	+6 / −12	−5 / −23	−11 / −29	−21 / −39	−26 / −44
14	18													
18	24	+240 / +110	+117 / +65	+53 / +20	+28 / +7	+21 / 0	+33 / 0	+52 / 0	+130 / 0	+6 / −15	−7 / −28	−14 / −35	−27 / −48	−33 / −54
24	30													−40 / −61
30	40	+280 / +120	+142 / +80	+64 / +25	+34 / +9	+25 / 0	+39 / 0	+62 / 0	+160 / 0	+7 / −18	−8 / −33	−17 / −42	−34 / −59	−51 / −76
40	50	+290 / +130												−61 / −86
50	65	+330 / +140	+174 / +100	+76 / +30	+40 / +10	+30 / 0	+46 / 0	+74 / 0	+190 / 0	+9 / −21	−9 / −39	−21 / −51	−42 / −72	−76 / −106
65	80	+340 / +150											−48 / −78	−91 / −121
80	100	+390 / +170	+207 / +120	+90 / +36	+47 / +12	+35 / 0	+54 / 0	+87 / 0	+220 / 0	+10 / −25	−10 / −45	−24 / −59	−58 / −93	−111 / −146
100	120	+400 / +180											−66 / −101	−131 / −166
120	140	+450 / +200	+245 / +145	+106 / +43	+54 / +14	+40 / 0	+63 / 0	+100 / 0	+250 / 0	+12 / −28	−12 / −52	−28 / −68	−77 / −117	−155 / −195
140	160	+460 / +210											−85 / −125	−175 / −215
160	180	+480 / +230											−93 / −133	−195 / −235
180	200	+530 / +240	+285 / +170	+122 / +50	+61 / +15	+46 / 0	+72 / 0	+115 / 0	+290 / 0	+13 / −33	−14 / −60	−33 / −79	−105 / −151	−219 / −265
200	225	+550 / +260											−113 / −159	−241 / −287
225	250	+570 / +280											−123 / −169	−267 / −313
250	280	+620 / +300	+320 / +190	+137 / +56	+69 / +17	+52 / 0	+81 / 0	+130 / 0	+320 / 0	+16 / −36	−14 / −66	−36 / −88	−138 / −190	−295 / −347
280	315	+650 / +330											−150 / −202	−330 / −382

续表

基本尺寸 mm		公差带												
		C	D	F	G			H		K	N	P	S	U
315	355	+720 +360	+350 +210	+151 +62	+75 +18	+57 0	+89 0	+140 0	+360 0	+17 −40	−16 −73	−41 −98	−169 −226	−369 −426
355	400	+760 +400											−187 −244	−414 −471
400	450	+840 +440	+385 +230	+165 +68	+83 +20	+63 0	+97 0	+155 0	+400 0	+18 −45	−17 −80	−45 −108	−209 −272	−467 −530
450	500	+880 +480											−229 −292	−517 −580

3. 优先配合中孔的极限偏差

附表 20 公称尺寸≤500 mm 优先配合中轴的极限偏差（摘自 GB/T 1800.4—1999）

单位：μm

基本尺寸 mm		公差带												
		c	d	f	g			h		k	n	p	s	u
大于	至	11	9	7	6	6	7	9	11	6	6	6	6	6
—	3	−60 −120	−20 −45	−6 −16	−2 −8	0 −6	0 −10	0 −25	0 −60	+6 0	+10 +4	+12 +6	+20 +14	+24 +18
3	6	−70 −145	−30 −60	−10 −22	−4 −22	0 −8	0 −12	0 −30	0 −75	+9 +1	+16 +8	+20 +12	+27 +19	+31 +23
6	10	−80 −170	−40 −76	−13 −28	−5 −14	0 −9	0 −15	0 −36	0 −90	+10 +1	+19 +10	+24 +15	+32 +23	+37 +28
10	14	−95 −205	−50 −93	−16 −34	−6 −17	0 −11	0 −18	0 −43	0 −110	+12 +1	+23 +12	+29 +18	+39 +28	+44 +33
14	18													
18	24	−110 −240	−65 −117	−20 −41	−7 −20	0 −13	0 −21	0 −52	0 −130	+15 +2	+28 +15	+35 +22	+48 +35	+54 +41
24	30													+61 +48
30	40	−120 −280	−80 −142	−25 −50	−9 −25	0 −16	0 −25	0 −62	0 −160	+18 +2	+33 +17	+42 +26	+59 +43	+76 +60
40	50	−130 −290												+86 +70

续表

基本尺寸 mm		公差带												
		c	d	f	g	h				k	n	p	s	u
50	65	−140 −330	−100 −174	−30 −60	−10 −29	0 −19	0 −30	0 −74	0 −190	+21 +2	+39 +20	+51 +32	+72 +53	+106 +87
65	80	−150 −340											+78 +59	+121 +102
80	100	−170 −390	−120 −207	−36 −71	−12 −34	0 −22	0 −35	0 −87	0 −220	+25 +3	+45 +23	+59 +37	+93 +71	+146 +124
100	120	−180 −400											+101 +79	+166 +144
120	140	−200 −450											+117 +92	+195 +170
140	160	−210 −460	−145 −245	−43 −83	−14 −39	0 −25	0 −40	0 −100	0 −250	+28 +3	+52 +27	+68 +43	+125 +100	+215 +190
160	180	−230 −480											+133 +108	+235 +210
180	200	−240 −530											+151 +122	+265 +236
200	225	−260 −550	−170 −285	−50 −96	−15 −44	0 −29	0 −46	0 −115	0 −290	+33 +4	+60 +31	+79 +50	+159 +130	+287 +258
225	250	−280 −570											+169 +140	+313 +284
250	280	−300 −620	−190 −320	−56 −108	−17 −49	0 −32	0 −52	0 −130	0 −320	+36 +4	+66 +34	+88 +56	+190 +158	+347 +315
280	315	−330 −650											+202 +170	+382 +350
315	355	−360 −720	−210 −350	−62 −119	−18 −54	0 −36	0 −57	0 −140	0 −360	+40 +4	+73 +37	+98 +62	+226 +190	+426 +390
355	400	−400 −760											+244 +208	+471 +435
400	450	−440 −840	−230 −385	−68 −131	−20 −60	0 −40	0 −63	0 −155	0 −400	+45 +5	+80 +40	+108 +68	+272 +232	+530 +490
450	500	−480 −880											+292 +252	+580 +540

4. 孔的基本偏差

附表 21　公称尺寸≤500 mm孔的基本偏差（摘自 GB/T 1800.3—2009）

单位：μm

基本偏差 大于	至	A	B	C	CD	D	E	EF	F	FG	G	H	JS	J 6	J 7	J 8	K 8	M ≤8
		下偏差（EI）所有等级												上偏差（ES）				
+	3	+270	+140	+60	+34	+20	+14	+10	+6	+4	+2			+2	+4	+6	0	+2
3	6			+70	+46	+30	+20	+14	+10	+6	+4			+5	+6	+10		−4+Δ
6	10	+280		+80	+56	+40	+25	+18	+13	+8	+5				+8	+12	−1+Δ	−6+Δ
10	14	+290	+150	+95+		+50	+32		+16+		+6+			+6	+10	+15		−7+Δ
14	18																	
18	24	+300	+160	+110		+65	+40		+20		+7			+8	+12	+20		−8+Δ
24	30																	
30	40	+310	+170	+120		+80	+50		+25		+9			+10	+14	+24	−2+Δ	−9+Δ
40	50	+320	+180	+130														
50	65	+340	+190	+140		+100	+60		+30		+10			+13	+18	+28		−11 +Δ
65	80	+360	+200	+150														
80	100	+380	+220	+170		+120	+72		+36		+12			+16	+22	+34		−13 +Δ
100	120	+410	+240	+180	0								偏差=±(1T/2)					
120	140	+460	+260	+200	—	+145	+85	—	+43	—	+14			+18	+26	+41	−3+Δ	−15 +Δ
140	160	+520	+280	+210														
160	180	+580	+310	+230														
180	200	+660	+340	+240		+170	+100		+50		+15			+22	+30	+47		−17 +Δ
200	225	+740	+380	+260														
225	250	+820	+420	+280														
250	280	+920	+480	+300		+190	+110		+56		+17			+25	+36	+55	−4+Δ	−20 +Δ
280	315	+1050	+540	+330														
315	355	+1200	+600	+360		+210	+125		+62		+18			+29	+39	+60		−21 +Δ
355	400	+1350	+680	+400														
400	450	+1500	+760	+440		+230	+135		+68		+20			+33	+43	+65	−5+Δ	−23 +Δ
450	500	+1650	+840	+480														

基本尺寸 mm　标准公差等级

续表

基本尺寸 mm 大于	至	N	P	R	S	T	U	V	X	Y	Z	ZA	ZB	ZC	Δ=3	4	5	6	7	8
+	3	+4	+6	+10	+14		+18		+20		+26	+32	+40	+60	0					
3	6	+8+Δ	+12	+15	+19	+	+23	+	+28	+	+35	+42	+50	+80	1	1.5	2	3	4	6
6	10	+10+Δ	+15	+19	+23	+	+28	+	+34	+	+42	+52	+67	+97	1	1.5	2	3	6	7
10	14	+12+Δ	+18	+23	+28	+	+33	+	+40	+	+50	+64	+90	+130	1	2	3	3	7	9
14	18					+		+39	+45	+	+60	+77	+108	+150						
18	24	+15+Δ	+22	+28	+35	+	+41	+47	+54	+63	+73	+98	+136	+188	1.5	2	3	4	8	12
24	30					+41	+48	+55	+64	+75	+88	+118	+160	+218						
30	40		+26	+34	+43	+48	+60	+68	+80	+94	+112	+148	+200	+274	1.5	3	4	5	9	14
40	50					+54	+70	+81	+97	+114	+136	+180	+242	+325						
50	65	20+Δ	+32	+41	+52	+66	+87	+102	+122	+144	+172	+226	+300	+405	2	3	5	6	11	16
65	80			+43	+59	+75	+102	+120	+146	+174	+210	+274	+360	+480						
80	100	23+Δ	+37	+51	+71	+91	+124	+146	+178	+214	+258	+335	+445	+585	2	4	5	7	13	19
100	120			+54	+79	+104	+144	+172	+210	+254	+310	+400	+525	+690						
120	140	+27+Δ	+43	+63	+92	+122	+177	+202	+248	+300	+365	+470	+620	+800	3	4	6	7	15	23
140	160			+65	+100	+134	+190	+228	+280	+340	+415	+535	+700	+900						
160	180			+68	+108	+146	+210	+252	+310	+380	+465	+600	+780	+1000						
180	200	+31+Δ	+50	+77	+122	+166	+236	+284	+350	+425	+520	+670	+880	+1150	3	4	6	9	17	26
200	225			+80	+130	+180	+258	+310	+385	+470	+575	+740	+960	+1250						
225	250			+84	+140	+196	+284	+340	+425	+520	+640	+820	+1050	+1350						
250	280	34+Δ	+56	+94	+158	+218	+315	+385	+475	+580	+710	+920	+1200	+1550	4	4	7	9	20	29
280	315			+98	+170	+240	+350	+425	+525	+650	+790	+1000	+1300	+1700						
315	355	+37+Δ	+62	+108	+190	+268	+390	+475	+590	+730	+900	+1150	+1500	+1900	4	5	7	11	21	32
355	400			+114	+208	+294	+435	+530	+660	+820	+1000	+1300	+1650	+2100						
400	450	+40+Δ	+68	+126	+232	+330	+490	+595	+740	+920	+1100	+1450	+1850	+2400	5	5	7	13	23	34
450	500			+132	+252	+360	+540	+660	+820	+1000	+1250	+1600	+2100	+2600						

注：N 列适用标准公差等级 ≤8；P～ZC 列适用标准公差等级 >7。

注：1. 当基本偏差为 K，且基本尺寸大于 3 时，标准公差应≤8。

2. 当基本偏差为 M，且标准公差>8 时，其基本偏差不加修正值 Δ。

3. 当基本偏差为 N，且基本尺寸大于 3 和标准公差 8 时，其基本偏差 0。

4. 当基本偏差为 P～ZC，且 IT≤7 时，其基本偏差在 IT>7 的基本偏差数值上加一个修正值 Δ。

5. 轴的基本偏差

附表 21　公称尺寸≤500 mm 轴的基本偏差（摘自 GB/T 1800.3—2009）

单位：μm

基本尺寸/mm 大于	至	上偏差(es) a	b	c	cd	d	e	ef	f	fg	g	h	js	下偏差(ei) j (5、6)	j (7)	j (8)	k (4至7)
		标准公差等级 所有等级												5、6	7	8	4至7
+	3	−270	−140	−60	−34	−20	−14	−10	−6	−4	−2	0	偏差=±(1T/2)	−2	−4	−6	0
3	6			−70	−46	−30	−20	−14	−10	−6	−4						+1
6	10	−280		−80	−56	−40	−25	−18	−13	−8	−5				−5	—	
10	14	−290	−150	−95	—	−50	−32	—	−16	—	−6			−3	−6		
14	18			—													
18	24	−300	−160	−110		−65	−40		−20		−7			−4	−8		+2
24	30																
30	40	−310	−170	−120		−80	−50		−25		−9			−5	−10		
40	50	−320	−180	−130													
50	65	−340	−190	−140		−100	−60		−30		−10			−7	−12		
65	80	−360	−200	−150													
80	100	−380	−220	−170		−120	−72		−36		−12			−9	−15		+3
100	120	−410	−240	−180													
120	140	−460	−260	−200		−145	−85		−43		−14			−11	−18		
140	160	−520	−280	−210													
160	180	−580	−310	−230													
180	200	−660	−340	−240		−170	−100		−50		−15			−13	−21		+4
200	225	−740	−380	−260													
225	250	−820	−420	−280													
250	280	−920	−480	−300		−190	−110		−56		−17			−16	−26		
280	315	−1050	−540	−330													
315	355	−1200	−600	−360		−210	−125		−62		−18			−18	−28		
355	400	−1350	−680	−400													
400	450	−1500	−760	−440		−230	−135		−68		−20			−20	−22		+5
450	500	−1650	−840	−480													

注：1. 当基本尺寸≤1 时，基本偏差 a 和 b 均不采用。

　　2. 当基本偏差为 k，且 IT≤3 和 IT>7 时，基本公差数值为 0。

续表

基本偏差		下偏差（ei）													
		m	n	p	r	s	t	u	v	x	y	z	za	zb	zc
基本尺寸 mm		标准公差等级													
大于	至	所有标准公差等级													
+	3	+2	+4	+6	+10	+14	—	+18	—	+20	—	+26	+32	+40	+60
3	6	+4	+8	+12	+15	+19	—	+23	—	+28	—	+35	+42	+50	+80
6	10	+6	+10	+15	+19	+23	—	+28	—	+34	—	+42	+52	+67	+97
10	14	+7	+12	+18	+23	+28	—	+33	—	+40	—	+50	+64	+90	+130
14	18	+7	+12	+18	+23	+28	—	+33	+39	+45	—	+60	+77	+108	+150
18	24	+8	+15	+22	+28	+35	—	+41	+47	+54	+63	+73	+98	+136	+188
24	30	+8	+15	+22	+28	+35	+41	+48	+55	+64	+75	+88	+118	+160	+218
30	40	+9	+17	+26	+34	+43	+48	+60	+68	+80	+94	+112	+148	+200	+274
40	50	+9	+17	+26	+34	+43	+54	+70	+81	+97	+114	+136	+180	+242	+325
50	65	+11	+20	+32	+41	+52	+66	+87	+102	+122	+144	+172	+226	+300	+405
65	80	+11	+20	+32	+43	+59	+75	+102	+120	+146	+174	+210	+274	+360	+480
80	100	+13	+23	+37	+51	+71	+91	+124	+146	+178	+214	+258	+335	+445	+585
100	120	+13	+23	+37	+54	+79	+104	+144	+172	+210	+154	+310	+400	+525	+690
120	140	+15	+27	+43	+63	+92	+122	+177	+202	+248	+300	+365	+470	+620	+800
140	160	+15	+27	+43	+65	+100	+134	+190	+228	+280	+340	+415	+535	+700	+900
160	180	+15	+27	+43	+68	+108	+146	+210	+252	+310	+380	+465	+600	+780	+1000
180	200	+17	+31	+50	+77	+122	+166	+236	+284	+350	+425	+520	+670	+880	+1150
200	225	+17	+31	+50	+80	+130	+180	+258	+310	+385	+470	+575	+740	+960	+1250
225	250	+17	+31	+50	+84	+140	+196	+284	+340	+425	+520	+640	+820	+1050	+1350
250	280	+20	+34	+56	+94	+158	+218	+315	+385	+475	+580	+710	+920	+1200	+1550
280	315	+20	+34	+56	+98	+170	+240	+350	+425	+525	+650	+790	+1000	+1300	+1700
250	280	+21	+37	+62	+108	+190	+268	+390	+475	+590	+730	+900	+1150	+1500	+1900
280	315	+21	+37	+62	+114	+208	+294	+435	+530	+660	+820	+1000	+1300	+1650	+2100
250	280	+23	+40	+68	+126	+232	+330	+490	+595	+740	+920	+1100	+1450	+1850	+2400
280	315	+23	+40	+68	+132	+252	+360	+540	+660	+820	+1000	+1250	+1600	+2100	+2600

6. 优先、常用配合

附表 22 基孔制优先、常用配合(摘自 GB/T 1800.1－2009)

基准孔	a	b	c	d	e	f	g	h	js	k	m	n	p	r	s	t	u	v	x	y	z
			间	隙	配	合			过	渡	配合				过	盈	配合				
H6						$\frac{H6}{f5}$	$\frac{H6}{g5}$	$\frac{H6}{h5}$	$\frac{H6}{js5}$	$\frac{H6}{k5}$	$\frac{H6}{m5}$	$\frac{H6}{n5}$	$\frac{H6}{p5}$	$\frac{H6}{r5}$	$\frac{H6}{s5}$	$\frac{H6}{t5}$					
H7						$\frac{H7}{f6}$	$\frac{H7}{g6}$	$\frac{H7}{h6}$	$\frac{H7}{js6}$	$\frac{H7}{k6}$	$\frac{H7}{m6}$	$\frac{H7}{n6}$	$\frac{H7}{p6}$	$\frac{H7}{r6}$	$\frac{H7}{s6}$	$\frac{H7}{t6}$	$\frac{H7}{u6}$	$\frac{H7}{v6}$	$\frac{H7}{x6}$	$\frac{H7}{y6}$	$\frac{H7}{z6}$
H8					$\frac{H8}{e7}$	$\frac{H8}{f7}$	$\frac{H8}{g7}$	$\frac{H8}{h7}$	$\frac{H8}{js7}$	$\frac{H8}{k7}$	$\frac{H8}{m7}$	$\frac{H8}{n7}$	$\frac{H8}{p7}$	$\frac{H8}{r7}$	$\frac{H8}{s7}$	$\frac{H8}{t7}$	$\frac{H8}{u7}$				
H8				$\frac{H8}{d8}$	$\frac{H8}{e8}$	$\frac{H8}{f8}$		$\frac{H8}{h8}$													
H9			$\frac{H9}{c9}$	$\frac{H9}{d9}$	$\frac{H9}{e9}$	$\frac{H9}{f9}$		$\frac{H9}{h9}$													
H10			$\frac{H10}{c10}$	$\frac{H10}{d10}$				$\frac{H10}{h10}$													
H11	$\frac{H11}{a11}$	$\frac{H11}{b11}$	$\frac{H11}{c11}$	$\frac{H11}{d11}$				$\frac{H11}{h11}$													
H12		$\frac{H12}{b12}$						$\frac{H12}{h12}$													

注:1. 有底色的配合为优先配合。

2. $\frac{h6}{n5}$ 和 $\frac{h7}{p6}$ 在公称尺寸 ≤ 3 mm 和 $\frac{h8}{r7}$ 在公称尺寸 ≤ 100 mm 时,为过渡配合。

附表 23 基轴制优先、常用配合(摘自 GB/T 1800.1－2009)

基准轴	A	B	C	D	E	F	G	H	JS	K	M	N	P	R	S	T	U	V	X	Y	Z
			间	隙	配	合			过	渡	配合				过	盈	配合				
H5						$\frac{F6}{h5}$	$\frac{G6}{h5}$	$\frac{H6}{h5}$	$\frac{JS6}{h5}$	$\frac{K6}{h5}$	$\frac{M6}{h5}$	$\frac{N6}{h5}$	$\frac{P6}{h5}$	$\frac{R6}{h5}$	$\frac{S6}{h5}$	$\frac{T6}{h5}$					
H6						$\frac{F7}{h6}$	$\frac{G7}{h6}$	$\frac{H7}{h6}$	$\frac{JS7}{h6}$	$\frac{K7}{h6}$	$\frac{M7}{h6}$	$\frac{N7}{h6}$	$\frac{P7}{h6}$	$\frac{R7}{h6}$	$\frac{S7}{h6}$	$\frac{T7}{h6}$	$\frac{U7}{h6}$				
H7					$\frac{E8}{h7}$	$\frac{F8}{h7}$		$\frac{H8}{h7}$	$\frac{JS8}{h7}$	$\frac{K8}{h7}$	$\frac{M8}{h7}$	$\frac{N8}{h7}$									
H8				$\frac{D8}{h8}$	$\frac{E8}{h8}$	$\frac{F8}{h8}$		$\frac{H8}{h8}$													
h9				$\frac{D9}{h9}$	$\frac{E9}{h9}$	$\frac{F9}{h9}$		$\frac{H9}{h9}$													
h10				$\frac{D10}{h10}$				$\frac{H10}{h10}$													
h11	$\frac{A11}{h11}$	$\frac{B11}{h11}$	$\frac{C11}{h11}$	$\frac{D11}{h11}$				$\frac{H11}{h11}$													
h12		$\frac{B12}{h12}$						$\frac{H12}{h12}$													

附录 C　AutoCAD 简介

C.1　概述

C.1.1　AutoCAD 绘图系统的主界面

启动 AutoCAD 2016 将弹出如图 C-1 所示的初始界面，该界面包含一个"开始"选项卡，主要提供"快速入门"、"最近使用过的文档"和"连接"等方面的内容。单击"快速入门"下方的"开始绘制"即可进入 AutoCAD 2016 的主界面。

图 C-1　AutoCAD 2016 初始界面

AutoCAD 2016 提供三种预定义好的工作空间，它们分别是如图 C-2 所示的"草图与注释"及"三维基础"和"三维建模"模式。单击屏幕上方的状态条上的 ⚙▾ 按钮，从弹出的菜单列表中选择，也可以在屏幕上方的"快速访问"工具栏中的"工作空间"下拉列表框中选择，用户可根据实际的设计需要选择。

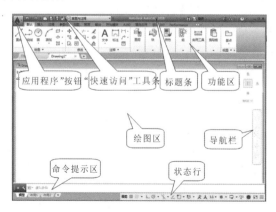

图 C-2　"二维草图与注释"的主界面

AutoCAD 2016 的主界面(以"草图与注释"主界面为例)主要由"应用程序"按钮、"快速访问"工具条、功能区、绘图区、命令提示区及状态行等元素组成,其中"应用程序"按钮、"快速访问"工具条在默认时是嵌入到标题条中的。

1. 标题条与"快速访问"工具条

标题条位于 AutoCAD 2016 主界面的最上部,显示当前正在运行的软件名称及文件名。在标题条的左端是"快速访问"工具条,它提供了若干个常用工具如新建、打开、保存、放弃、重做和工作空间下拉列表框等。用户可以根据设计需要添加或删除工具按钮,如果自定义快速访问工具栏里没有所需要的工具名称,则可以选择"更多命令…"选项,打开"自定义用户界面"对话框,将该命令拖到"快速访问"工具栏的适当位置。

"快速访问"工具条也可以显示在功能区的下方。

2. 功能区

功能区位于图形窗口的上方,用于显示与工作空间相关的按钮和控件,由若干个选项卡组成,每个选项卡包含若干个面板,每个面板又包含若干个同类别的命令按钮和工具控件。功能区的用途和传统菜单和工具条的相同。

单击功能区右面的"最小化为面板按钮" ，可以将功能区设置为"最小化选项卡"、"最小化面板标题"和"最小化面板按钮"中的一种,如果选择"循环浏览所有项"则可以在这几种面板循环切换。

3. 绘图区

屏幕的中间部分是绘图区。绘图区的尺寸可通过设置绘图界限命令 Limits 自由设置。在 AutoCAD 的系统配置中,用户可根据喜爱选择绘图区的背景色。单击绘图区下方状态条上的"全屏显示"按钮 可以使屏幕最大化。

4. 命令提示区

命令行窗口的作用主要有三个:一是为了便于习惯使用键入命令的用户;二是由于某些命令必须输入参数、准确定位坐标点或输入精确尺寸;三是一些命令没有对应的菜单及图形工具,此时只能键入命令。AutoCAD 2016 版本系统默认的命令提示区窗口是浮动的,用户可以将其拖到绘图区的下方将其固定,并可用鼠标点住其上边框,任意拉大,通常命令行显示三行比较合适。按 F2 功能键,可全屏显示命令文本窗口。

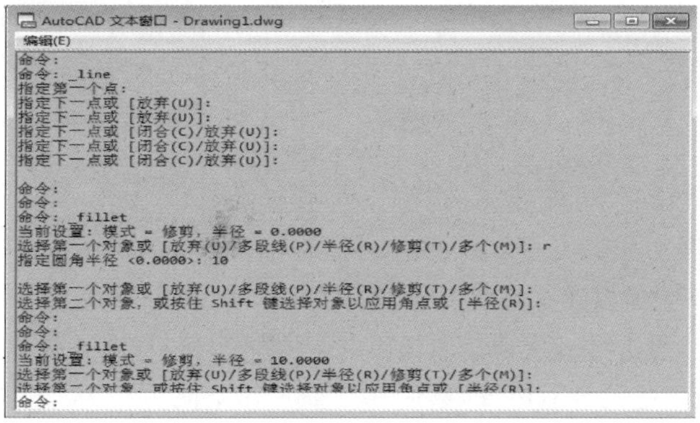

图 C-3　命令文本窗口

如图 C-3 所示,展示作图过程;再按 F2 功能键,可恢复图形窗口。单击命令行左边的按钮,可以进行输入设置、定义命令行的透明度等操作。

5. 状态行

状态行在屏幕下部,如图 C-4 所示,包括坐标提示、捕捉模式、栅格显示、正交模式、极轴追踪、对象捕捉追踪、动态 UCS、动态输入、线宽、快捷特性等功能的打开及关闭。用鼠标点击功能块使其变蓝,即打开并显示该功能块。用户可以单击状态行右边的 ≡ 按钮,从弹出的列表中选择要显示的工具对象,带有 ✔ 符号的工具对象显示在状态行上。

图 C-4　状态行

6. 主菜单条

AutoCAD 2016 版本预定义好的工作空间不再显示传统的主菜单条,单击"快速访问"工具栏右边的 ▼ 按钮,在弹出的菜单中选择"显示菜单栏"即可在屏幕上方标题条的下方显示主菜单条,如图 C-5 所示。即可按照传统模式操作使用。

文件(F)　编辑(E)　视图(V)　插入(I)　格式(O)　工具(T)　绘图(D)　标注(N)　修改(M)　参数(P)　窗口(W)　帮助(H)

图 C-5　主菜单条

7. 图形工具条

点击主菜单"工具→工具栏→AutoCAD"打开工具条下拉菜单如图 C-6 所示,并进行选择打开图形菜单,用鼠标点住图形工具条的边框,可以将其拖至屏幕上任意合适的位置,如图 C-7 所示。把鼠标放在任意一个已经打开的图形工具条上点击鼠标右键,也可以打开工具条下拉菜单。

图 C-6　工具条下拉菜单　　　　　　　图 C-7　图形工具条

8. 保存工作空间

AutoCAD 2016 没有预定义好的"经典模式"工作空间,如果用户习惯了低版本的"经典模式"工作空间,可以点击"快速访问"工具栏右面的 ▼ 按钮,自定义显示菜单栏,把功能区关闭,打开所需工具条并拖到合适位置,然后将当前工作空间另存为"经典模式"。(本书所用的工作空间均显示"主菜单条"。)

C.1.2 AutoCAD 绘图系统的命令输入方式

1. 执行菜单命令

用鼠标点击主菜单项,每个主菜单项都对应一个下拉菜单。在下拉菜单中包含了一些常用命令,用鼠标选取命令即可。在下拉菜单中,凡命令后有"…"的,即有下一级对话框;凡命令后有箭头"▶"的,即沿箭头所指方向有下一级菜单。

注意:本书使用命令一般以下拉菜单及图形菜单为主,表示命令输入的方式为主菜单→下拉菜单→下一级菜单,例如用三点法画一个圆的命令输入路径为:

绘图(Draw)→ 圆(Circle)→三点圆(3 Point)

2. 单击功能区的工具按钮

使用功能区面板及相关工具栏中的工具按钮进行绘图是一种直观快捷的方式。

3. 图形菜单(工具条)

用户可根据需要打开工具条,每个工具条中有一组图形,只要用鼠标点取即可。图形工具条与对应的下拉菜单不完全相同。

3. 键入命令

所有命令均可通过键盘键入。无论是图形工具条还是下拉菜单,都不包含所有命令。特别是一些系统变量,必须键入。

4. 重复命令

使用完一个命令,如果要连续重复使用该命令,只要按回车键(或鼠标右键)即可。当然,在屏幕菜单中选取也可。可以在系统配置中关闭屏幕菜单,以加快绘图速度。

5.快捷键

快捷键常用来代替一些常用命令的操作,只要键入命令的第一个字母或前两三个字母即可,字母大小写均可。

AutoCAD 提供的工具条、下拉菜单和命令窗口以及功能区的按钮,在功能上都是一致的,在实际操作中,用户可根据自己的习惯选择。

C.1.3 AutoCAD 绘图系统中的坐标输入方式

AutoCAD 在绘图中使用笛卡儿世界通用坐标系统来确定点的位置,并允许运用两种坐标系:世界通用坐标系统(WCS)和用户自定义的用户坐标系统(UCS)。

工程制图要求精确作图,因此输入准确的坐标点是必须的。坐标点的输入方式有以下四种:

1. 绝对坐标

输入一个点的绝对坐标的格式为(X,Y,Z),即输入其 X、Y、Z 三个方向的坐标值,每个值中间用逗号分开,注意最后一个值后面无符号。系统默认状态下,在绘图区的左下角有一个坐标系统图标,在二维图形中,可省略 Z 坐标。(输入坐标时,注意关闭汉字全角输入)

2. 相对坐标

输入一个点的相对坐标的格式为(@ΔX,ΔY,ΔZ),即输入其 X、Y、Z 三个方向相对前一点坐标的增量,在前面加符号@,中间用逗号分开。相对的增量可正、可负或为零。在二维图形中,可省略 ΔZ。

3. 极坐标

输入一个点的极坐标的格式为(@R<θ<φ),R 为线长,θ为相对 X 轴的角度,φ为相对 XY 平面的角度,在二维图形中,可省略φ。

4. 长度与方向

点击状态行中的"极轴追踪"按钮 ☉ ,打开或关闭极轴追踪模式, ☉ 显示蓝色为打开,设置所需追踪的极轴角,用鼠标确定方向,输入一个长度即可,格式为(R),R 为线长。此种方法画各种角度的直线非常方便快捷。

C.1.4　AutoCAD 绘图系统中选取图素的方式

在 AutoCAD 中,执行编辑修改命令后,命令提示行都出现"选择对象"的提示,要求用户选择要编辑修改的图素,其常用的选择方式有以下几种:

1. 直接点选

当需要选取图素时(Select Objects),鼠标变成一个小方块,用鼠标直接点取目标图素,图素颜色变浅则表示选中。

2. 窗选

在"选择对象"(Select Objects)的提示后键入"W(Window)",或用鼠标在目标图素外部对角上点两下,开一个窗口,将所需选取的多个图素一次选中。键入"W",只能选取窗口内的图素,不键入"W",可能选到窗口外部的图素。

3. 全选

在"Select Objects"后键入"All",表示所需选取的是全部(冻结层除外)。

4. 最后

在"Select Objects"后键入"L(Last)",表示所选取的是最后一次绘制的图素。

5. 多边形选

在"Select Objects"后键入"Cp",用鼠标点多边形,选取多边形窗口内的图素。

6. 栏选

在"Select Objects"后键入"F"后回车,在屏幕上画一条多点折线,凡是与这条折线相交的对象都被选中。

7. 套索选择

在"Select Objects"的提示下,按住鼠标左键并拖出一个不规则的选择框,此时可以按空格键循环浏览套索选项,即在"窗交选择"(框内和与框相交的对象被选中)、"窗口选择"(位于框内的被选中)和"栏选"之间循环,释放左键即可选择对象。在未执行编辑命令之前,也可以用套索选择。

8. 移去

当要移去所选的图素时,可在"Select Objects"后键入"R(Remove)",再用鼠标直接点取相应图素即可将其移去。

9. 取消

对于最后选取的图素,可在"Select Objects"后键入"U(Undo)"将其移去。可连续键入"U",取消全部选取。

其余选择方式应用较少,此处不再赘述。

C.1.5 AutoCAD 绘图系统中功能键的作用

AutoCAD 的功能键如表 C-1 所示。熟练使用功能键可以加快绘图速度。

表 C-1 功能键的作用

功　能	作　　用	状态行
ESC	取消所有操作	
F1	打开帮助系统	
F2	图、文视窗切换开关	
F3	对象捕捉方式开关	OSNAP
F4	控制数字化仪开关	
F5	控制等轴测平面方位	
F6	控制动态坐标显示开关	
F7	控制栅格开关	GRID
F8	控制正交开关	ORTHO
F9	控制栅格捕捉开关	SNAP
F10	控制极轴追踪开关	POLAR
F11	控制对象捕捉追踪开关	OTRACK
F12		

C.1.6 AutoCAD 绘图系统中的部分常用设置功能

AutoCAD 有许多配置功能,此处仅介绍部分常用功能。在主菜单工具(Tools)中,选择下拉菜单中的最后一个菜单项,或在绘图区的任意地方单击右键选择最后一个菜单项,即打开选项(Options)对话框。

注意:初学者不宜随意进行系统配置,配置不当,在使用中将会造成不必要的麻烦。

1. 工具(Tools)→选项(Options)

(1)打开选项中"显示"对话框,如图 C-8 所示。设置绘图区底色、字体、圆及立体的平滑度等。

特别注意,本教材在对话框中的配色方案中,选择了"明"的配置背景。所有对话框显示灰色，以免教材图形黑暗不好看。

（2）打开选项中"用户系统配置"对话框，如图 C-9 所示。将绘图区域中使用快捷菜单前面的选去掉，即不使用快捷菜单，可以加快重复命令的使用。可以根据个人习惯设置。

图 C-8　选项—显示

图 C-9　选项—用户系统配置

C.2　命令

C.2.1 设置命令

点击格式（Format），显示如图 C-11 所示的下拉菜单，在这里可以设置图层、颜色、线型、线宽、文字样式、尺寸样式、单位等等。

1. 图层（Layer）

为了便于绘图，AutoCAD2016 允许设置多个图层组，在每个图层组下又可设置多个图层。图层相当于在多层透明纸上将绘制的图形重叠在一起。在中,可以设置当前图层、新图层添加、可以指定图层特性,打开或关闭图层,全局或按视口解冻和冻结图层,锁定和解锁图层,设置图层的打印样式,以及打开或关闭图层打印。只要用鼠标点击图标,即可设置不同的状态,将某层设置为关闭(不可见)、冻结(不可见且不可修改)、锁定(可见但不可修改)。绘制复杂图形时,还可以给每层设置不同的颜色和线型,点击颜色或线型时,会出现下一级颜色或线型对话框,可以选择颜色或线型。

图 C-10　格式下拉菜单

格式→图层(Format→Layer) 打开图层设置对话框,从而可对图层进行操作。

例如要创建一个新图层,可选择 图标,"图层 1"即显示在列表中,此时可以立即对它进行编辑,修改图层名字,并可选定为当前图层。

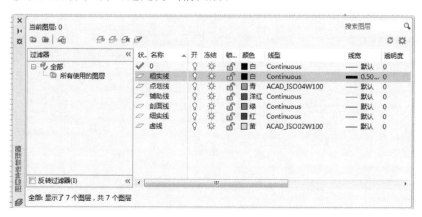

图 C-11　图层特性管理器对话框

2. 颜色（Color）

为了便于绘图，进行颜色设置，在如图 C-12（a）所示的选择颜色对话框中可设置 256 种颜色。在如图 C-12（b）所示的选择颜色对话框中可以使用调色板自行调色。

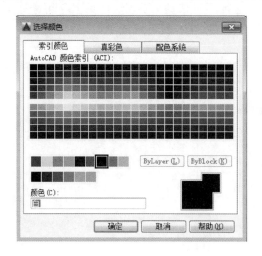 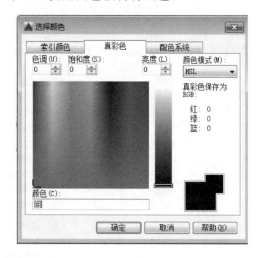

　　　　　　　（a）　　　　　　　　　　　　　　　　　　（b）

图 C-12　选择颜色对话框

用鼠标点选所需颜色，将色彩设为需要的颜色，则绘制的图即为该种颜色。一般不单独设置颜色，而是将颜色设为随层，即在层中设置颜色，让颜色随层而变，这样使用起来较为方便。可以方便地改变整层颜色，并可以再出图时按颜色设置线宽。常用颜色尽量选用标准颜色，有名称，便于观察。

3. 线型（Linetype）

在如图 C-13（a）所示线型管理器对话框中，系统默认的线型只有"随层"、"随块"和"实线"。点击加载（Load）按钮，出现图 C-13（b）所示的加载或重加载线型对话框，里面是AutoCAD 的线型库，通过点击即可选取加载线型。与颜色设置一样，一般不单独设置线型。用户可将线型设为随层，在层中设置线型，让线型随层及颜色而变。当绘制一幅较大的图样时，虚线等线型会聚拢，在屏幕上难以分辨，而颜色在屏幕上则极易区分。国家标准（见附录）中规定了不同的线型所对应的不同的颜色。

　　　　　　　（a）　　　　　　　　　　　　　　　　　　（b）

图 C-13　线型管理器对话框

4. 线型比例(Ltscale)

设置绘图线型的比例系数可改变点画线和虚线等线型的长短线的长度比例。用户可在图 C-13 线型管理器对话框中,点击"显示细节"按钮(点"隐藏细节"按钮后会变"显示细节"按钮),通过修改全局比例因子来设置线型比例。

5. 线宽(Line weight)

线宽设置对话框如图 C-15 所示,用户在该对话框中可设置当前线宽、线宽单位、缺省线宽值,控制"模型"选项卡中线宽的显示及其显示比例。注意勾选"显示线宽",或在状态行中按下线宽,即可在屏幕上看出宽度。

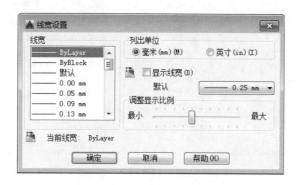

图 C-14　线宽设置对话框

在 AutoCAD 中,图层、线型、颜色被统称为物体属性(对象特性),其工具条如图 C-15 所示。

图 C-15　图层及特性工具条

绘图时要经常变换图层及颜色等,其常用的方法有:

(1)点住工具条中图层状态显示框后的"▼",在下拉菜单中选一层,并可点击相应图标,改变层的状态。

(2)点住图层工具条中选图素换层图标,再点取相应图素,该图素所在层即为当前层。

(3)点住对象特性工具条中颜色、线型及线宽后的"▼",选一种,为当前的颜色、线型或线宽。一般颜色、线型设为随层(By Layer),线宽设为随颜色(By Color)。出图时,可按的颜色方便地设置或更改线宽。

6. 文字样式(Text Style)

在格式的下拉菜单中选取"文字样式",显示对话框如图 C-16 所示,设置所需要的文字型式。

AutoCAD 中,有专门为中国国标字体如图中所示:选取新建字体,起名"工程字",在字体中选取 gbeitc. shx,再勾选使用大字体,然后在大字体下面选择 gbcbig. shx,该字体的汉字、英文、数字均符合中国的国家标准。注意,此处不要设置字高,后面可以随时设置。

仿宋体：点击"新字体(New)"按钮，起名"长仿宋"，再点字体名下的"▼"，选取字体"仿宋 GB2312"，将宽度比例系数改为 0.8(或 0.7)，点击"应用(Apply)"按钮，最后点击"关闭(Close)"按钮。一般图纸上的汉字用长仿宋体。但不能标"φ"等符号。

7. 单位(Units)

为了方便使用，系统提供了绘图单位及其精度的设置方法如图 C-17 所示。可以设置科学、英寸、建筑等进制(默认为十进制)。同时还可设置绘图单位和精度。

图 C-16　格式—文字样式

图 C-17　图形单位对话框

C.2.2 绘图命令

绘图命令主要有：绘制直线(Line)、射线(Ray)、构造线(C-Line)、矩形(Rectangle)、正多边形(Polygon)、圆弧(Arc)、圆(Circle)、圆环(Donut)、椭圆(Ellipse)、制作块(Block)以及插入图块(Insert)等

在 AutoCAD 的主菜单中，选取绘图(Draw)菜单项，可打开其下拉菜单，如图 C-18 所示。在图形工具条中也有绘图(Draw)工具条，如图 C-19 所示。下拉菜单中的内容与工具条中的内容不完全相同，有些命令在默认的图形工具条中没有图标，可以自制。

本部分内容非常容易掌握,在此仅介绍一下图案填充。

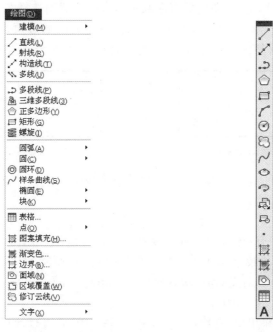

图 C - 18　绘图下拉菜单　　　　　　　图 C - 19　绘图图形工具条

在绘制工程图样时,常用图案填充来绘制剖面符号。图案填充对话框如图 C - 20 所示,包括了设置图案类型、图案的比例和方向、用户自定义图案的间距、要填充图案的区域、确定区域的选择方式(可点选或选择对象)等。

图 C - 20　图案填充对话框

　　图案填充可以直接填充库存图案,本文只介绍机械工程图的填充方法如下:在类型后选取"用户定义"的平行线图案,在角度后面选取 45°,在间距后面选择 2～5 毫米的间距。点击"添加拾取点",在要填充的区域内点一下,注意欲填充的区域必须是封闭的图形。填充如图 C-21(a)所示金属材料图案;勾选角度下面的双向,填充非金属图案如 C-21(b)所示。

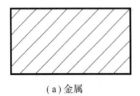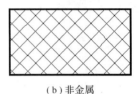

　　　　　　(a)金属　　　　　　　　　　　　　　(b)非金属

图 C-21　填剖面线图案示例

C.2.3 编辑修改命令

　　编辑修改命令主要有:删除(Erase)、复制(Copy)、镜像(Mirror)、偏移(Offset)、阵列(Array)、移动(Move)、旋转(Rotate)、比例缩放(Scale)、拉伸(Stretch)、拉长(Lengthen)、修剪(Trim)、延伸(Extend)、打断(Break)、倒角(Chamfer)、圆角(Fillet)、分解(Explode)、特性(Properties)、特性匹配(Match)等。

　　在 AutoCAD 的主菜单中,选取修改(Modify)菜单项,就可打开其下拉菜单,如图 C-20 所示。在图形工具条中也有修改(Modify)工具条,如图 C-21 所示。两者的内容不完全相同。所有编辑修改命令均是对已绘制图素进行修改。因此,首先要选择对象(Select objects),即用鼠标(此时光标变成一个小方块)在要选的目标图素上点击选择。图素可以单选,也可以多选,还可以用开窗口的办法一次多选。在一些命令中要求相对基准点,可用鼠标点选,也可以给出准确的坐标点,还可以利用目标捕捉选择所需的准确位置。

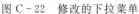

　　　图 C-22　修改的下拉菜单　　　　　　图 C-23　修改的工具条

C.3 尺寸标注

　　尺寸标注分为三部分:尺寸样式设置、尺寸标注和修改尺寸。本文仅介绍尺寸样式设置。AutoCAD 的主菜单中,选取尺寸标注(Dimension)项,即打开其下拉菜单,如图 C-24 所示。而尺寸标注的图形工具条则如图 C-25 所示。

图 C-24　尺寸标注下拉菜单 - 5　尺寸标注工具条

　　标注尺寸时,应按国家标准规定的尺寸样式预先设置尺寸数字的字体、大小和方向位置、尺寸箭头的长短、尺寸界线、尺寸线等的相关参数。

　　标注→标注样式(Dimension→Style)，系统将显示如图 C-26 所示的尺寸标注样式管理器。可以对标准样式作为基本模式进行修改,也可以选择将系统默认的 ISO-25 样式修改(有时没有该模式),也可以新建尺寸标注样式。

图 C-26　尺寸标注样式管理器

　　选择新建尺寸标注样式，则出现如图 C-27 所示的新建标注对话框，起个名称后，点击各选项，即可进行设置。在所有标注下设置的变量，对所有标注均有效。除此以外，我们也可以对每种标注分别独立地设置参数，如对直径、半径、角度可以单独设置。

图 C-27　新建标注样式对话框

　　点击"继续"按钮，显示设置尺寸标注样式的对话框如图 C-28 所示，这里有包括直线、箭头、文字、调整、主单位、换算单位、公差六大类的参数项，每个参数设置都有一个相应的对话框。

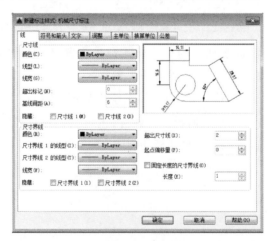

图 C-28　线对话框

以下根据我国机械制图国家标准的有关规定对这些变量进行设置：

1. 设置线

（1）将尺寸线中的基线间距设置为 6～10；

（2）将尺寸界线中的超出尺寸线设置为 2～3；

（3）将尺寸界线中起点偏移量设置为 0（默认单位为毫米）；

（4）将"颜色"、"线型"、"线宽"等设置成"Bylayer"。

2. 设置箭头

（1）将箭头大小设置为 3.5（可以自制符合国标的细箭头）。

（2）在箭头后的第一个下拉菜单中点取所需箭头形式，如图 C-29 所示，一般机械图选取默认的"实心闭合"。

（3）因 AutoCAD 的箭头太粗，不符合中国国标，可以自绘箭头，制作成块。当自己自制的箭头画好以后，即可点去箭头下拉条后的"▼"，找到最后一个自制箭头使用。

图 C-29　符号和箭头

3. 设置文字

在这里可设置文字样式（字型）及文字大小、位置、方向等参数如图 C-30 所示。

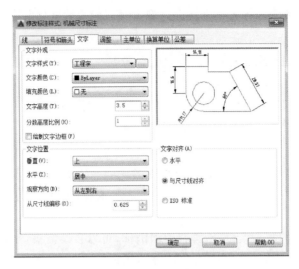

图 C-30　文字设置对话框

　　(1)将文字样式设置为国标字体"gbeitc"(见字型设置)或默认的"txt",或"isocp"字型,不能设成一般汉字,否则无法标注直径"Ø"。

　　(2)将文字高度设置为 3.5 或 5。

　　(3)文字位默认置设为"上"。

　　(4)文字方向按默认为"与尺寸线对齐",即随尺寸线方向变化;直径和半径设为"ISO 标准",即数字在外时水平。而角度标注必须设置为"水平",文字位置设为"外部"(机械制图国家标准规定,角度必须水平标注)。

4. 调整

　　在这里可调整文字位置,如图 C-31 所示。

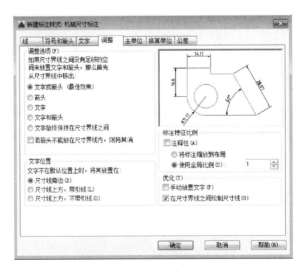

图 C-31　文字调整对话框

　　(1)直径标注设置为"文字和箭头",即强制箭头标注在尺寸界线内(否则在圆内标注直径的时候,只有单箭头);

（2）调整尺寸数字位置，设置为"标注时手动放置文字位置"，这样文字可以按用户要求随意拖放。

5. 设置主单位

设置尺寸数字的精度、比例因子等，如图 C-32 所示。

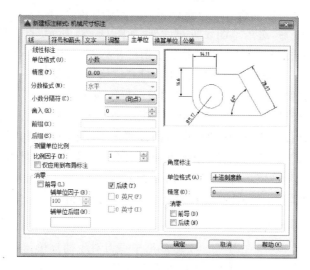

图 C-32　主单位设置对话框

（1）将尺寸数字的精度设置为"0"（一般尺寸精确到整数）。

（2）当图样不是按 1∶1 绘制时，改变比例因子以便自动标注的数值与实际尺寸一致。例如：当图样按 1∶100 绘制时，改变比例因子为 100；当图样按 2∶1 绘制时，改变比例因子为 0.5。

6. 设置换算单位

设置换算单位的精度、比例因子等。

勾选显示换算单位，将同时标注十进制尺寸与英制尺寸，一般不采用。

7. 设置尺寸公差

设置尺寸公差的方式、精度、高度、比例因子等。（此处不作详细介绍。）

注意：将尺寸样式设置在样板图里，不用每次都进行设置。标注尺寸前打开捕捉交点，全部用鼠标准确点选标注位置。

为标注方便，AutoCAD 提供键盘上没有的特殊字符的输入：

输入 %%c 表示输入"Ø"；

输入 %%d 表示输入"°"；

输入 %%p 表示输入"±"。

C.4　状态行

状态行位于整个界面下方，如图 C-33 所示。这里显示了坐标值、栅格、有捕捉、正交、线宽等内容。

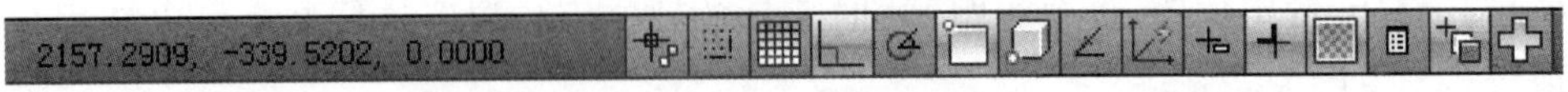

图 C-33　对象捕捉设置对话框

1. 设置捕捉栅格和栅格点（Snap and Grid）

工具→绘图设置→对象捕捉（Tools→Drafting→Settings）。

点击绘图设置命令后，进入草图设置对话框，如图 C-34 所示，点击捕捉和栅格按钮，勾选启用捕捉（Snap）、和栅格（Grid），则该命令处于打开状态。与其对应的功能键为 F9、F7。

点击状态行中的［GRID］，或按功能键［F7］打开栅格点，屏幕相当一张带网格的坐标纸，便于绘图。栅格点的间距，只能在草图设置的对话框中设置。

点击状态行中的［SNAP］，或按功能键［F9］打开栅格点捕捉，鼠标的光标始终捕捉在栅格点上，便于绘图。捕捉栅格点的间距，在草图设置的对话框中设置，设置的间距最好与栅格点间距相等。注意：当栅格点关闭、栅格点捕捉打开时，其功能依然有效。设置捕捉类型为"栅格"，捕捉样式为标准矩形捕捉模式时，光标对齐矩形捕捉栅格。设置捕捉类型为"栅格"，捕捉样式为等轴测捕捉模式时，光标对齐等轴测捕捉栅格。

2. 设置对象捕捉（Osnap）

物体捕捉的方式有多种，在图 C-34 对话框中点击对象捕捉按钮，只要在其前面的方框中勾选即可。对象捕捉功能的关闭与打开可在其他绘图命令的执行过程中进行，即在状态行中点击图标予以实现，对应的功能键为 F3。当多个捕捉同时起作用时按"Ctrl"键加鼠标右键可循环选取。勾选对象捕捉追踪，可使用点追踪功能。

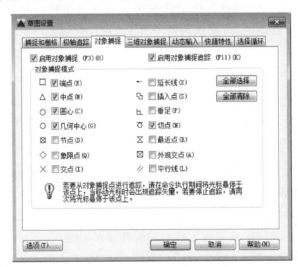

图 C-34　对象捕捉设置对话框

临时捕捉与物体捕捉的内容相同，但它只有图形工具条，如图 C-35 所示，并且只能在命令执行过程中使用，不能单独使用，每次使用时必须先进行选取，一次有效。

图 C-35　临时捕捉工具条

3. 正交(Ortho)

点击状态行中的正交按钮或按功能键[F8]，即打开正交功能。所绘制的线或移动的位移始终与坐标轴保持平行。

C.5 自制机械样/模板图

本文参照机械制图国家标准，设置图层、线型、尺寸变量等参数基本符合国家标准的样板图如图 C-36 所示，还将粗糙度的符号存入模板。以后用户还可以将其他机械常用的符号等全部存入模板，避免每次重复设置，加速绘图。

1. 绘新图

文件→新建(File→new)

命令：new→OK

也可选用国标(GB)样板图修改。

2. 设置单位

格式→单位(Format→Units)

在对话框中设置精度为整数。便于在状态行中观察坐标变化。

3. 设置绘图界限

格式→图形界限(Format→Drawing Limits)

按 A3 号图幅设置。

命令：´_limits

指定左下角点或［开(ON)/关(OFF)］<0,0>：-9,-9 ↵

指定右上角点 <420,297>：430,300 ↵

4. 缩放

视图→缩放→全部(View→Zoom→All)

命令：´_zoom

指定窗口角点，输入比例因子(nX 或 nXP)，或［全部(A)/中心点(C)/动态(D)/范围(E)/上一个(P)/比例(S)/窗口(W)]<实时>：_all

5. 设置线型

格式→线型(Format→Line type)

在线型对话框中，装入 ISO 系列点画线及虚线。

6. 线宽

格式→线宽(Format→Line weight)

按需设置线宽，并点击状态行的线宽打开显示线宽。也可在标题栏的线宽下拉选项中选择合适的线宽。

7. 设置图层

格式→图层(Format→Layer)

在图层对话框中点击"新建"按钮,设置六层新图层。每层颜色按标准色依次设置,线型按国家标准设置,0 层白色,线型设为粗实线,线宽设为 0.4 ,虚线设为黄色,点画线设为淡蓝色。本书为图示清楚,将辅助线设为逗点线。

命令:´_layer

8. 打开正交

按 F8 或点击状态行

命令:<Ortho on>

9. 物体捕捉

工具→草图设置→物体捕捉(Tools→Drafting Setting→Object Sanp)

按 F3 或点击状态行。勾选捕捉交点(Intersection)及捕捉最近点(Nearset),关闭其他捕捉。

10. 设置字体

格式→文字样式(Format→Text Style)

打开字体设置对话框,先点"新建"按钮,输入字体名"长仿宋",再在系统默认的标准字体"txt. shx"名后点"▼",在其中选取所需字体"gbeitc. shx",然后勾选"大字体",并在大字体下选"gbcbig. shx"。设置结束时选"应用"按钮。

11. 设置尺寸变量

标注→样式(Format→Dimension Style)

在尺寸变量设置对话框中,设置尺寸线的距离、尺寸界线的起点和长度、箭头的大小以及尺寸数字的高度、精度、方向等(见尺寸样式设置)。

12. 画线

绘图→直线(Draw→Line)

绘制表面粗糙度符号,注意绘制在细线层。绘制如图 C-36 所示粗糙度符号。

命令:_line 指定第一点:(任点一点)

指定下一点或 [放弃(U)]:@-6,0 ↵

指定下一点或 [放弃(U)]:@6<-60 ↵

指定下一点或[闭合(C)/放弃(U)]:@12<60 ↵

指定下一点或[闭合(C)/放弃(U)]:@12,0 ↵

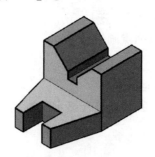

图 C-36　粗糙度符

指定下一点或 [闭合(C)/放弃(U)]：↵

13. 制作块：绘图→块→创建（Draw→Block→Make）

将所绘制的粗糙度符号制作图块，以备绘制所有机械工业程图使用。

在制作图块对话框中先起名 cf，再选择对象全选物体（找到 3 个），最后指定最低点作为插入基点。

14. 插入：插入→块（Insert→Block）

必须有已绘制的 A3 图幅，如果没有，则参照第 8 章 A4 幅图纸绘制。

命令：_insert（在插入对话框中选入文件，选 A3.dwg）

插入点为 0,0；比例为 1；角度为 0。

15. 存储：文件→保存（File→Save）

完成图形，选后缀 .dwt 起名为 A3 进行存盘，这样就绘制好了 A3 样板图。

命令：save A3

C.6　三维模型投影成平面三视图的方法

1. 打开任何 3D 模型显示全图。

视图→缩放→全部 (View→Zoom→All)

显示全图。所有的模型投影方法一样，无论多么复杂的模型。本文以 V 形座为例。

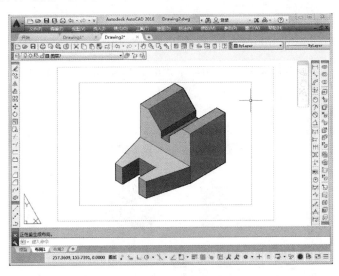

图 C-37　V 形座

2. 图纸空间

点击"布局 1（layout1）"到图纸空间，出现出图对话框，选取"确定（OK）"按钮，有一个默认的视图如图 C-38 所示。用删除命名，窗选删除（注意将不要激活窗口删除模型，而是将视窗删除）。

3. 层

格式→层(Format→Layer)

设一新层为当前层,以便所开多窗口的边线在不要时关闭或冻结。

同时设置设一新图层,线型设为消隐线(Hidden),以便将来投影后的不可见轮廓线自动投影成为虚线。

4. 视窗变换

视图→视口→4 个视口(View→Floating Viewports→4 Viewports)

在视窗变换中,设置四个视窗及其大小,如图 C-39 所示。

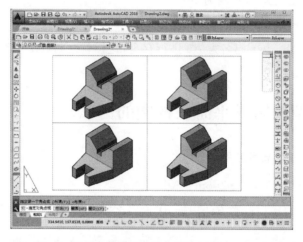

图 C-38　　默认的一个视图窗口

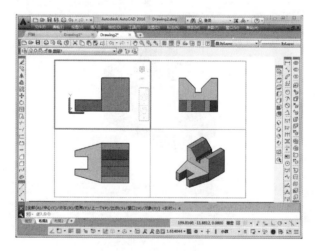

C-39　　设置 4 个窗口

5. 模型(兼容)空间

点击状态行中的图纸/模型(Paper/Model)模型(兼容)空间将每个窗口变为一个小模型空间,必须在模型(兼容)空间,才能对每个窗口进行操作。

注意:在调整每个视图之前必须先点击该视窗,将其击活。

6. 3D 视点

视图→三维视图(View→3D Viewpoint)

重复该命令,按照机械图的规定,给四个窗口设置不同的视点,如图 C-40 所示。

(1)将左上视窗的视点变为前(主)视图。

视图→三维视图→主视(View→3D Viewpoint→Front)

命令:_-view

输入选项[? /删除(D)/正交(O)/恢复(R)/保存(S)/设置(E)/窗口(W)]:_front

(2)将左下视窗的视点变为顶(俯)视图。

视图→三维视图→俯视(View→3D Viewpoint→Top)

命令:_-view

输入选项[? /删除(D)/正交(O)/恢复(R)
/保存(S)/设置(E)/窗口(W)]:_top

(3)将右上视窗的视点变为左视图。

视图→三维视图→左视(View→3D Viewpoint→Left)

命令:_-view

输入选项[? /删除(D)/正交(O)/恢复(R)
/保存(S)/设置(E)/窗口(W)]:_left

(4)右下视窗保留原西南视点。

7. 缩放

视图→缩放→比例(View→Zoom→Scale)

重复该命令,将各视图按比例缩放,以便使各个视图大小一致。

命令:´_zoom

指定窗口的角点,输入比例因子 (nX 或 nXP),或者[全部(A)/中心(C)/动态(D)/范围(E)/上一个(P)/比例(S)/窗口(W)/对象(O)]<实时>:_s

输入比例因子(nX 或 nXP):3 ↵(按比例放大 3 倍)

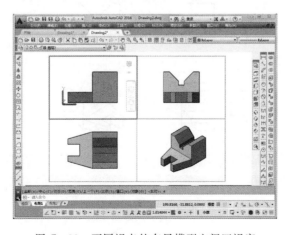

图 C-39 不同视点的布局模型空间四视窗

8. 平移

视图→平移（View→Pan）

分别将各视图移到合适位置，保证长对正、
高平齐、宽相等。

9. 轮廓线

绘图→建模→设置→轮廓（Draw→Solids→Setup→Profile）

重复该命令，分别击活各视窗，选取实体，自动产生各方向的平面轮廓线，不可见轮廓线产生虚线，所产生平面线与立体轮廓线重合在一起，注意在线框状态下进行，如图 C5-24 所示。

命令：_solprof

选择对象：找到 1 个

选择对象：↵

是否在单独的图层中显示隐藏的轮廓线？［是(Y)/否(N)］＜是＞：↵

是否将轮廓线投影到平面？［是(Y)/否(N)］＜是＞：↵

是否删除相切的边？［是(Y)/否(N)］＜是＞：↵已选定一个实体。

10. 层

格式→层（Format→Layer）

将立体图所在层关闭（可以将窗口边线层也关闭），给虚线所在层改变颜色。

11. 图纸空间

点击状态行中的"布局"在图纸空间，可以再进行二维绘制，例如增加中心线，标注尺寸，绘制图框等。

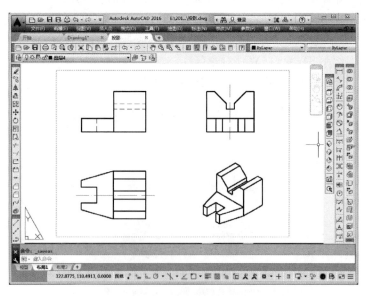

图 C-40　投影四视图

12. 出图

文件→打印(File→Print) 🖨

只有在图纸空间,才能将多窗口的多个视图同时绘制在一幅图纸上。

附录 D ENGINEERING GRAPHICS

Engineering graphics is the basis of all design and has an important place in all type of engineering practice. Concise graphical documents are required before virtually and product can be manufactured. Graphics also serves the engineer as a foundation for problem analysis and reseach. Graphics permeates nearly every aspect of an engineer's career.

1. Engineering Graphics

Industry uses 2-dimensional drawings to manufacture most products. As shown in the Figure D-1.

They are used to communicate①shaps，②dimensions，③tolerances.

It is convenient for① checking and inspection，② machine shops， ③ manufacturing plants.

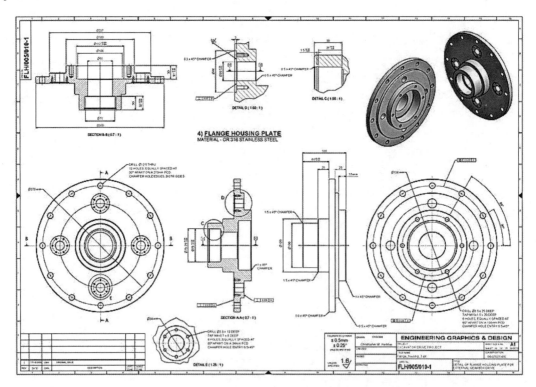

Figure   D-1

2. Projection Method

As shown in the Figure D-2.

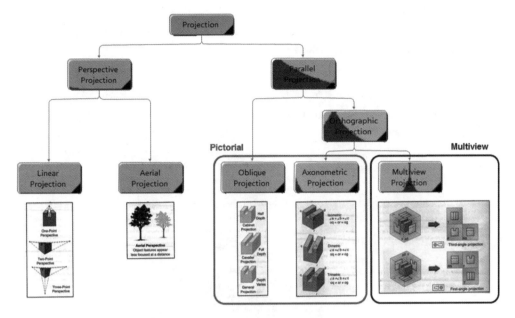

Figure　D-2

Perspective Projection，as shown in Figure D-3.

Parallel projection，as shown in Figure D-4：

(1) Oblique projection method：the projection direction is inclined to the projection surface.

(2) Normal projection method：the projection direction is perpendicular to the projection plane.

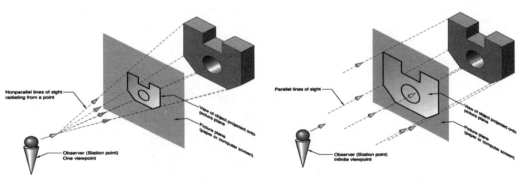

Figure　D-3　　　　　　　　　　　　　Figure　D-4

Comparison of Perspective Projection and Parallel Projection

Perspective Projection		Parallel Projection
	vs.	
Near objects appear larger, distant objects appear smaller		Objects will not appear to change size with distance.

Why do we use Orthographic Projection?

①Unlike perspective projection，orthographic projection shows the features' true size in relation to each other.

②Perspective projection may also skew the understanding of the drawing.

3. Glass Box Method and Six Views

Orthographic projection is a type of parallel projection.

—Notice how surfaces A and B are projected. As shown in the Figure D-5.

Imagine opening up the box like this. As shown in the Figure D-6.

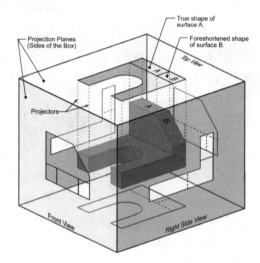

Figure   D-5

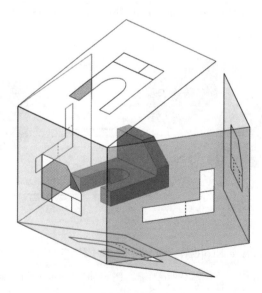

Figure   D-6

This tells us where to put each view in the drawing. As shown in the Figure D-7.

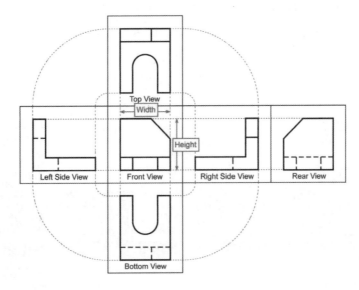

Figure   D-7

U. S. Standard tells us where to put each view in the drawing. As shown in the Figure D-8.

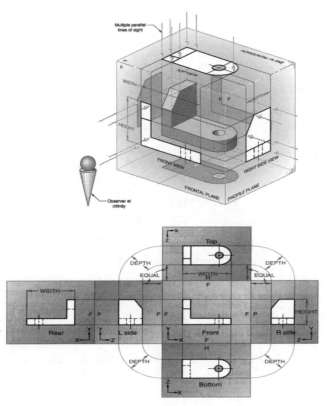

Figure   D-8

Comparison of ISO (CHINA、Eurepean) Standard and U. S. Standard

ISO (CHINA) Standard As shown in the Figure D-9 　vs.　 U. S. Standard As shown in the Figure D-10

Orthographic projection uses 1st angle projection

Orthographic projection uses 3rd projection

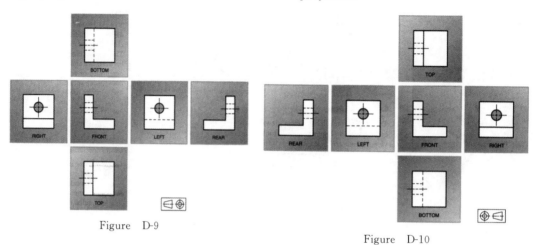

Figure　D-9

Figure　D-10

4. Three-View Drawings

How Many Views are needed?

As few as possible, but there must be enough to completely describe the object.

(Example: Sheet metal parts that are perfectly flat would only need one view to describe them, and a note indicating the thickness.) In general, three-view drawings are needed. As shown in the Figure D-11.

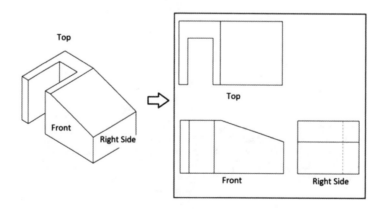

Figure　D-11

How tochoose which View to use for the Front View?

①It shows the most features of the object.

②It usually contains the least amount of hidden lines.

③The front view is chosen first and the other views are drawn based on the orientation of the front view. As shown in the Figure D-12.

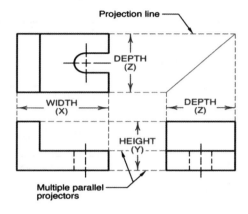

Figure   D-12

The standard views used in an orthographic projection are:

① Front view.

② Top view.

③ Right side view(Left side view).

Comparison of ISO (CHINA、Eurepean) Standard and U. S. Standard

ISO (CHINA) Standard   U. S. Standard

                          vs.

As shown in the Figure D-13   As shown in the Figure D-14

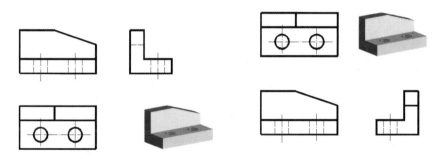

Figure   D-13   Figure   D-14

The remaining 3 views usually don't add any new information.

It is often helpful to also include an isometric (3D) view. (not required)

5. Alphabet of Lines

Standard engineering drawing practice requires the use of standard linetypes, which are called the alphabet of lines. The sizes show the recommended line thickness. As shown in the Figure D-15.

(1)Visible lines (Object Lines):

①Visible lines represent visibleedges and boundaries.

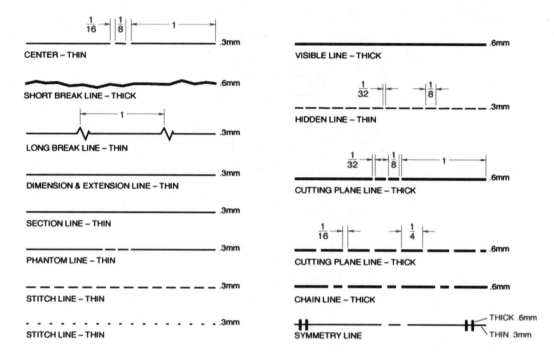

Figure D-15

②Continuous and thick.

(2) Hidden lines:

①Hidden lines represent edges and boundaries that cannot be seen.

②Dashed and medium thick.

What to do when line types overlap? Line Precedence:

A visible line (object line) takes precedence over a hidden line, and a hidden line takes precedence over a center line.

①If two lines occur in the same place, the line that is considered to be the least important is omitted.

②Lines in order of precedence/importance are as follows:

—Visible line

—Hidden line

—Centerline (least important)

Apply the appropriate line types to the front,

rightside, and top views shown here.

As shown in the Figure D-16.

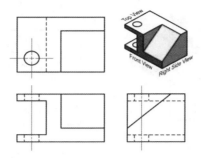

Figure D-16

6. Three-View Drawings of Basic Geometry

Understanding and recognizing these shapes will help you to understand their application in engineering drawings. Notice that the cone, sphere, and cylinder are adequately represented with fewer than three views. As shown in the Figure D-17.

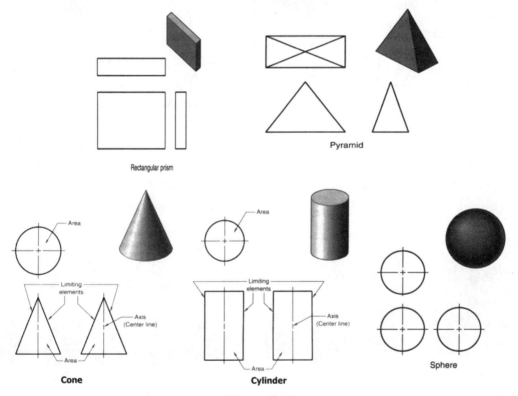

Figure D-17

7. Three-View Drawings of Combined Geometry

As shown in the Figure D-18.

Tangent Parttial Cylinder & Non-Tangent Parttial Cylinder. As shown in the Figure D-19.

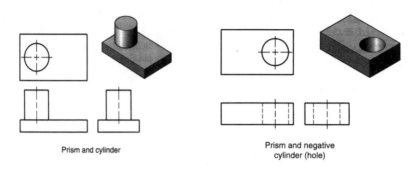

Prism and cylinder

Prism and negative cylinder (hole)

Figure　D-18

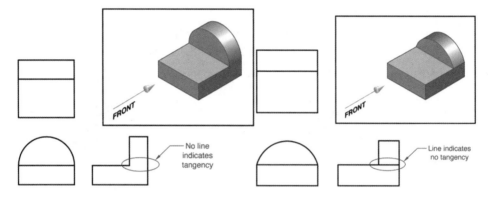

No line indicates tangency

Line indicates no tangency

Figure　D-19

8. Section

Conic Section: Conic section create various types of plane surfaces and curves. Circle, Triangle, Ellipse, Parabola and Hyperbola, As shown in the Figure D-20.

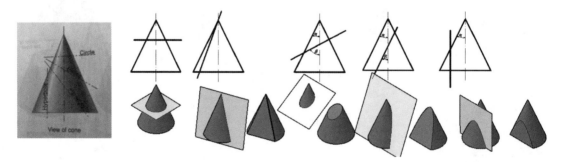

Figure　D-20

Right Circular Cylinder Cut to Creat an Ellipse.

An ellipse iscreated when a cylinder is cut at an acute angle to the axis. As shown in the Figure D-21.

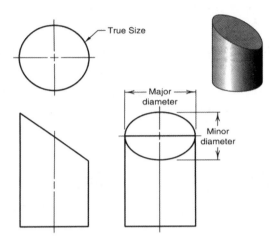

Figure   D-21

Creating an Ellipse by Plotting Points. One method of drawing an ellipse is to plot points on the curve and transfer those points to the adjacent views. As shown in the Figure D-22.

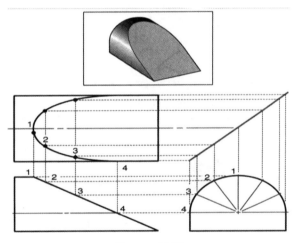

Figure   D-22

Representing the Intersection of Two Cylinders. As shown in the Figure D-23.

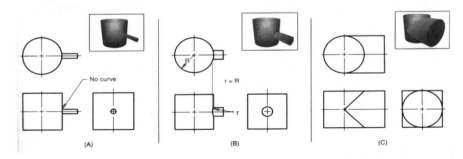

Figure   D-23

Representation of the intersection of two cylinders varies according to the relative sizes of cylinders.

Representing the Intersection between a Cylinders and a Prism. As shown in the Figure D-24.

Representation of the intersection between a cylinders and a prism depends on the size of the prism relative to the cylinder.

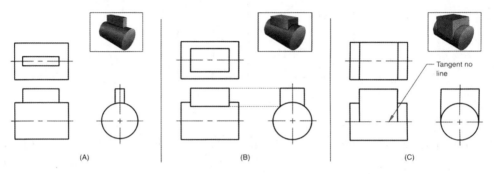

Figure D-24

Representing the Intersection between a Cylinders and a Hole. As shown in the Figure D-25.

Representation of the intersection between a cylinders and a hole or a slot depends on the size of the hole or slot relative to the cylinder.

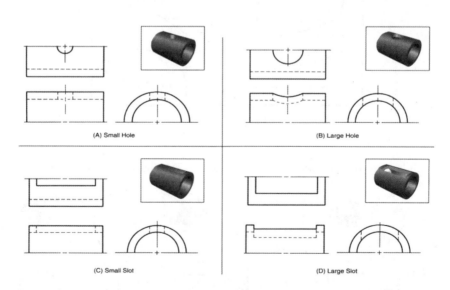

Figure D-25

9. Dimensioning Techniques

A fully defined part consists of graphics, dimensions, and words (or notes).

Dimensioning is the process of adding size and shape information to a drawing. Dimensioning also adds other necessary information for constructing part(s), such as manufacturing information.

Communication is the fundamental purpose of dimension.

    —For the better communication, standard dimension practices have been established.

    —Both the size and shape information are required for object construction.

Complete dimension must have:

    —Size and locations of the features

    —Details of a part's construction, for manufacturing

    —Consistent unit system: English vs. SI.

Important Elements of Dimensioned Drawing. As shown in the Figure D-26.

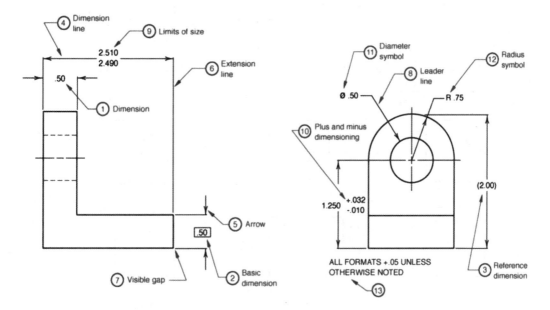

Figure   D-26

NO Double Dimensioning! As shown in the Figure D-27.

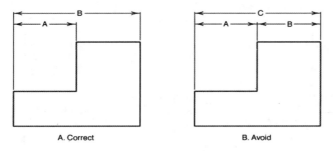

Figure   D-27

Geometric Breakdown Technique

Geometric breakdown dimensioning technique breaks the object down into its primitive geometric shapes.

As shown in theFigure D-28.

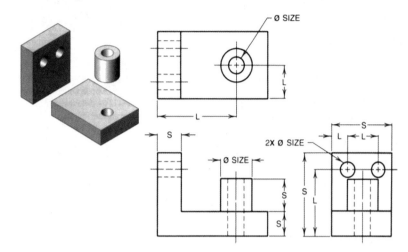

Figure   D-28

The hole goes all the way through the part. As shown in the Figure D-29.

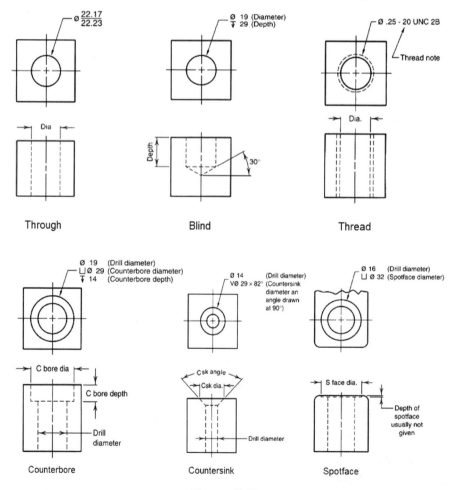

Figure   D-29

Keyseats and Keyways. As shown in the Figure D-30.（怎么裁剪二个图并列放？）

Keyseat

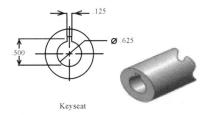

Keyseat

Figure D-30

10. Section Views

- Section View is used to：
  —improve the visualization of new designs
  —clarify multiview drawings
  —reveal interior features of an object

Cutting plane line with arrow shows the location of cut and direction of the view. As shown in the Figure D-31.

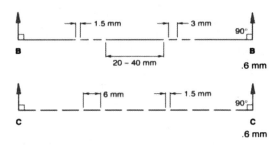

Figure D-31

Section View Reveals Hidden Features

A section view will typically reveal hidden features, so that the object is more easily visualized.

As shown in the Figure D-32.

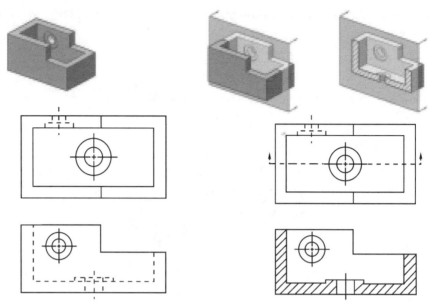

Figure   D-32

Full Section View

Afull section view is created by passing a cutting plane fully through the object. As shown in the Figure D-33.

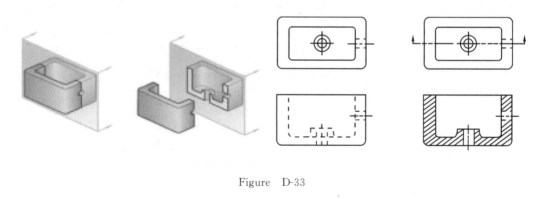

Figure   D-33

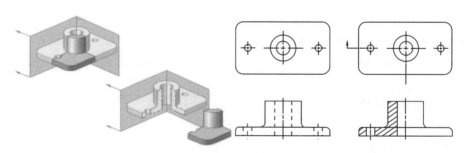

Figure   D-34

Half Section View

Ahalf section view is created by passing a cutting plane halfway through the object. As shown in the Figure D-34.

Broken-out Section View

Abroken-out section view is created by breaking off part of the object to reveal interior features. As shown in the Figure D-35.

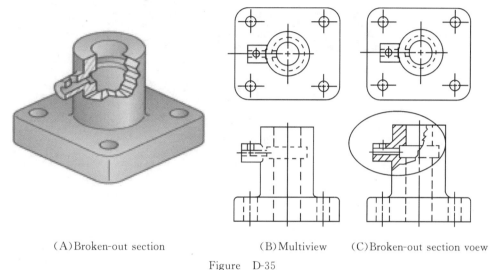

（A）Broken-out section　　　　（B）Multiview　（C）Broken-out section voew

Figure　D-35

Removed Section View

A removed section view is created by making a cross section, then moving it into an area adjacent to the view. As shown in the Figure D-36.

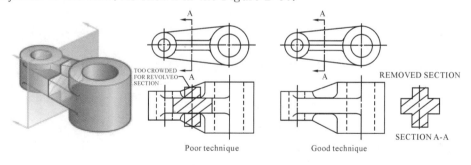

Poor technique　　　　Good technique

Figure　D-36

Removed Section View（Multiple）

Multiple Removed Section View s of a Crankshaft Indentified with Labels.

As shown in theFigure D-37.

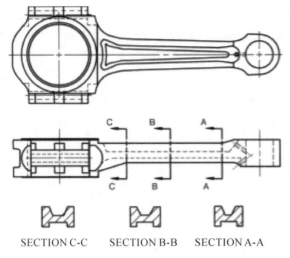

SECTION C-C　　SECTION B-B　　SECTION A-A

Figure　　D-37